KB154891

슈슈엘르의

나를 위한
꽃 자수
액세서리

• Chou Chou Aile •

슈슈엘르의

나를 위한
꽃 자수
액세서리

입체자수, 리본자수, 평면자수
그리고 손바느질로 완성하는
핸드메이드 소품 만들기

최종희 지음

팜파스

• Prologue •

우연한 기회에 어느 자수 작가님의 전시회에서 작품을 보게 되면서 수를 놓기 시작했습니다. 정교한 그림인 줄 알았던 작품이 실제로는 한 땀 한 땀 수를 놓아 만든 작품이었다는 것을 알게 되었고, 큰 감동을 받았었죠.
그렇게 자수를 시작해서 지금까지 오게 되었습니다.
매일 수를 놓을 때마다 마음이 편안해지고 즐거웠습니다.
머릿속에는 항상 수를 놓아서 또 어떤 작품을 만들까 하는 생각으로 설레었습니다.
머릿속의 생각대로 작품을 하나씩 만들고, 그것을 실제로 활용하면서 느끼는 보람은 말로 표현할 수 없는 즐거움이었습니다.
그동안 제가 수를 놓으며 느꼈던 즐거움과 보람을 여러분과 이 책을 통해서 함께 느껴보고 싶습니다.
이제 바쁜 일상에서 잠시나마 벗어나 수를 놓으며 즐거운 시간을 보내보세요.
자수를 처음 시작하는 분들께 도움이 될 수 있도록 자수의 기초에서부터 평면자수 기법, 입체자수 기법, 리본자수 기법, 손바느질 방법까지 담았습니다. 책에 있는 기법만으로도 얼마든지 멋진 작품들을 만들 수 있을 거예요.
이 책이 여러분의 일상에 조금이나마 힐링의 시간을 드릴 수 있었으면 좋겠습니다.

마지막으로 책을 출간하기까지 너무나도 감사한 분들께 마음을 전하고 싶습니다.
항상 곁에서 든든하게 힘이 되어주고 무한히 지지해주고 열렬히 응원해준 사랑하는 남편과 아들 규희 그리고 너무나도 감사하고 사랑하는 엄마. 항상 수놓으며 작업하고 책 쓰느라 집안일에 부족한 것 많은 며느리인데도 늘 예뻐해주시고 응원해주시는 어머님과 아버님께 감사드립니다. 그리고 저에게 많은 가르침을 주신 김영란 한상수 자수박물관장님과 김영이 전수조교님께 깊은 감사의 말씀을 드립니다. 책이 출간될 때까지 많이 기다려주시고 많은 도움을 주신 팜파스 이진아 실장님과 관계자분들께 깊은 감사를 드립니다.

• Contents •

2 이 책에 사용한 자수 스티치 기법

3 손바느질 기초

Work
작품

Earring

Bangle

Hairpin

Key ring

Hand mirror

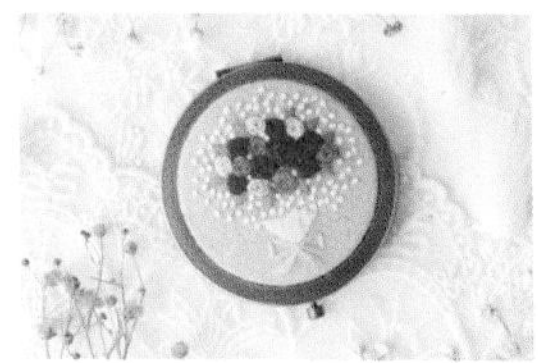

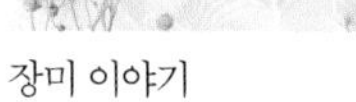

Hair tie

Handkerchief

Pouch

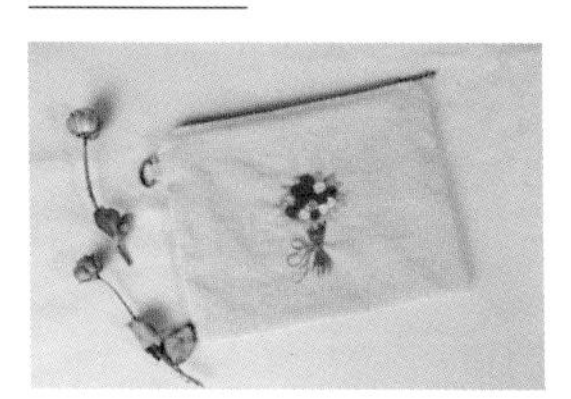

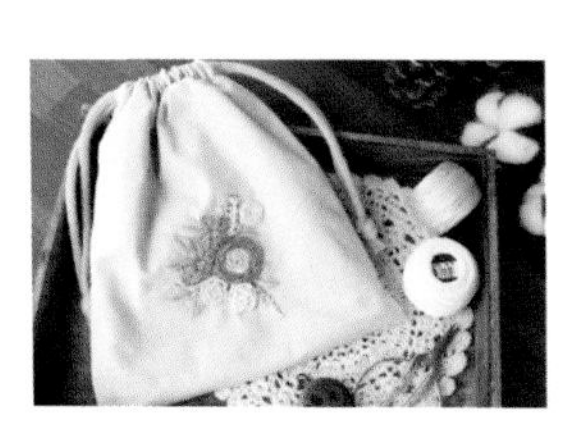

Chou Chou Aile

Basic

시작하기 전에

•Basic 01•

재료 알아보기

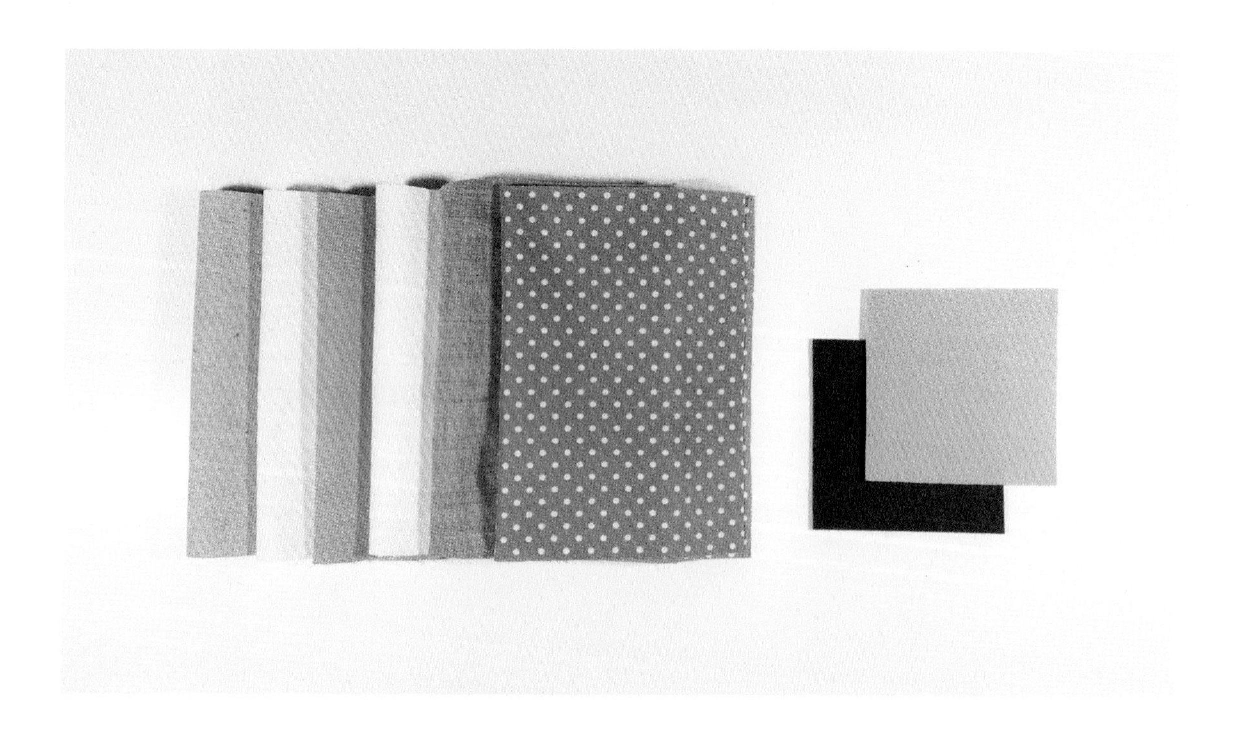

원단

수놓는 원단은 어떤 것을 사용해도 괜찮지만, 초보자는 린넨이나 광목 등 늘어나지 않고 바늘이 잘 들어가는 원단을 사용하는 것이 좋습니다. 이 책에서는 11수 린넨, 10수 워싱 광목, 20수 선염해지무지, 60수 아사, 무지파시미나 워싱 거즈, 면혼방 원단, 두께 2mm 펠트를 사용했습니다.

실

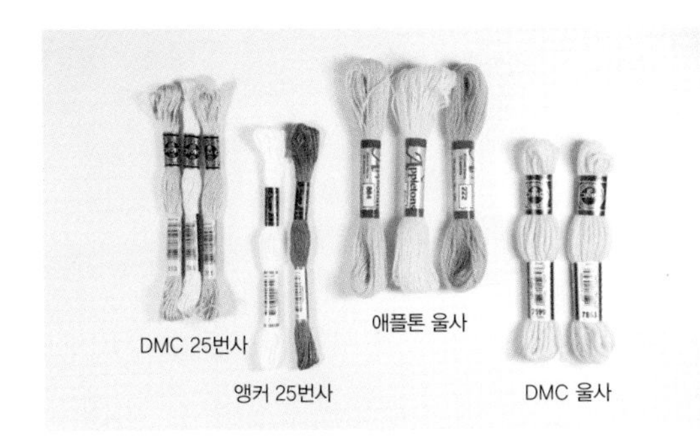

자수실 자수용 실은 굵기와 재질에 따라 여러 종류가 있으며, 어떤 실을 사용하느냐에 따라 같은 도안이라도 다른 느낌을 줍니다. 실 번호가 클수록 실의 굵기가 가늘어지고, 실 번호가 작을수록 실의 굵기가 굵어집니다. 일반적으로 가장 많이 사용하는 실은 DMC 25번사와 앵커 25번사입니다. 이 책에서 주로 사용한 실은 DMC 25번사, 앵커 25번사, 애플톤 울사, DMC 울사입니다.

① **DMC 25번사** : 6올의 면사로 이루어진 실입니다. 프랑스의 DMC사에서 생산한 자수실로 선명한 색감과 수놓았을 때 은은한 광택이 있습니다.

② **앵커 25번사** : 독일의 앵커사에서 생산한 자수실로 6올의 면사로 이루어져 있으며, 깊이감 있는 색감을 가지고 있습니다.

③ **애플톤 울사** : 영국의 애플톤에서 생산된 울사입니다. 꼬임이 느슨하고 볼륨감이 있어, 수놓았을 때 보송보송하고 따뜻한 느낌을 줍니다.

④ **DMC 울사** : 프랑스 DMC사에서 생산된 울사로 부드러우면서도 매트한 느낌을 주며, 굵고 통통합니다. 포인트로 따뜻한 느낌의 볼륨감을 나타내기 좋습니다.

퀼팅실 이 책에서 주로 사용한 실은 미국 코츠(COATS)사의 듀얼듀티플러스 퀼팅실입니다. 실의 장력이 좋아서 잘 끊어지지 않으며, 여러 번 원단 사이를 통과해도 보풀이 잘 일어나지 않아 깔끔하게 바느질할 수 있습니다. 비즈를 연결할 때도 사용합니다.

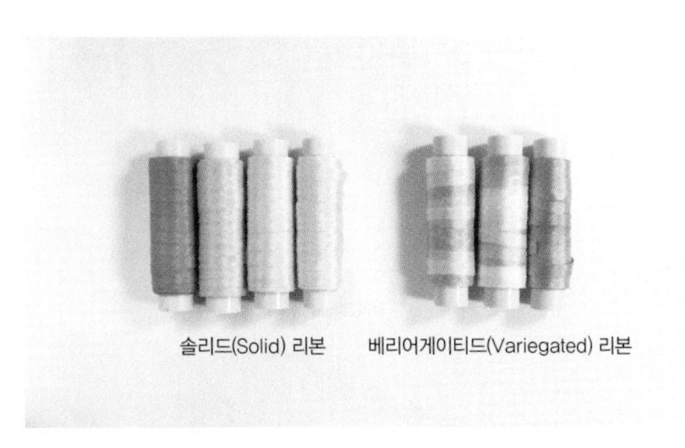

실크리본 리본자수에 가장 많이 사용합니다. 얇은 실크 재질로 질감이 부드러우며 결이 곱고 잘 뭉쳐지므로 정교하고 섬세한 작품을 수놓을 수 있습니다. 리본의 폭, 염색 상태에 따라 종류가 다양한데, 이 책에서는 솔리드(Solid) 4mm 리본과 베리어게이티드(Variegated) 4mm 리본을 사용했습니다.

① **솔리드(Solid) 리본** : 은은한 광택이 있고, 부드러운 질감의 단색 리본입니다.

② **베리어게이티드(Variegated) 리본** : 다양한 색상 톤으로 그러데이션 되어 있는 리본으로, 수놓았을 때 자연스러운 색감을 연출합니다.

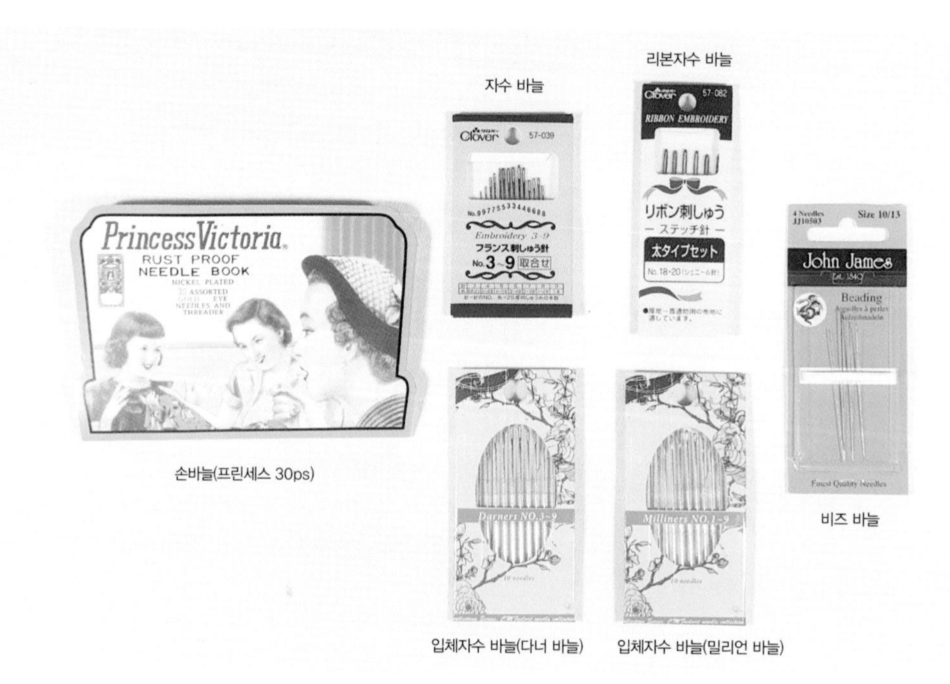

자수 바늘

리본자수 바늘

손바늘(프린세스 30ps)

비즈 바늘

입체자수 바늘(다너 바늘)

입체자수 바늘(밀리언 바늘)

바늘

자수 바늘 넓은 바늘귀와 뾰족한 바늘 끝으로 자수에 적합합니다. 번호가 작아질수록 바늘이 굵고, 길이가 길어지며 바늘귀가 커지고, 번호가 커질수록 바늘이 가늘고 길이가 짧아지며 바늘귀가 작아집니다. 자수 바늘에는 다양한 종류가 있지만, 책에서는 크로바 자수 바늘(3~9호)를 사용했습니다.

입체자수 바늘

① **다너 바늘** : 일반 자수용 바늘에 비해 길이가 길어서 입체자수를 놓을 때 편하게 사용할 수 있습니다.

② **밀리언 바늘** : 바늘귀가 작고 길이가 길며 바늘 두께가 일정하여 불리온 스티치를 할 때 사용하기 좋습니다.

리본자수 바늘 바늘 끝이 둥글고 바늘귀가 크고 길어서 리본자수를 놓을 때 사용하기 좋습니다. 두꺼운 울사를 수놓을 때도 사용할 수 있습니다.

비즈 바늘 구슬장식을 하기 위해 매우 얇고 길게 만들어진 바늘입니다. 1mm 정도의 구멍이 작은 시드비즈 등을 장식할 때 유용합니다.

손바늘 프린세스 30ps 바늘, 바지 밑단용에서 이불 바늘까지 가장 일반적으로 사용되는 바늘로 구성되어 있어서 손바느질할 때 좋습니다.

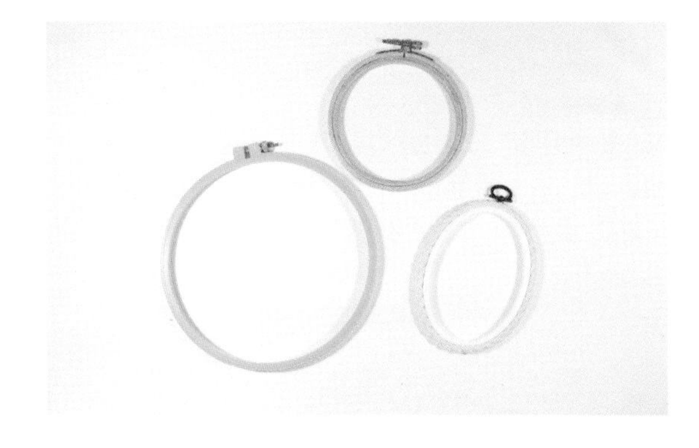

수틀

수틀은 원단을 팽팽하게 하여, 수를 곱고 고르게 놓는 데 꼭 필요한 도구입니다. 일반적으로 원형 원목 수틀을 많이 사용하며, 이외에도 플라스틱 수틀, 고무 수틀 등 여러 종류가 있으며 크기도 다양하므로 수놓는 작품 크기에 따라 알맞은 종류와 크기의 수틀을 골라 사용하면 됩니다. 이 책에서 주로 사용한 수틀은 지름 7cm, 10cm, 12cm, 18cm 원형 원목 수틀입니다.

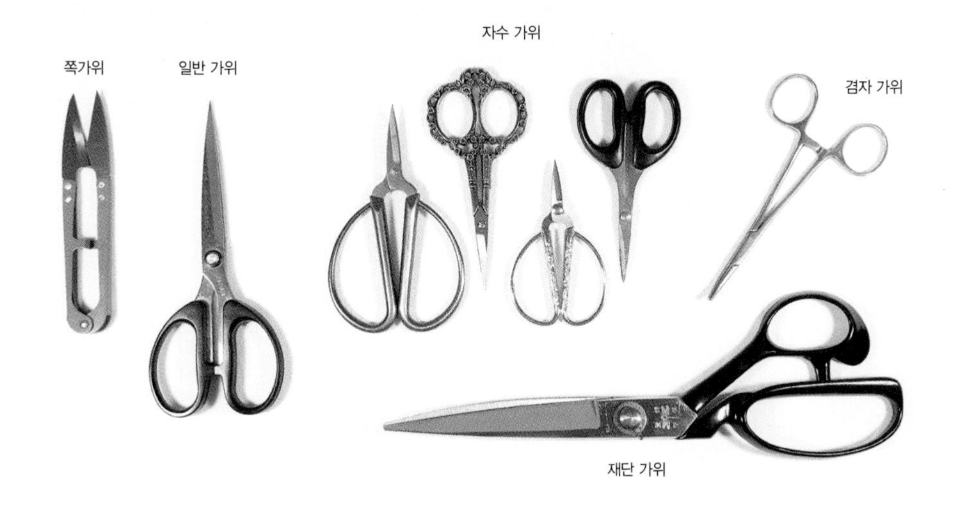

가위

자수 가위 끝이 뾰족하고 날카로우며 크기가 작아 자수실을 자를 때 편리합니다.

쪽가위 실을 자를 때 많이 사용하는 가위입니다.

일반 가위 광범위하게 가장 많이 쓰이는 가위입니다.

재단 가위 가위가 크고 절삭력이 좋아서 크기가 큰 원단을 자를 때 좋습니다.

겸자 가위 끝부분이 집게처럼 되어 있어 원단 속에 솜을 넣을 때 사용하면 꼼꼼하고 쉽게 솜을 넣을 수 있습니다. 그리고 폭이 좁은 원단을 뒤집을 때 사용하기도 합니다.

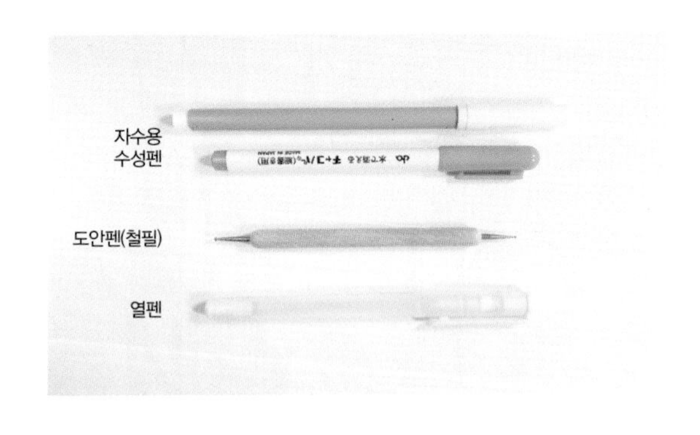

펜

자수용 수성펜 도안선을 그릴 때 사용합니다. 원단에 도안선을 그린 후 물에 닿으면 쉽게 지워집니다(작품에 따라 면봉에 물을 묻혀 지우거나, 분무기를 뿌려서 지우거나, 원단을 물에 담가서 지웁니다).

도안펜(철필) 원단에 먹지를 대고 도안선을 옮길 때 사용합니다.

열펜 도안선을 그리고 다리미로 열을 가하면 지워집니다.

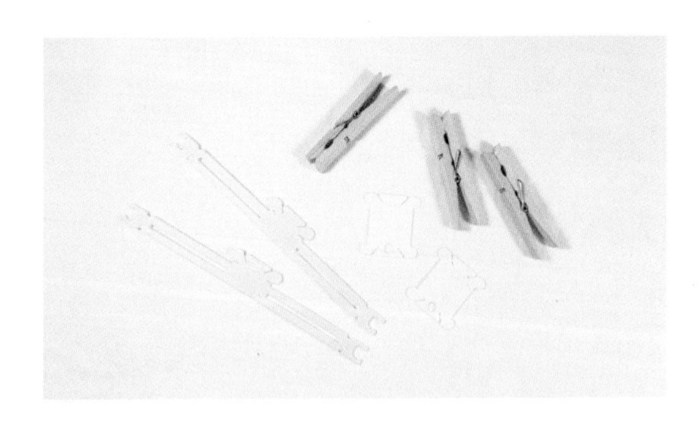

보빈

자수실을 감아놓을 때 사용합니다.

먹지

흑색 먹지 원단에 도안을 옮길 때 사용합니다. 한번 그려진 선은 지워지지 않으므로 도안선 바깥으로 선을 덮어 수놓아야 합니다.

수용성 먹지 물에 쉽게 지워지지만 원단에 따라 도안선이 흐리게 나오기도 합니다.

트레이싱지

반투명한 기름종이로, 도안선을 옮길 때 사용합니다.

고무골무

바늘을 쉽게 잡아당겨 통과시킬 수 있으며, 오랫동안 바느질을 해야 할 때 손끝을 보호해줍니다.

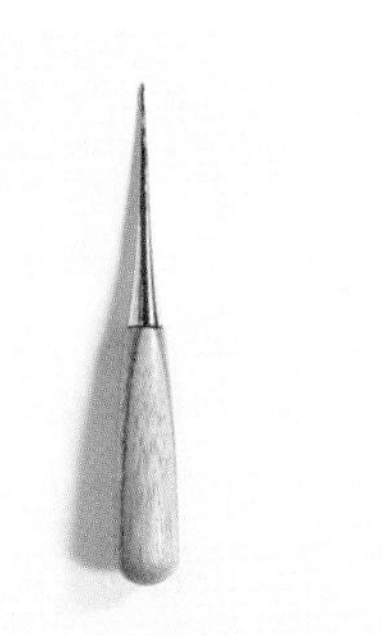

송곳

원단에 구멍을 뚫거나, 모서리 끝을 다듬을 때 사용합니다.

오링반지

오링을 열고 닫을 때 사용합니다. 오링의 두께에 따라 알맞은 홈에 넣어 사용하면 됩니다.

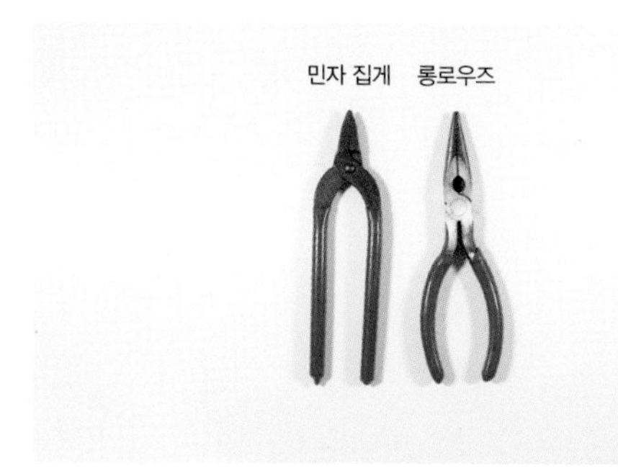

민자 집게 & 롱로우즈

민자 집게 일반적으로 많이 사용하는 집게입니다.
롱로우즈 두껍지 않은 철사나 체인을 자르는 니퍼 기능과 집게 기능이 같이 있어서 작업이 편리합니다.

•Basic 02•

원단 및 재료 온라인 구입처

원단

천가게 http://1000gage.co.kr

자수 재료

패션메이드 http://www.fashionmade.co.kr
엔조이퀼트 http://www.enjoyquilt.co.kr
키스더레이스 http://kiss-the-lace.com
천가게 http://1000gage.co.kr

리본자수 재료

헤이샵 http://www.heyshop.kr

손바느질 재료

천가게 http://1000gage.co.kr
실토리닷컴 http://www.siltori.com/
엔조이퀼트 http://www.enjoyquilt.co.kr

기타 부자재들

귀걸이, 팔찌, 머리핀, 머리끈 부자재
악세사리대장 http://www.acckim.com
가베리본 http://gaberibbon.co.kr
리본태 https://www.ribbontae.com
리본리본 http://ribbonribbon.com
패션메이드 http://www.fashionmade.co.kr

손거울 부자재
실토리닷컴 http://www.siltori.com

장식 악세사리 부자재
악세사리대장 http://www.acckim.com
가베리본 http://gaberibbon.co.kr
리본태 https://www.ribbontae.com
디비스토리 http://www.dbstory.co.kr
리본리본 http://ribbonribbon.com

•**Basic 03**•

기본기 다지기 / 1 자수의 기초

실 끼우기와 매듭짓기

실 끼우기 방법 1

01 실 끝을 사선으로 자릅니다.

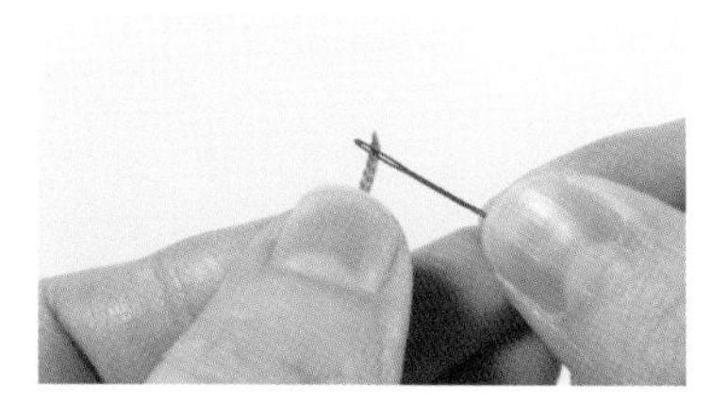

02 사선으로 잘라서 뾰족해진 실 끝에 바늘귀를 끼웁니다.

실 끼우기 방법 2

01 실 끝부분에 바늘귀를 놓습니다.

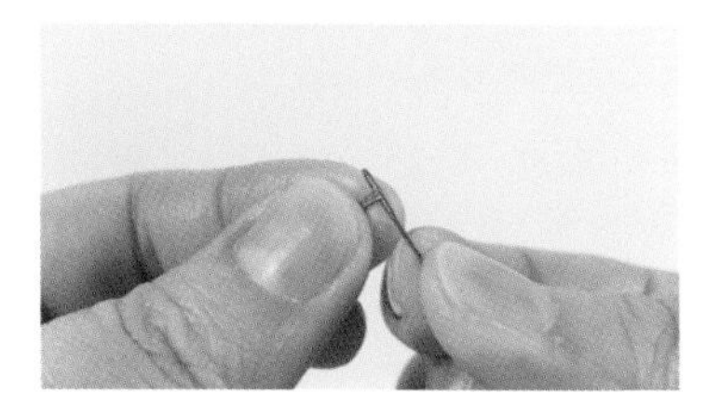

02 실을 납작하게 반으로 접습니다.

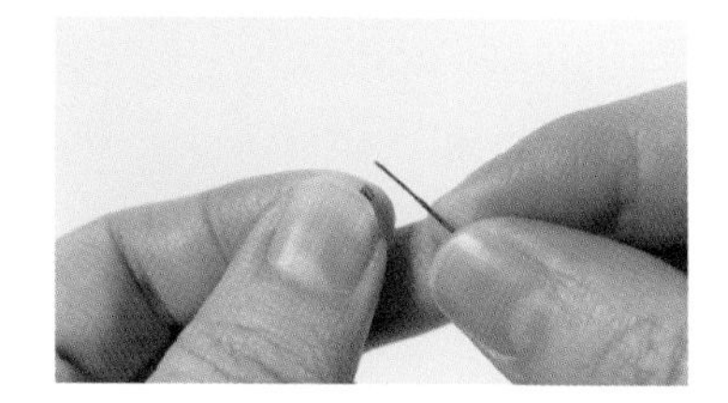

03 납작하게 접힌 실을 눌러 잡고

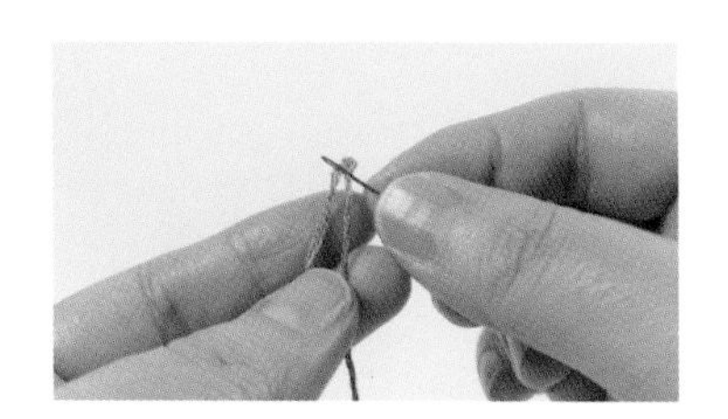

04 바늘귀에 끼웁니다.

실 끼우기 방법 3

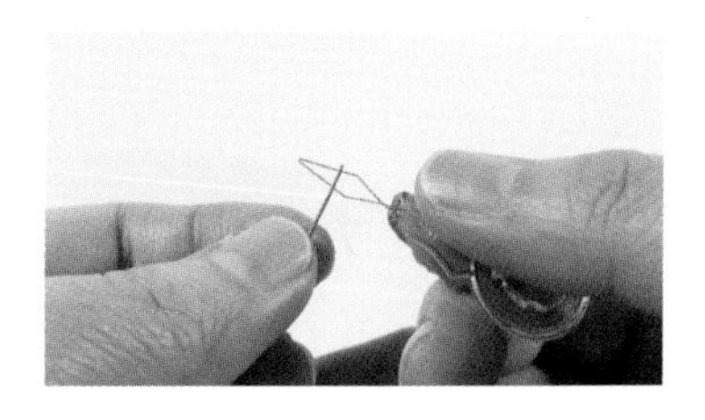

01 실끼우개 도구를 바늘귀에 넣습니다.

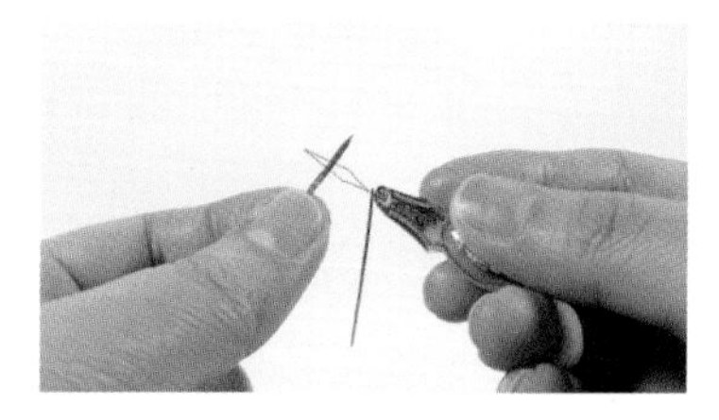

02 실끼우개 구멍에 실을 끼웁니다.

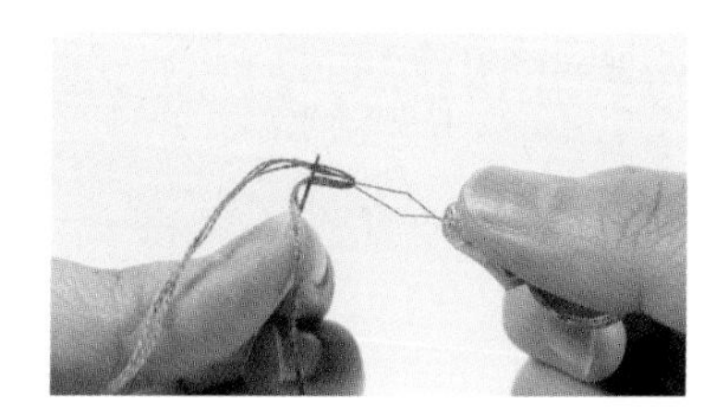

03 실끼우개를 바늘귀에서 빼내면 실이 끼워집니다.

시작하는 매듭짓기

수놓기 전 바늘에 실을 끼우고 매듭짓는 방법입니다.

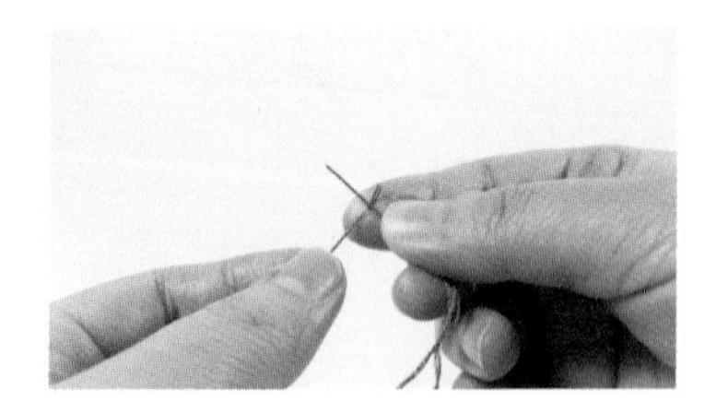

01 실 위에 바늘을 올려둡니다.

02 바늘에 실을 2~3번 정도 감습니다.

03 감은 실을 손끝으로 잡고

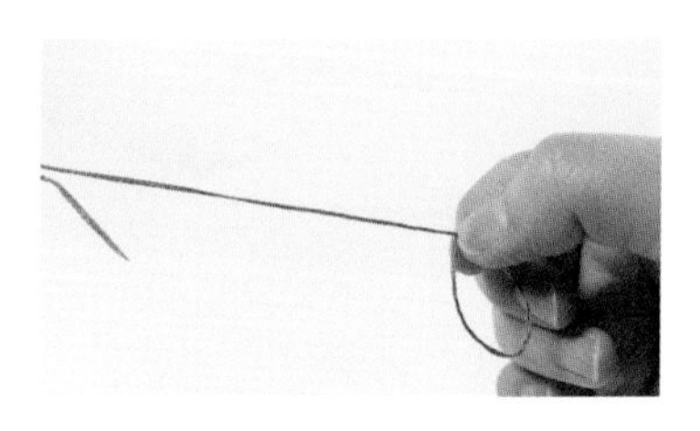

04 끝까지 잡아당기면

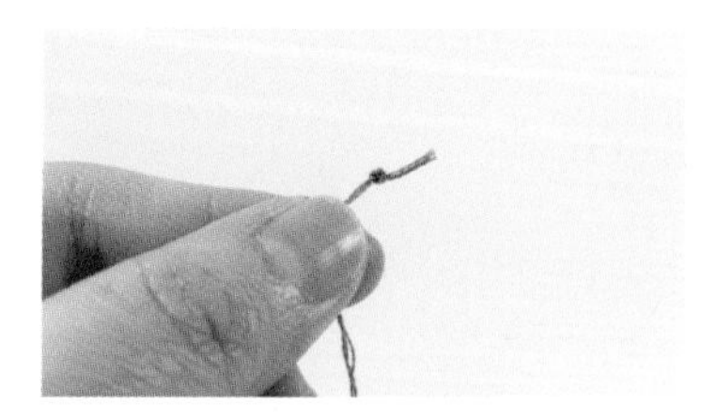

05 매듭이 지어집니다(실을 바늘에 많이 감을수록 매듭이 두꺼워집니다).

끝 매듭짓기

수를 놓고 마무리할 때 매듭짓는 방법입니다.

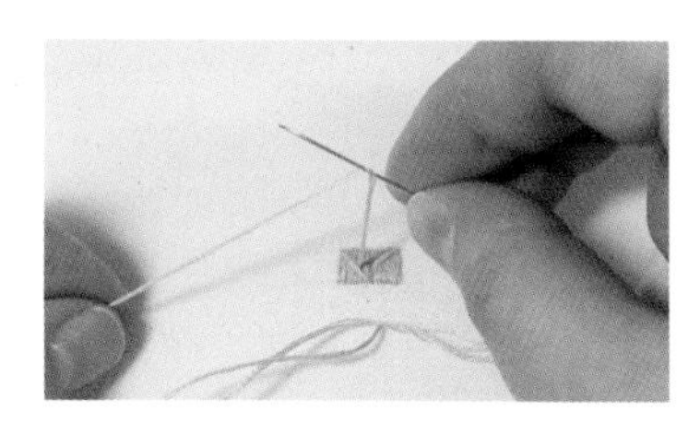

01 수틀을 뒤집은 후 매듭지을 실을 잡고 바늘을 1~2회 감아서

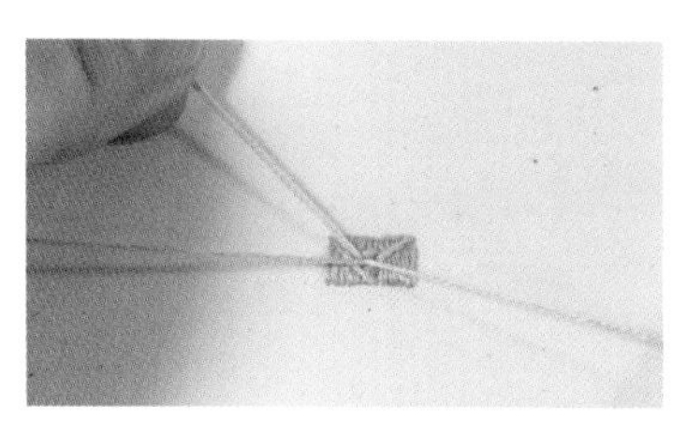

02 바늘을 당겨주며 실이 감긴 부분을 천 위에 고정합니다.

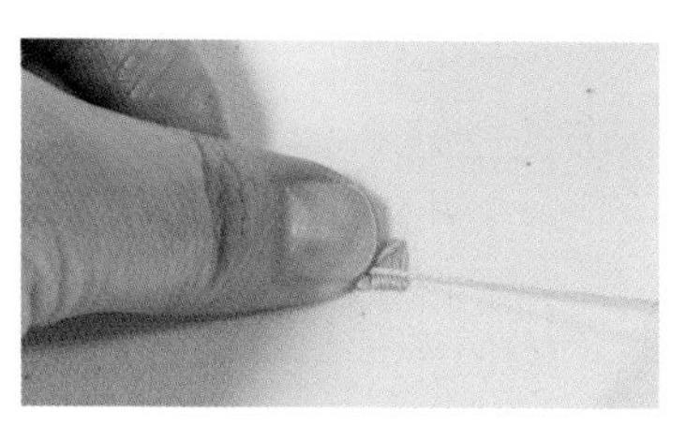

03 실이 감긴 부분을 손가락으로 누른 채 바늘을 끝까지 당겨주면

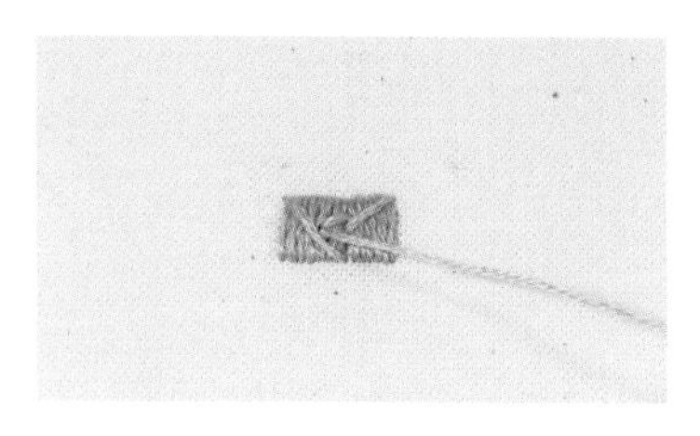

04 매듭이 단단하게 지어집니다.

리본자수의 리본 끼우기와 매듭짓기

리본 끼우기

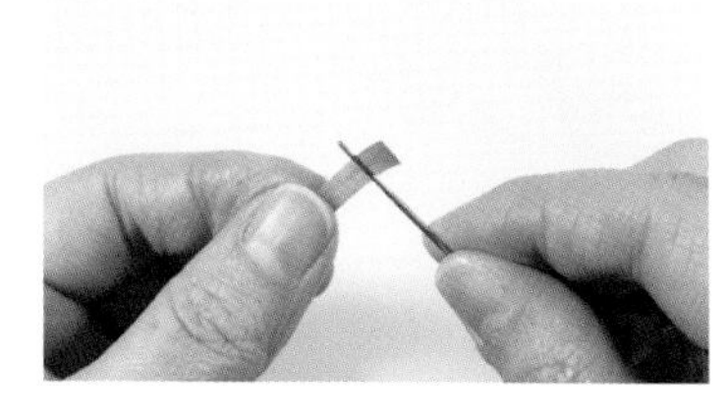

01 리본을 리본자수 바늘귀에 끼웁니다.

02 바늘귀에 끼운 리본 끝을 잡고 그 끝에 바늘을 통과시킵니다.

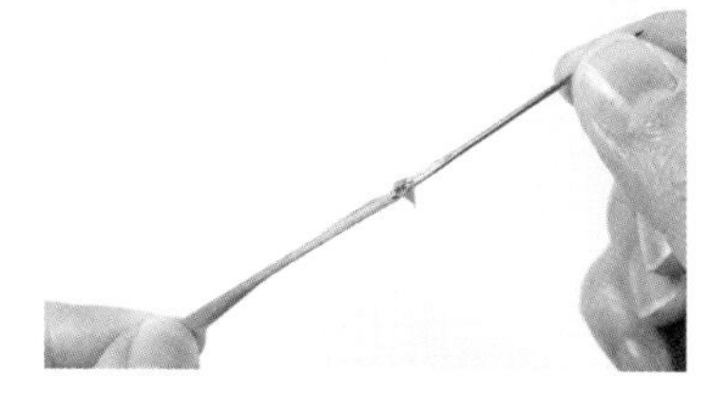

03 바늘 끝을 잡아당깁니다.

리본자수 시작하는 매듭짓기 방법 1

수놓기 전 바늘에 리본을 끼우고 매듭짓는 방법입니다.

01 리본 끝에 바늘을 끼웁니다.

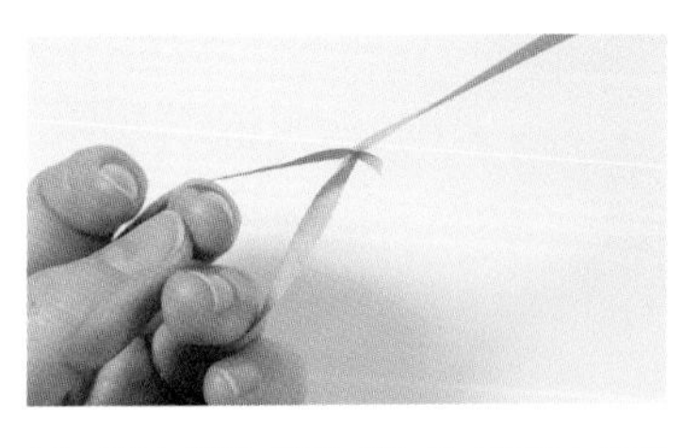

02 리본 끝을 잡고 바늘을 당겨서 생긴 고리에

03 바늘을 끼워서 당깁니다.

05 매듭이 생길 때까지 당겨줍니다.

06 매듭이 지어졌습니다.

리본자수 시작하는 매듭짓기 방법 2

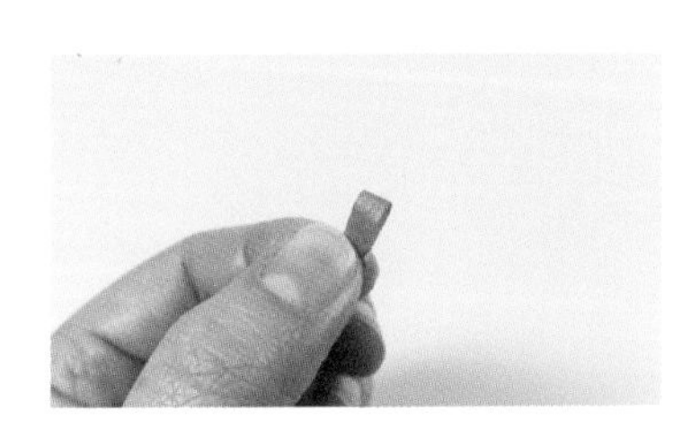

01 리본 끝을 반 접어줍니다.

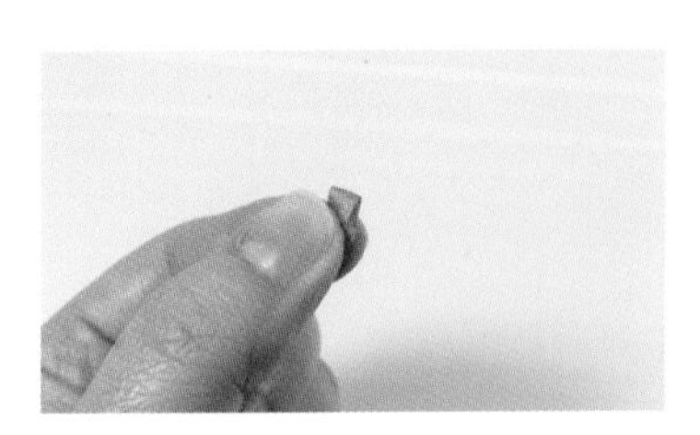

02 한 번 더 접습니다.

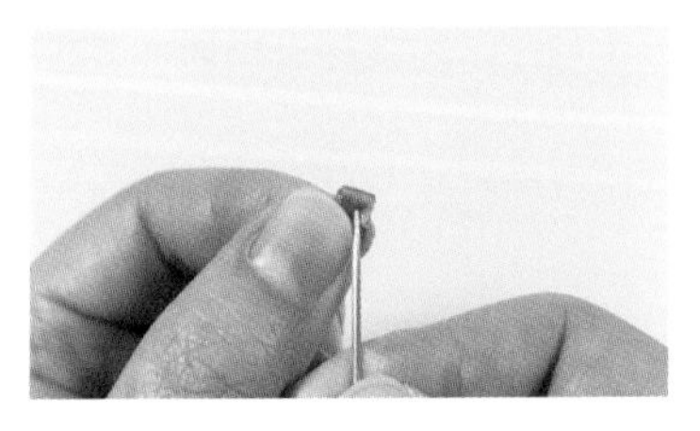

03 접은 리본 가운데에 바늘을 끼웁니다.

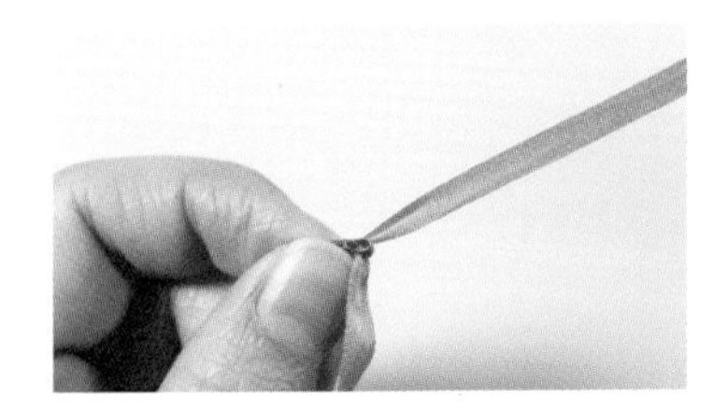

04 바늘을 당겨서 뺍니다.

05 바늘을 끝까지 당겨주면 매듭이 됩니다.

리본자수 끝 매듭짓기

수를 놓고 마무리할 때 매듭짓는 방법입니다.

01 수틀을 뒤집어서 매듭지을 리본을 손으로 잡고

02 바늘을 리본에 한번 감아서

03 당겨주는데 리본이 감긴 부분을 천에 붙여서 당깁니다.

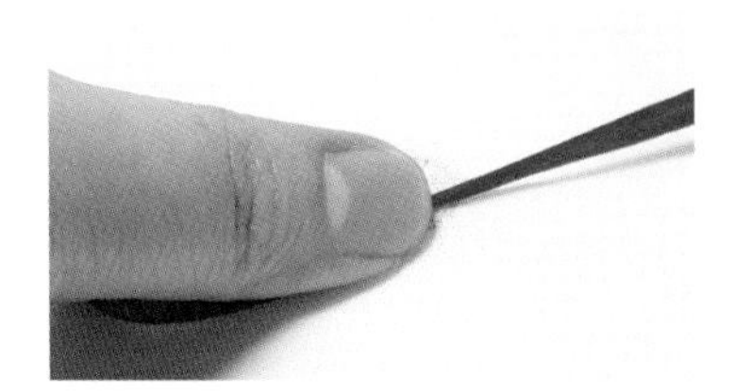

04 손으로 리본이 감긴 부분을 살짝 누르면서 끝까지 당겨주면

05 매듭이 지어집니다.

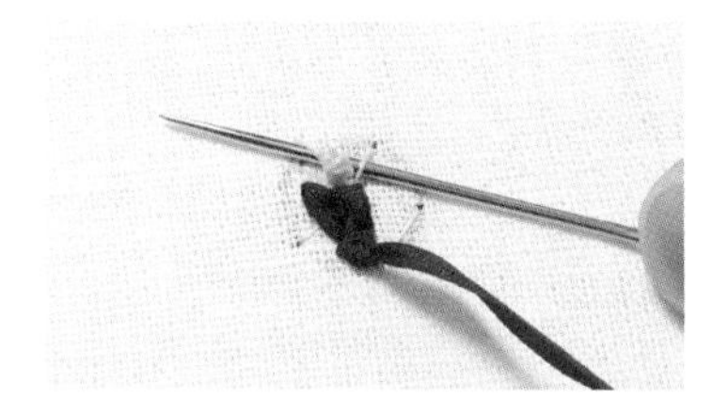

06 매듭지은 후 주변 실이나 리본 사이에 바늘을 넣어 2번 정도 감은 다음

07 가위로 리본을 잘라주면

08 매듭이 완성됩니다.

실 가르기

실은 길게 자르면 엉킬 수 있으니 40~50cm 정도로 잘라서 수놓습니다.

실 가르기 방법 1

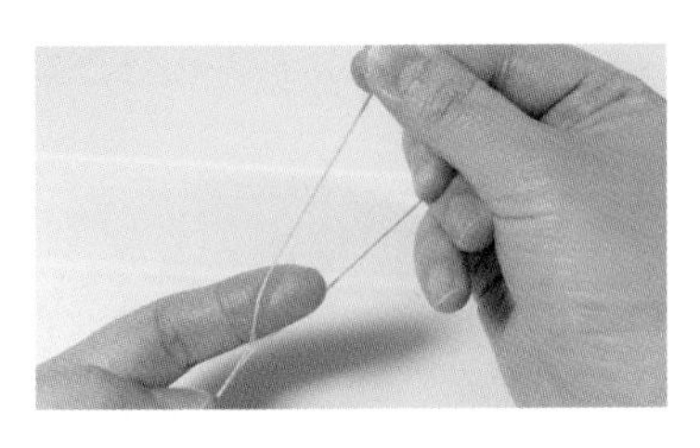

01 원하는 실의 가닥을 잡고 손가락을 실 사이에 끼워서 가릅니다. 급하게 가르면 실이 엉킬 수 있으니 천천히 가릅니다.

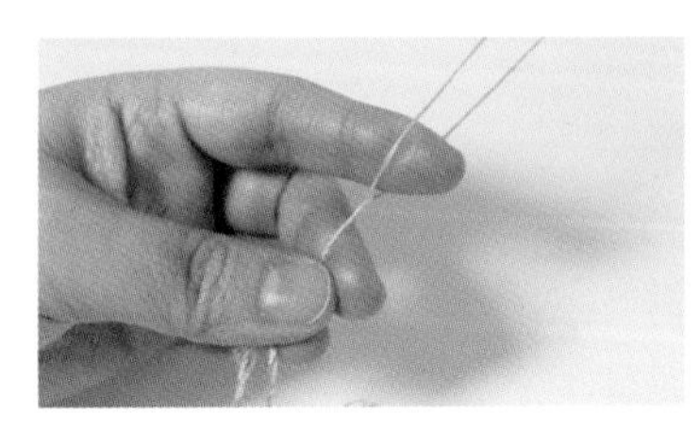

02 실이 꼬이면 엄지와 중지로 꼬인 실을 풀어가며 가릅니다.

실 가르기 방법 2

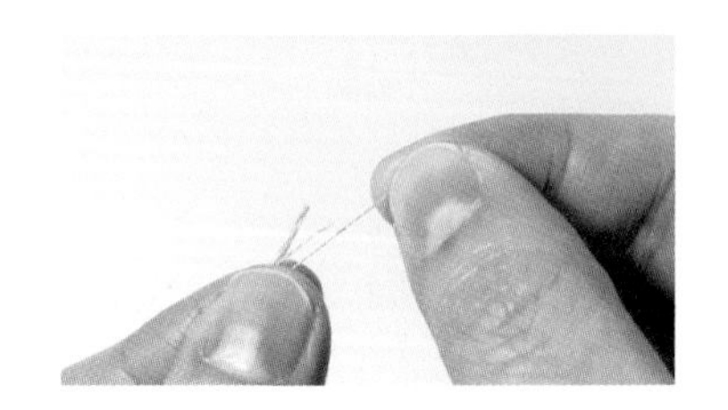

01 실을 원하는 가닥만큼 한 가닥씩 천천히 빼서 사용합니다.

실이 엉켰을 때 처리 방법

가장 흔하게 실이 엉키는 형태를 설명했습니다. 수를 처음 놓는 경우 실이 자주 엉켜서 그것을 푸느라 시간과 노력이 많이 소모됩니다. 이 방법이 조금이나마 도움이 되길 바랍니다.

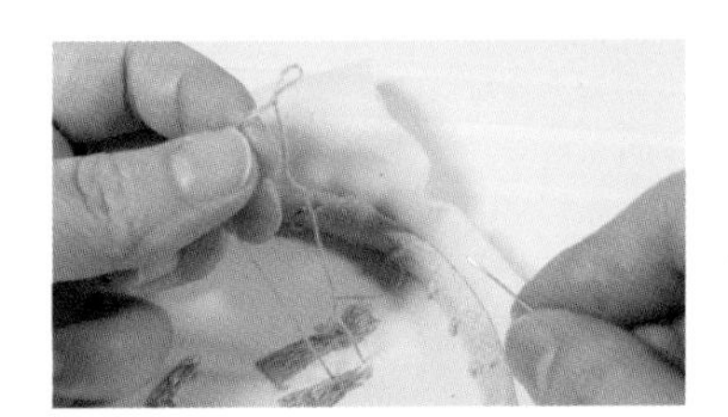

01 고리 형태로 엉킨 경우

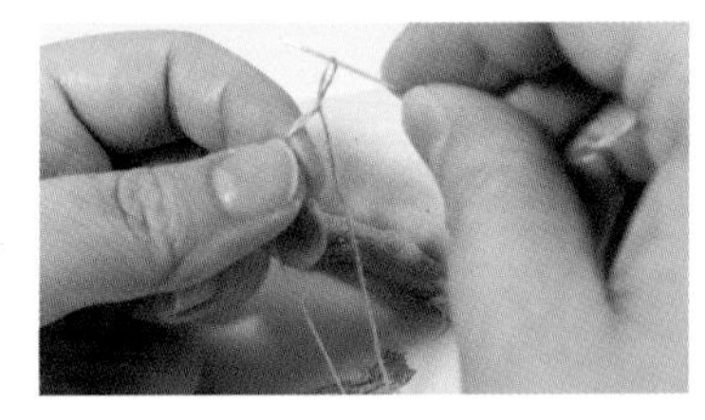

02 고리에 바늘을 넣고 아래쪽 두 가닥의 실 중에서 수틀 안쪽으로 들어온 실을 잡습니다.

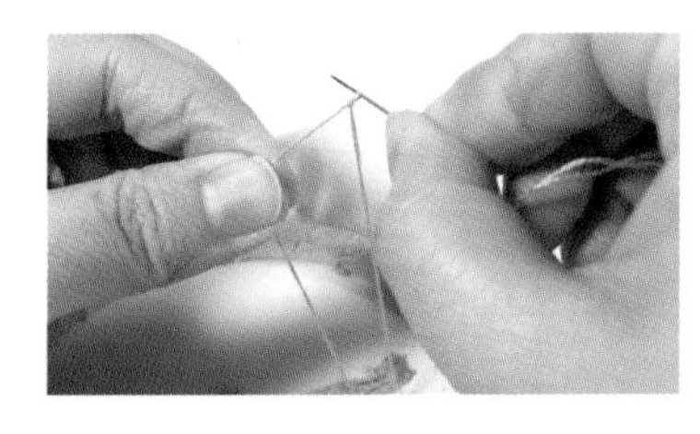

03 수틀 안쪽으로 들어온 실을 잡은 채로 고리에 넣은 바늘을 당겨줍니다(간혹 실이 풀리지 않을 경우 수틀 바깥쪽으로 나가는 실을 잡고 바늘을 당겨줍니다).

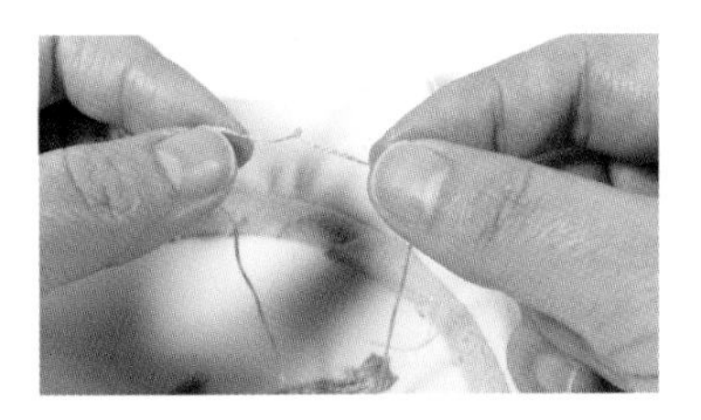

04 고리가 줄어들면 풀리는 것이니 양손으로 잡아당겨 실을 풉니다.

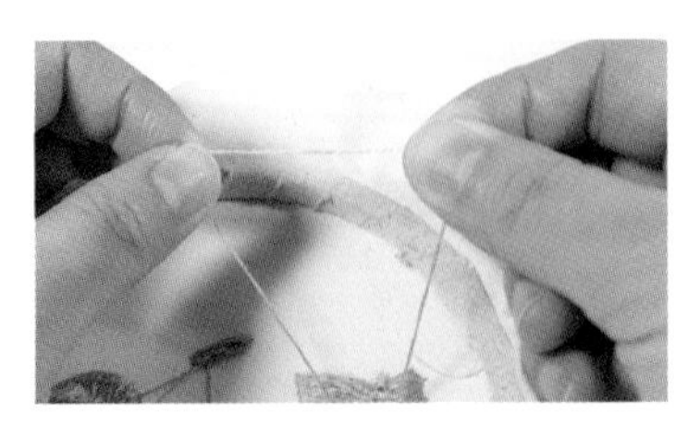

05 실이 다 풀리면 이어서 수를 놓습니다.

풀리지 않는 엉킨 실 처리 방법

엉킨 실이 풀리지 않는 경우에는 실을 푸느라 시간과 노력을 소비하지 말고
아래 방법으로 처리한 후 이어서 수를 놓으면 됩니다.

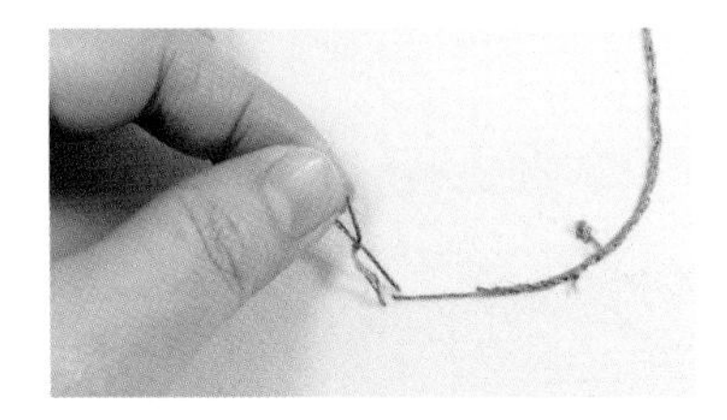

01 실이 엉킨 부분을 손으로 잡고

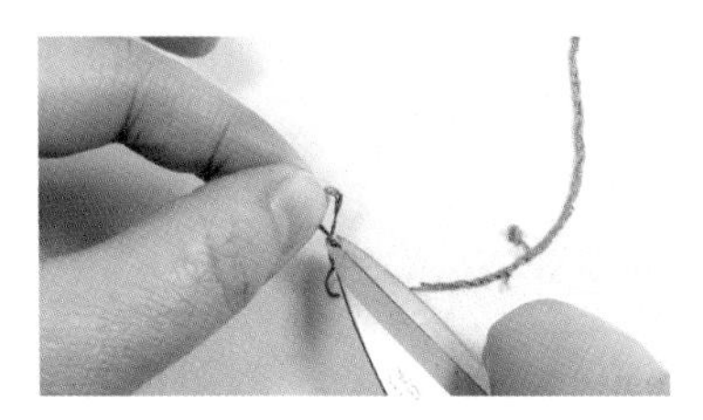

02 엉킨 부분을 가위로 자릅니다.

03 엉켜서 자른 부위부터 바늘귀를 넣어서 수놓은 실을 몇 가닥 빼줍니다.

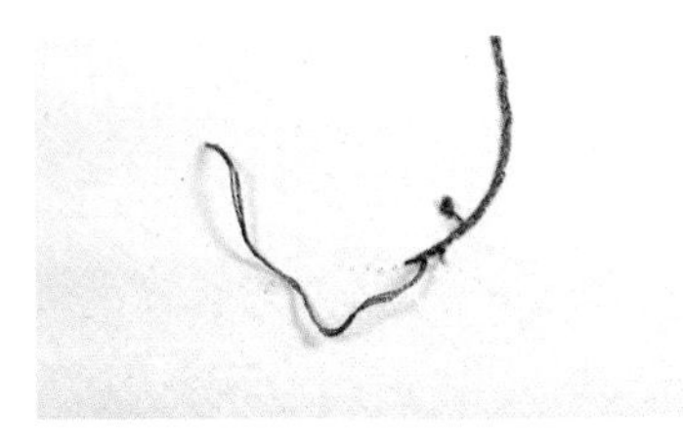

04 바늘을 끼워서 매듭지을 수 있을 정도의 길이가 될 때까지 수놓은 실을 빼줍니다.

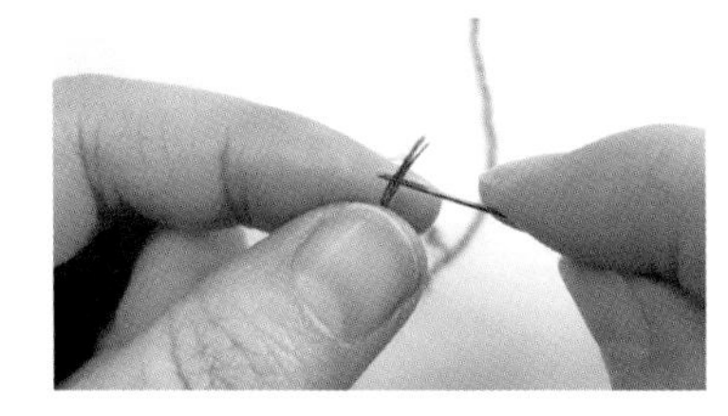

05 빼준 실 끝에 바늘을 끼웁니다.

06 매듭을 지어줍니다.

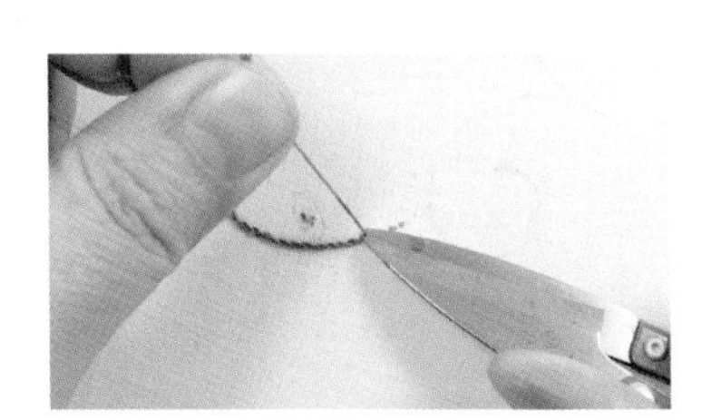

07 매듭지은 실을 잘라 마무리한 후 그 부분부터 이어서 다시 수를 놓습니다.

자수실 관리하기

자수실 관리하는 방법 1

작은 보빈에 실을 감는 방법입니다.

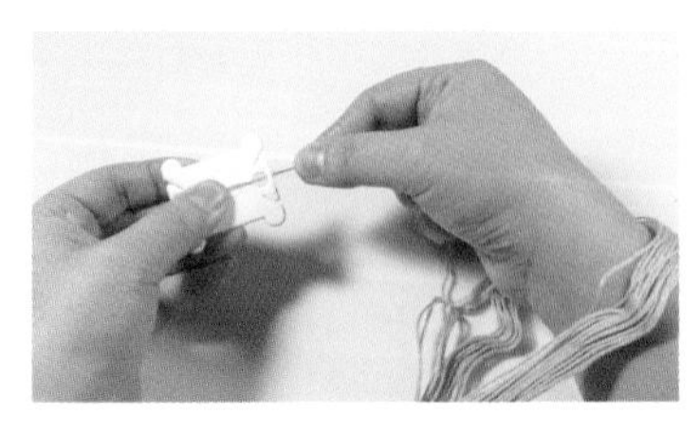

01 자수실을 손목에 걸고, 실 끝을 보빈 구멍으로 넣어줍니다.

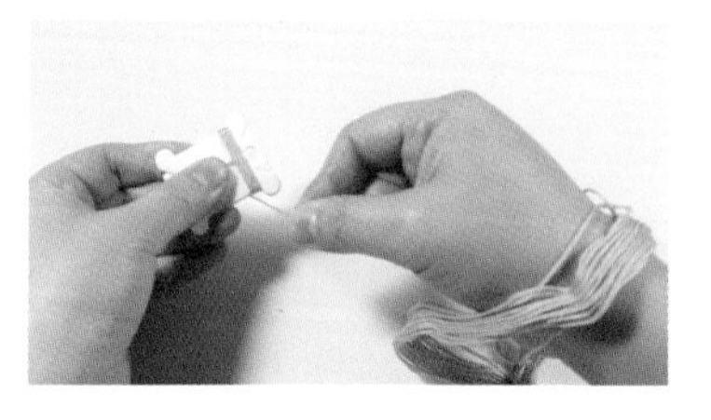

02 실을 보빈에 감아줍니다.

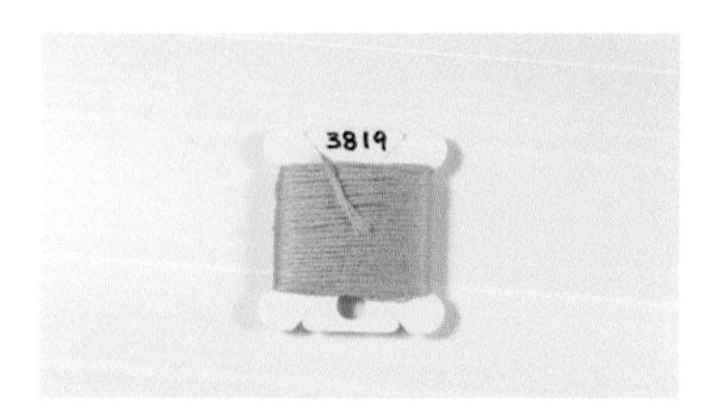

03 다 감고 남은 실 끝은 홈에 끼우고 네임펜으로 보빈에 실 번호를 적습니다.

04 전용 보관통에 보빈을 담아 보관합니다.

자수실 관리하는 방법 2

막대보빈에 실을 감는 방법입니다.

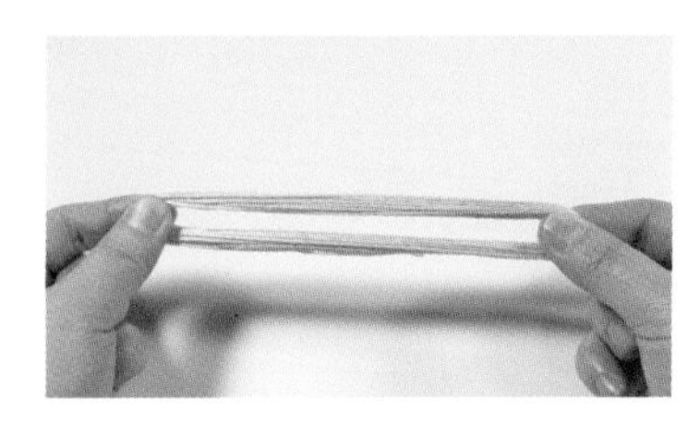

01 자수실 라벨을 빼내고 실타래 끝을 잡습니다.

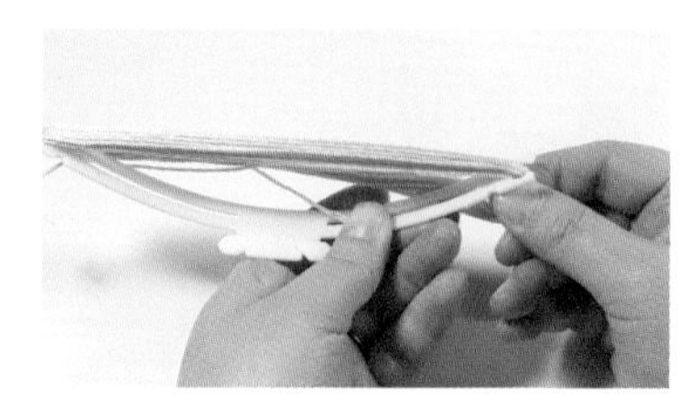

02 막대보빈 양끝을 살짝 구부려 실타래를 겁니다.

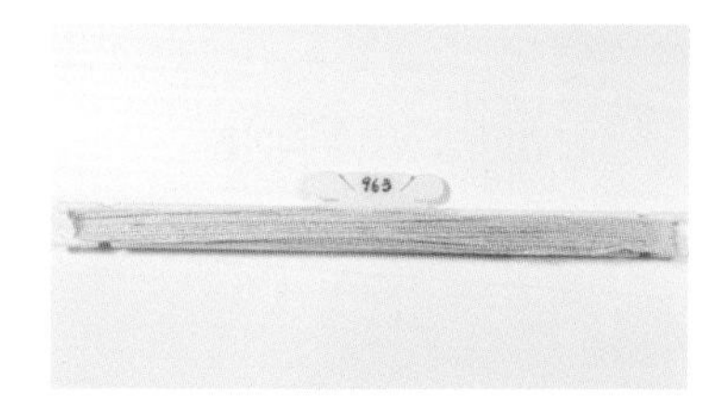

03 보빈을 펴고 네임펜으로 번호를 적습니다.

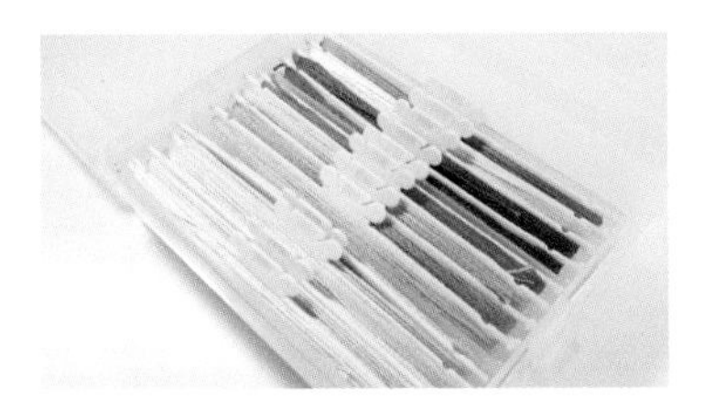

04 전용 보관통에 나란히 보빈을 담아 보관합니다.

자수실 관리하는 방법 3

두꺼운 울사를 집게에 감아두는 방법입니다.

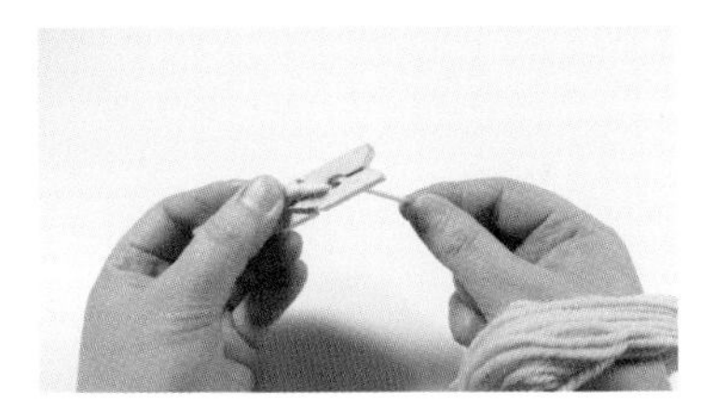

01 울사 타래를 손목에 걸고, 나무집게 구멍에 실 끝을 끼웁니다(나무집게 사이즈: 길이 7.2cm, 너비 1cm).

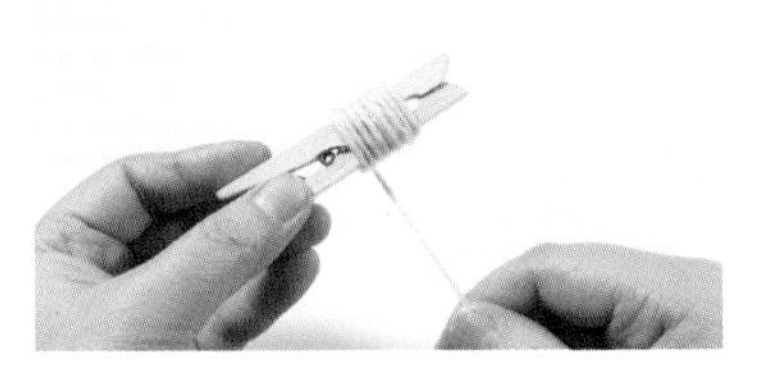

02 실을 감아줍니다.

03 다 감은 실 끝은 집게 입구를 살짝 벌려서 끼웁니다.

04 집게 끝에 실 번호를 적어둡니다.

05 전용 보관통이 없으므로 알맞은 통에 담아 보관합니다.

원단 관리하기

원단은 수놓기 전에 미온수에 반나절 정도 담가둔 후 그늘에서 어느 정도 말리고, 완전히 마르기 전에 다려서 수놓으면 세탁 후 수축하는 현상을 방지할 수 있습니다. 또는 원단을 구입할 때 워싱처리된 원단을 구입하면 이러한 선세탁 과정을 생략할 수 있습니다.

도안 옮기기

01 원단→먹지→트레이싱지→셀로판 종이 순서로 놓고

02 도안펜(철필)이나 끝이 둥근 펜으로 선을 그려서 도안을 옮깁니다. 도안을 옮길 때 시침핀으로 위, 아래를 고정하면 먹지나 트레이싱지가 움직일 염려 없이 도안을 옮길 수 있습니다. 옮겨진 도안선이 흐리면 수성펜으로 덧그립니다.

수틀 사용법

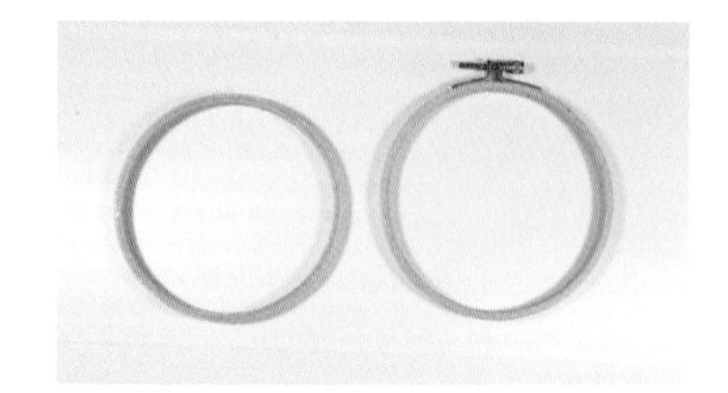

01 조임 나사를 풀어서 수틀을 분리합니다.

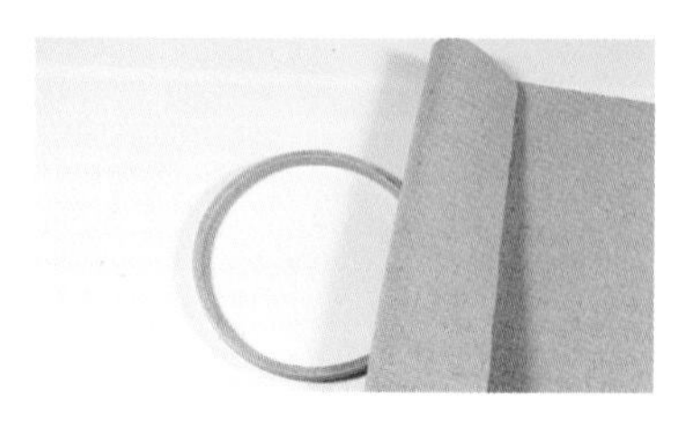

02 나사가 없는 틀을 아래에 놓고, 그 위에 원단을 올립니다.

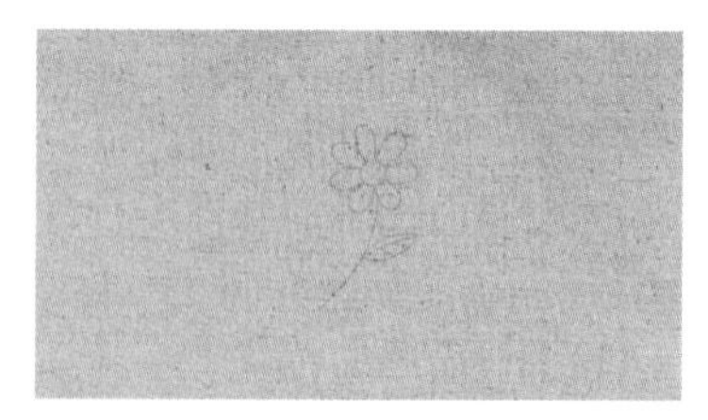

03 도안을 수틀의 중앙에 가도록 원단 위치를 맞춥니다.

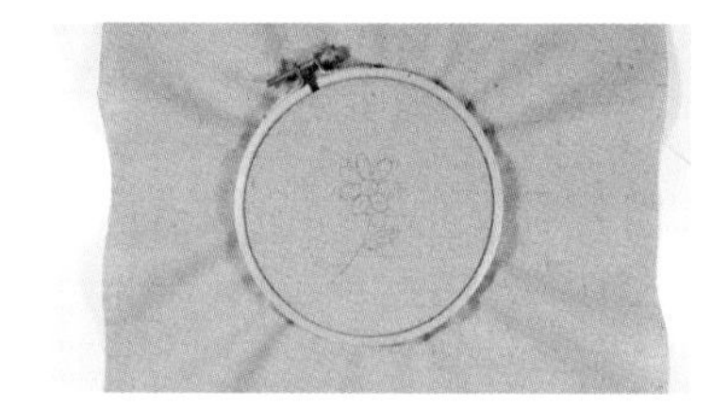

04 그 위에 나사가 있는 수틀을 올리고 나사를 조입니다.

05 바깥 원단을 당겨서 원단을 팽팽하게 한 후 수를 놓으면 됩니다.

Tip

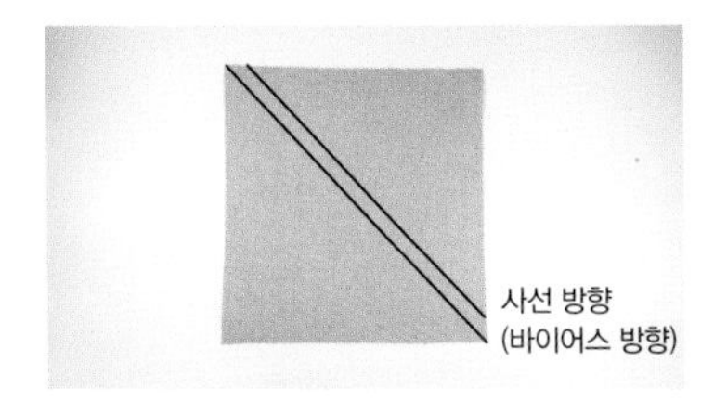

01 원단을 사선 방향(바이어스 방향)으로 길게 잘라

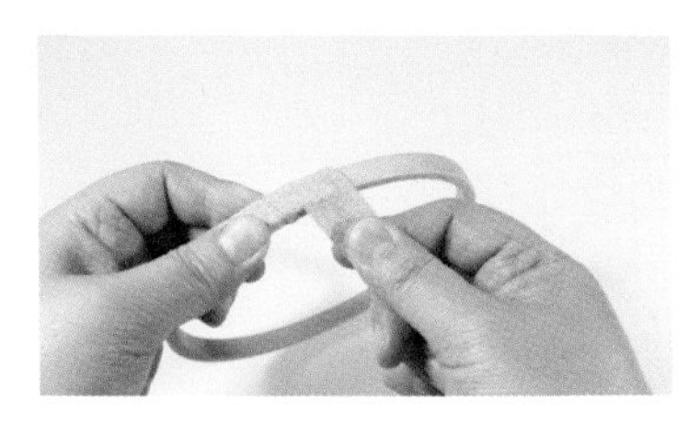

02 수틀에 감아 사용하면 원단이 잘 미끄러지지 않고 수틀 자국이 덜 남습니다(바이어스 방향으로 원단을 자르면 잘 늘어나서 수틀에 감기가 수월합니다).

수놓기 시작할 때

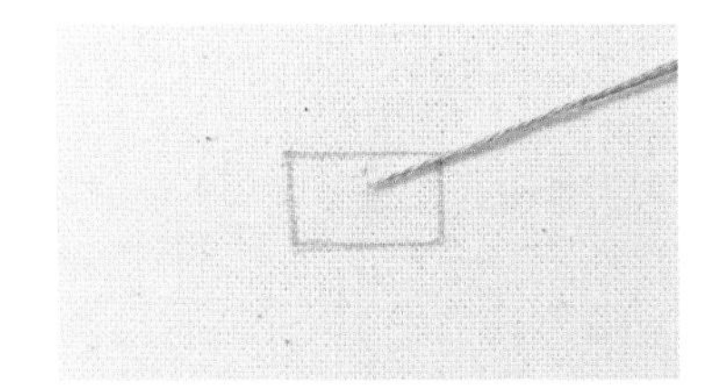

01 도안 안쪽으로 실을 빼줍니다.

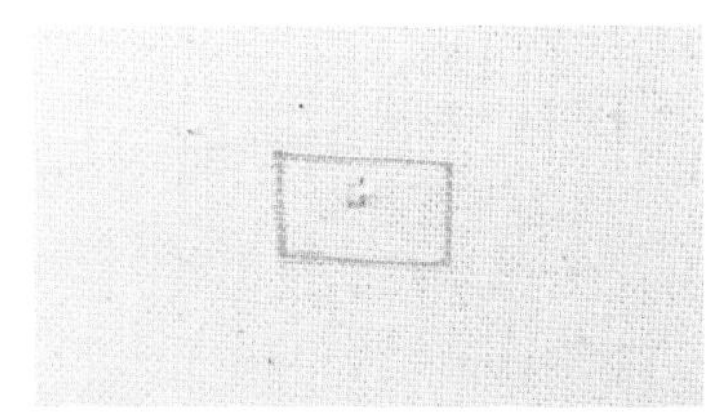

02 빼준 실 옆으로 바늘을 넣어 한 땀 작게 수놓습니다.

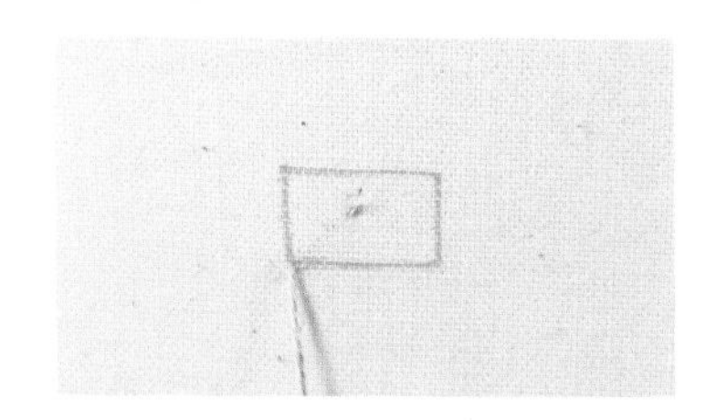

03 이렇게 한 땀을 먼저 수놓으면 실 풀림 없이 수를 놓을 수 있습니다.

수놓은 후 마감하기

수놓은 후 마감하는 방법 1

수놓은 뒷면에 매듭을 짓지 않으므로 깔끔하게 마무리할 수 있습니다.

01 수놓은 실 사이로 바늘을 뺍니다.

02 바늘을 뺀 곳 바로 옆으로 바늘을 찔러 넣어 한 땀 수놓습니다.

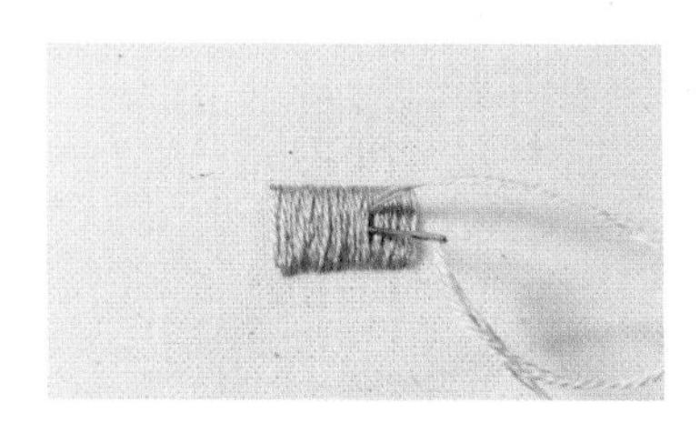

03 옆으로 한 번 더 한 땀을 수놓고

04 실 사이로 바늘을 빼준 후 실을 당겨 바짝 자릅니다(수놓은 부분이 잘리지 않도록 주의해주세요).

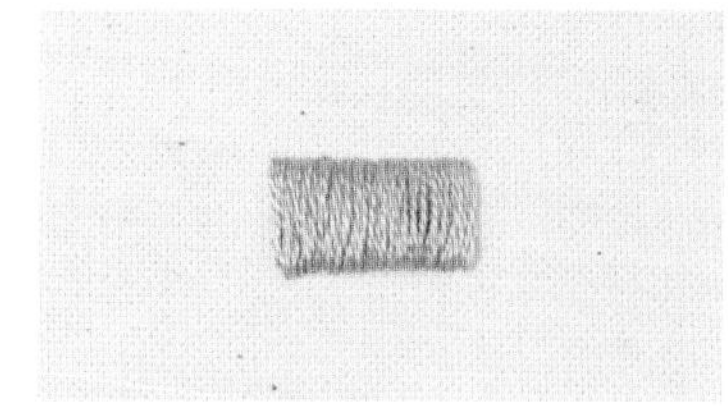

05 마무리되었습니다.

수놓은 후 마감하는 방법 2

수놓은 뒷면에 매듭을 지어서 마무리하므로 수놓은 실이 풀리지 않아,
자주 세탁하는 원단에 수놓을 때 사용하는 방법입니다.

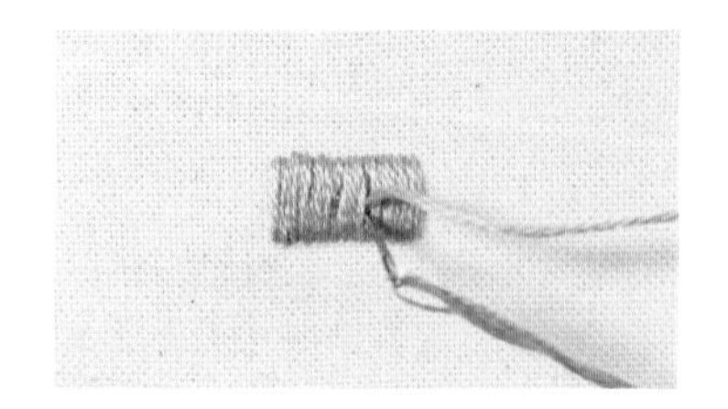

01 수놓은 실 사이로 바늘을 빼서 두 땀을 수놓습니다.

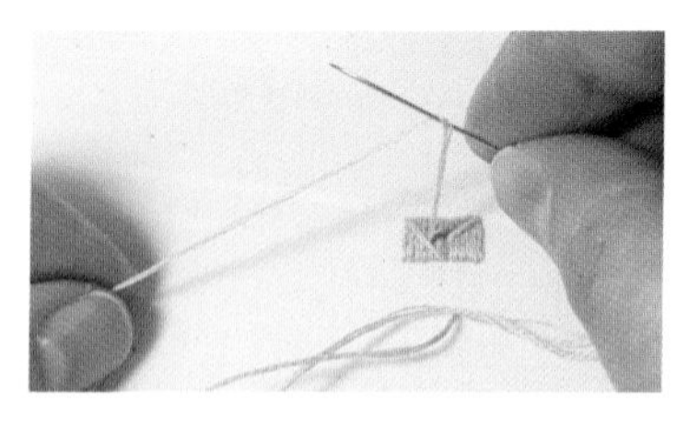

02 수놓은 부분을 뒤집어서 한 번 매듭짓습니다.

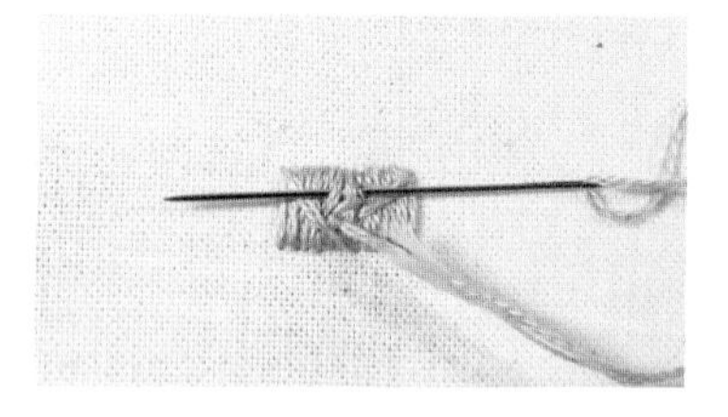

03 매듭지은 곳 주변의 실 사이로 바늘을 끼워넣어 두 번 감아주고

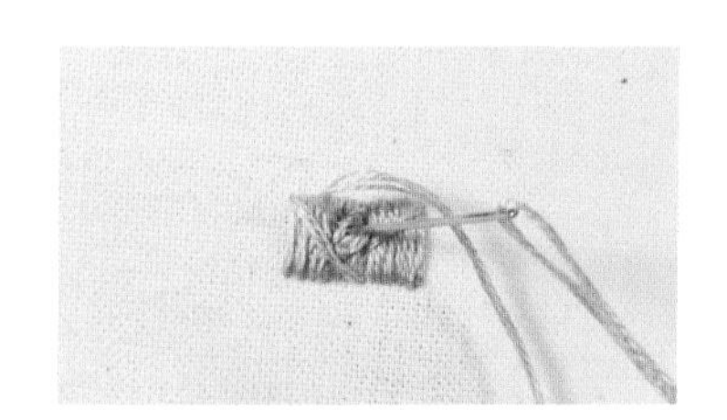

04 실을 감아준 곳에 바늘을 찔러 넣어

05 앞부분으로 실을 빼준 후 바짝 당겨 자릅니다(수놓은 부분이 잘리지 않도록 주의해주세요).

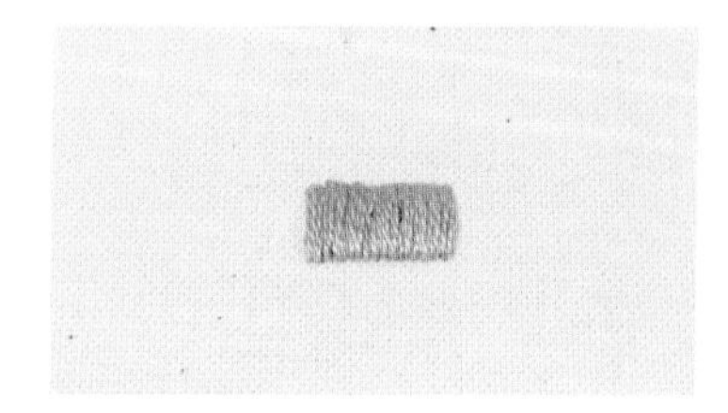

06 마무리되었습니다.

수놓은 후 마감하는 방법 3

이음수를 놓고 마무리하는 방법입니다.

01 수가 이어지는 경계 라인을 따라 바늘을 빼서 한 땀 놓습니다.

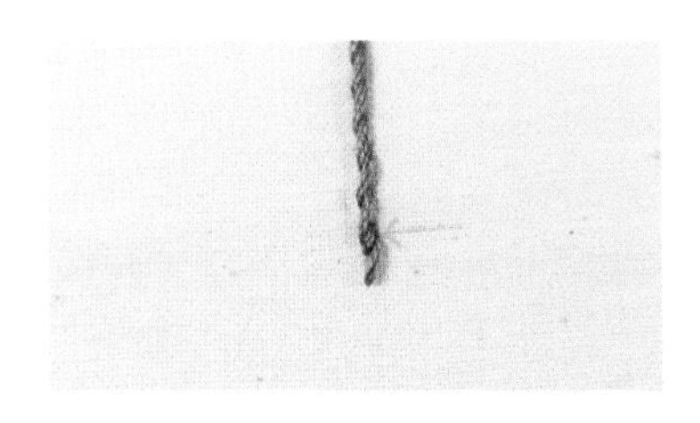

02 화살표가 있는 부분이 한 땀 수놓은 부분입니다.

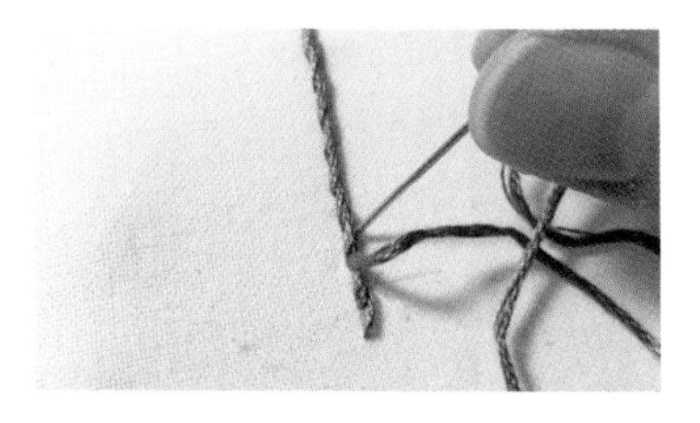

03 한 땀 수놓은 윗부분에 경계 라인을 따라 또 한 땀 놓습니다.

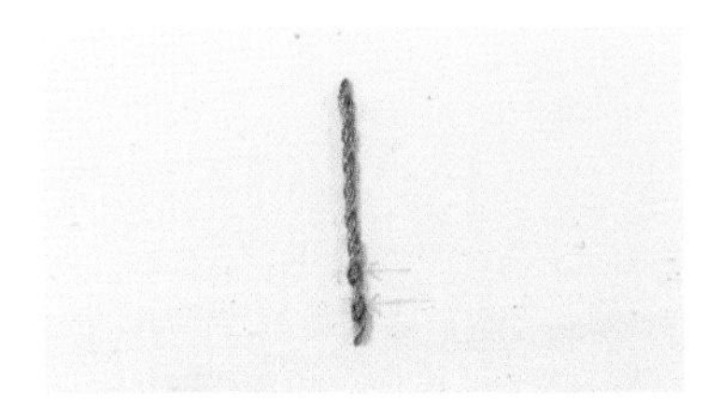

04 경계 라인을 따라 두 땀 놓은 사진입니다.

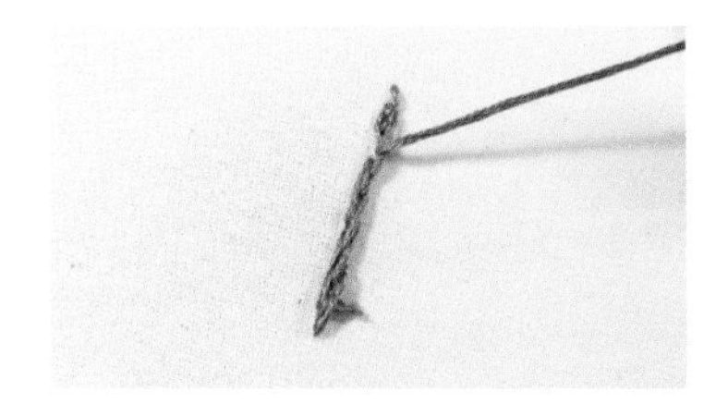

05 뒤집어서 한 번 매듭짓습니다.

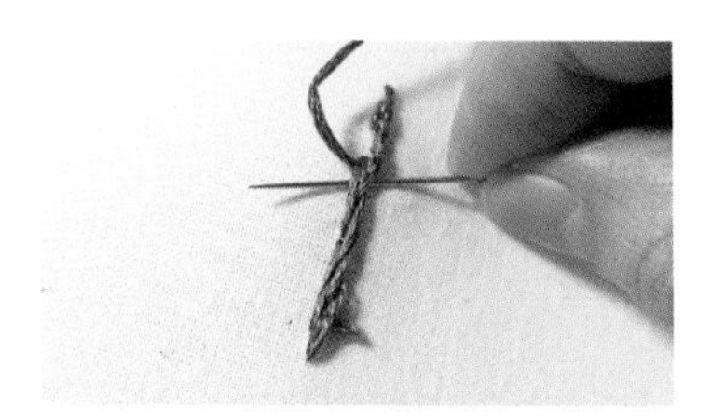

06 주변 실에 두 번 감아줍니다.

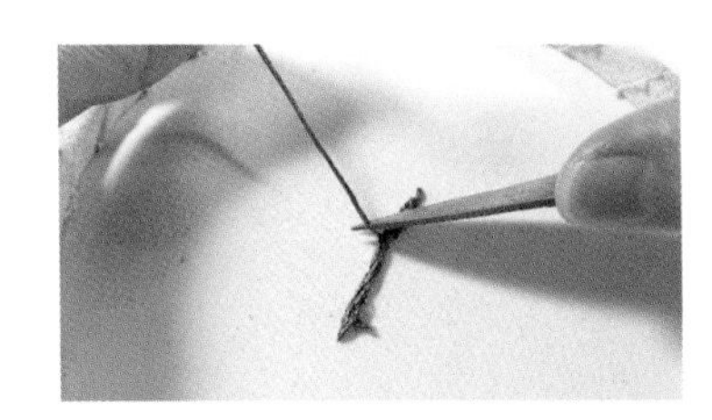

07 두 번 감은 후 잘라주거나 방법 2와 같이 앞쪽으로 실을 빼서 바짝 자른 후 마무리합니다.

2 이 책에 사용한 자수 스티치 기법

평면자수 기법

새틴 스티치

서양자수에서는 '새틴 스티치'라 하며, 전통자수에서는 '평수'라고 합니다.
한 땀씩 고르게 면을 채워가는 기법입니다.

방법 1

도안의 끝부분부터 수놓는 방법입니다.

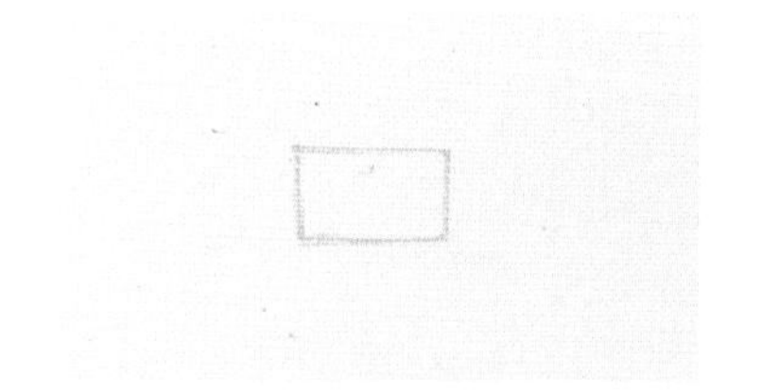

01 도안을 그립니다.

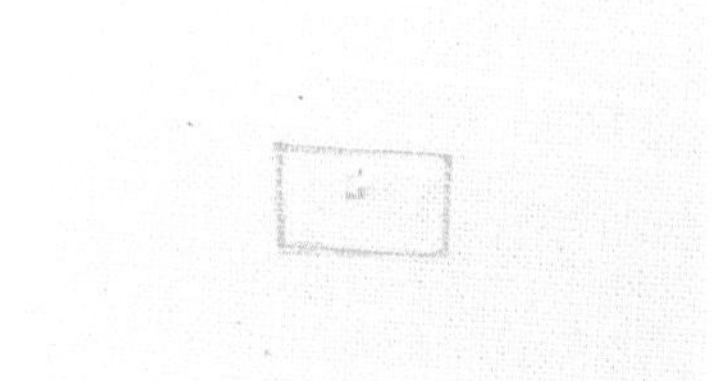

02 도안 안쪽에 한 땀을 수놓습니다.

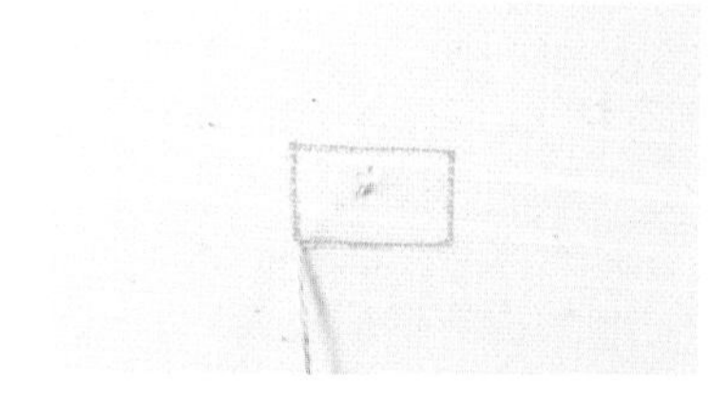

03 도안 왼쪽 아래 끝부분으로 바늘을 뺍니다(오른쪽부터 시작해도 좋습니다).

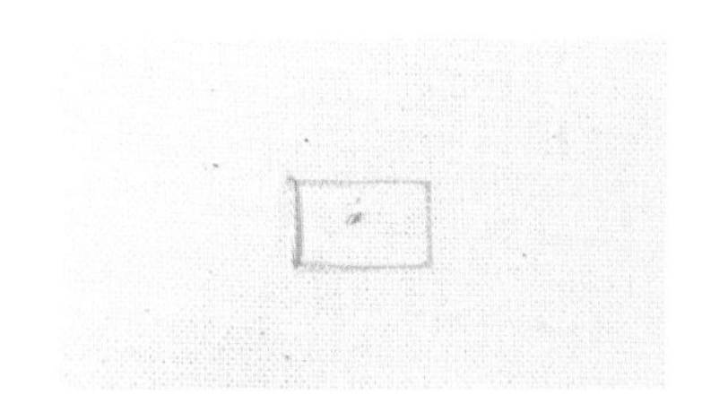

04 한 땀을 수놓습니다.

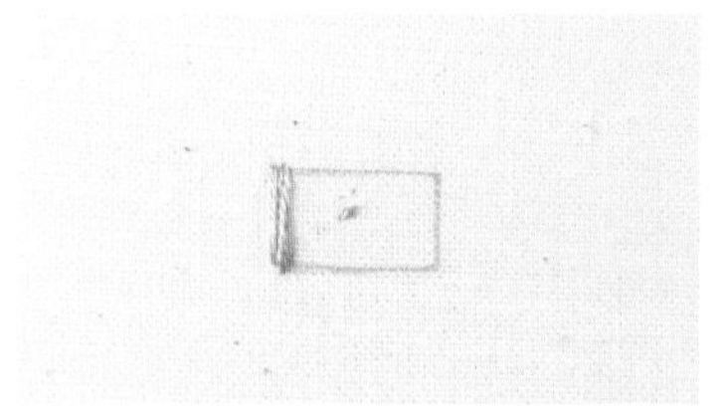

05 바로 옆으로 바늘을 빼서 수놓기를 반복합니다.

06 고르게 면을 채워 완성합니다.

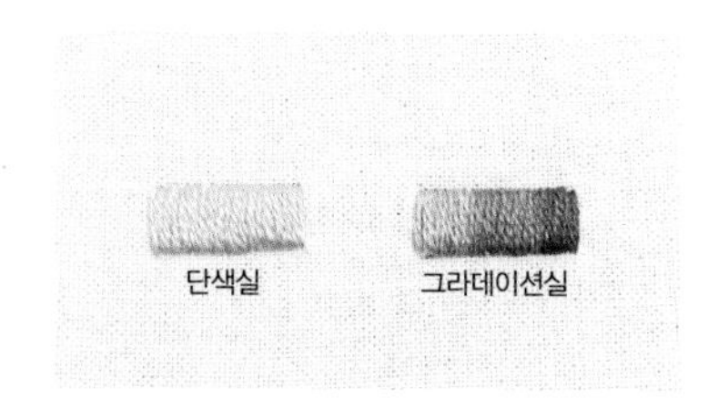

07 그러데이션 되어 있는 실을 수놓을 때 이 방법으로 수를 놓으면, 그러데이션 된 컬러가 잘 표현됩니다.

방법 2

도안의 가운데부터 수놓는 방법입니다. 가운데 한 땀을 중심으로 균형 있게 수놓을 수 있습니다.

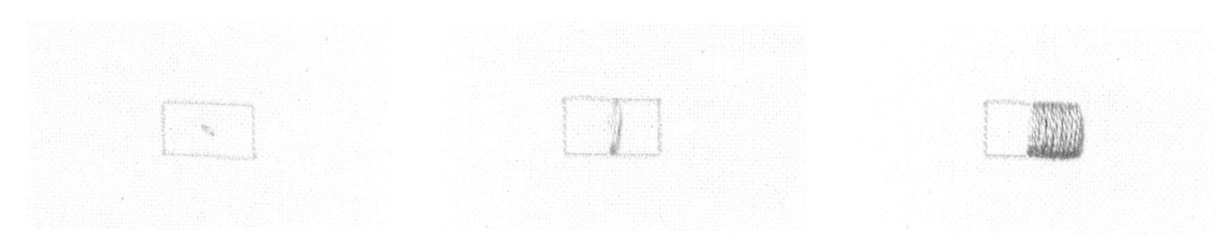

01 도안 안쪽에 한 땀을 수놓습니다.

02 도안의 중간에 한 땀을 수놓습니다.

03 가운데 한 땀을 중심으로 양옆을 수놓아 채워줍니다.

04 나머지 한쪽도 채워서 완성합니다.

이음수

선을 수놓는 기법입니다. 서양자수에서는 아우트라인 스티치라 하며 전통자수에서는 이음수라고 부릅니다. 이음수는 '보내는 땀'과 '돌아오는 땀'이 있습니다. 서양자수의 아우트라인 스티치는 '보내는 땀'으로 수놓는 방법이고, 바늘땀이 안쪽에서 시작해 밖으로 내보내지므로 실의 소모는 적으나 돌아오는 땀보다 덜 매끄럽습니다. 이 책에서는 대부분의 이음수는 '돌아오는 땀'을 사용했습니다.

아우트라인 스티치 – 이음수 보내는 땀

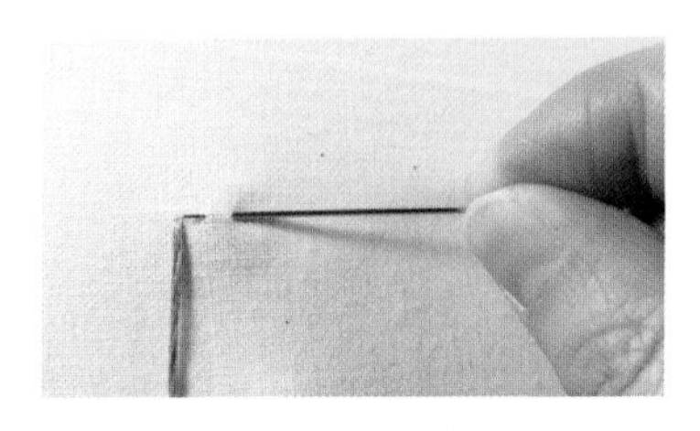

01 바늘을 빼내고 한 땀만큼 옆으로 가서 다시 뒤로 반 땀만큼 들어와서 빼줍니다.

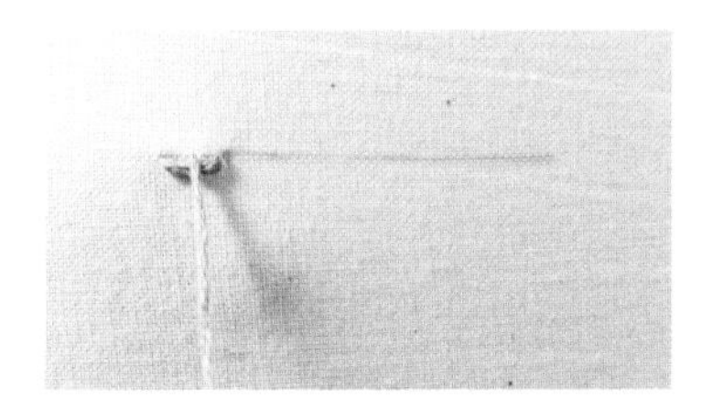

02 반 땀 들어와 빼준 실 방향은 아래로 합니다.

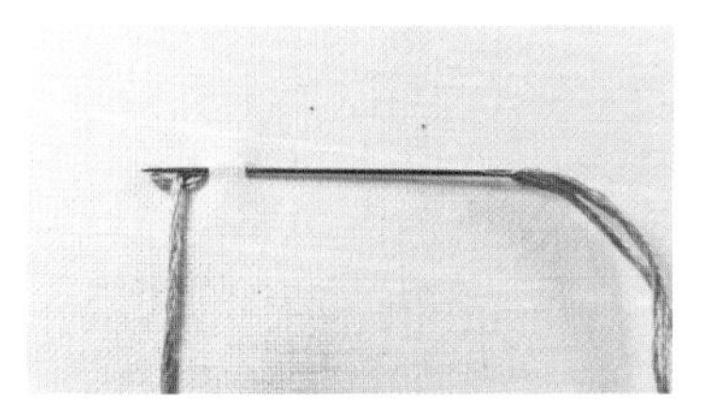

03 실을 반 땀 빼준 부분에서 다시 한 땀만큼 옆으로 가서 바늘을 찔러 넣고 다시 반 땀 들어와 바늘을 빼주는데, 이전에 찔러 넣었던 바늘땀 구멍으로 빼줍니다.

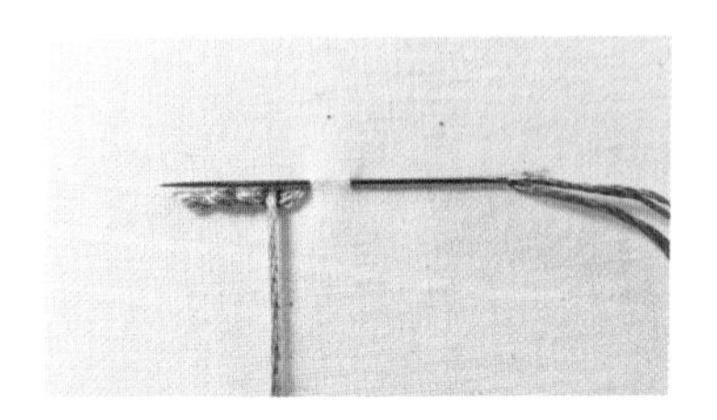

04 3번을 반복하여 수놓습니다.

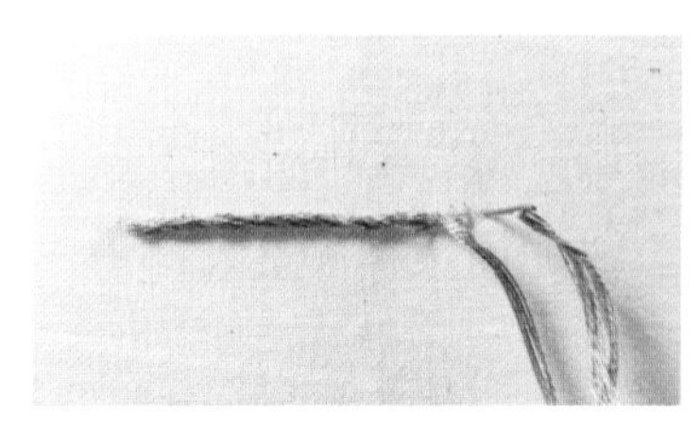

05 마지막은 반 땀 빼준 실을 선 끝으로 찔러 넣어 마무리합니다.

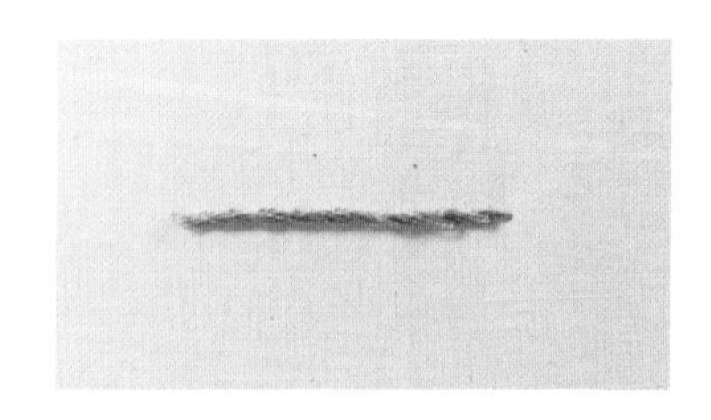

06 완성입니다.

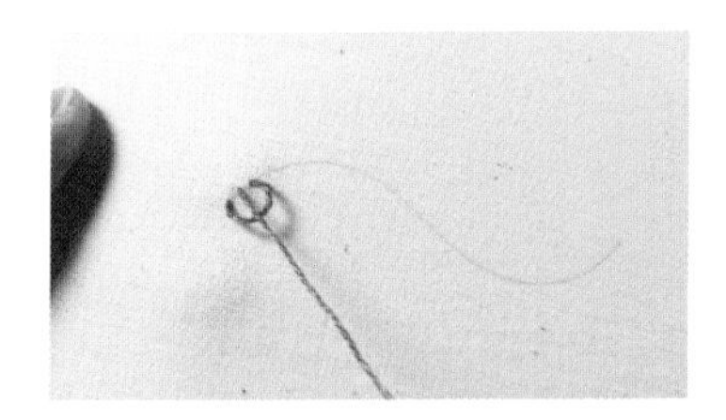

07 곡선을 수놓을 때도 마찬가지로 선이 시작되는 곳에서 실이 나와서 옆으로 한 땀 가서 바늘을 찔러 넣고 반 땀 들어와 빼줍니다. 이때 반 땀 나온 실은 항상 아래쪽으로 향하게 합니다.

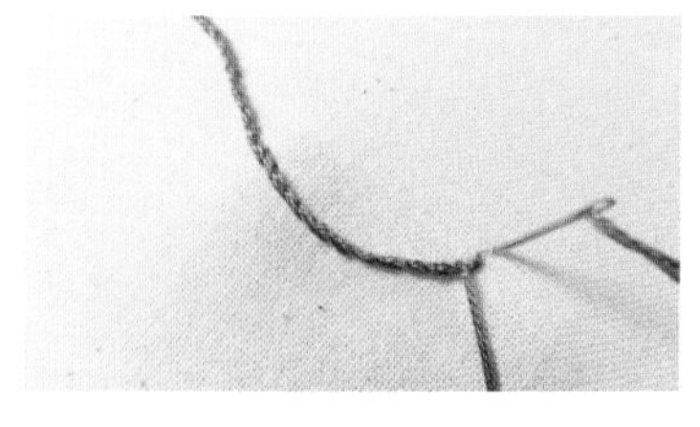

08 반 땀 빼준 실을 선 끝으로 찔러 넣어 마무리합니다.

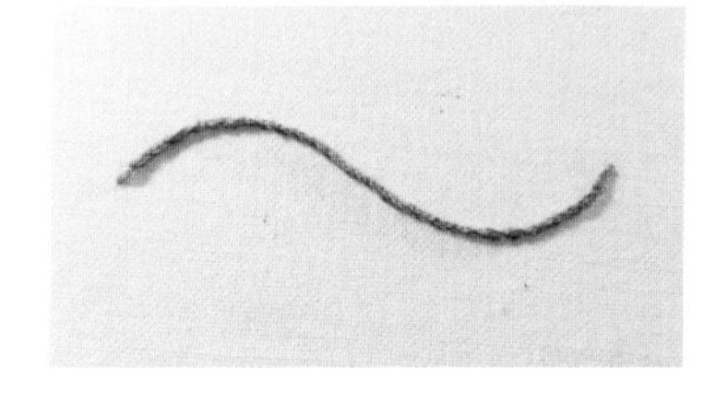

09 완성입니다.

이음수 돌아오는 땀

바늘땀이 밖에서 안으로 들어옵니다. 보내는 땀에 비해 실의 소모가 많지만 매끄럽게 선을 수놓을 수 있습니다.
이 책에서 주로 수놓는 방법입니다.

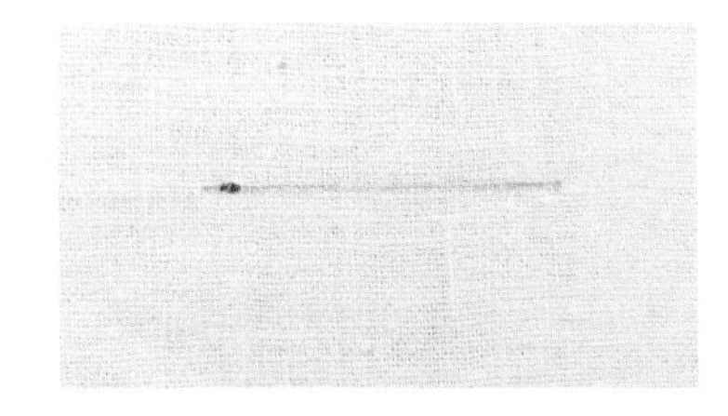

01 수놓을 부분에 작게 한 땀을 수놓습니다.

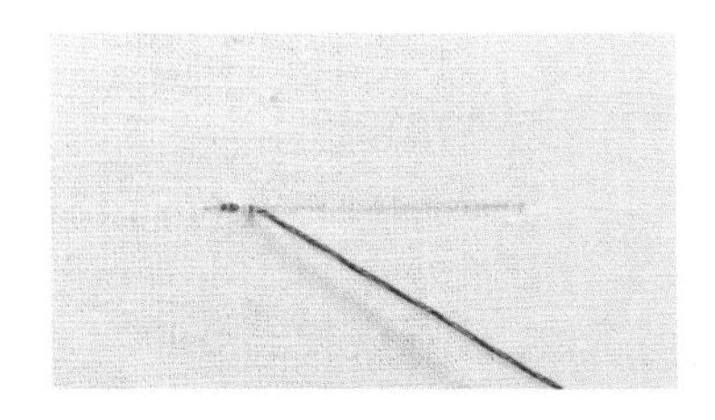

02 선의 시작 부분에서 한 땀 옆으로 바늘이 나옵니다.

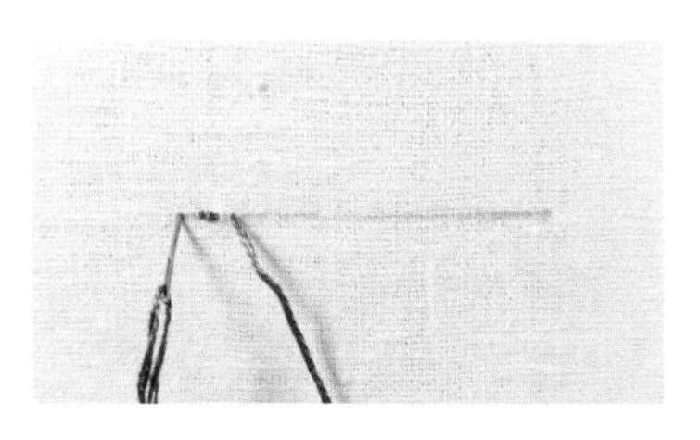

03 시작점으로 한 땀 돌아가 수놓습니다.

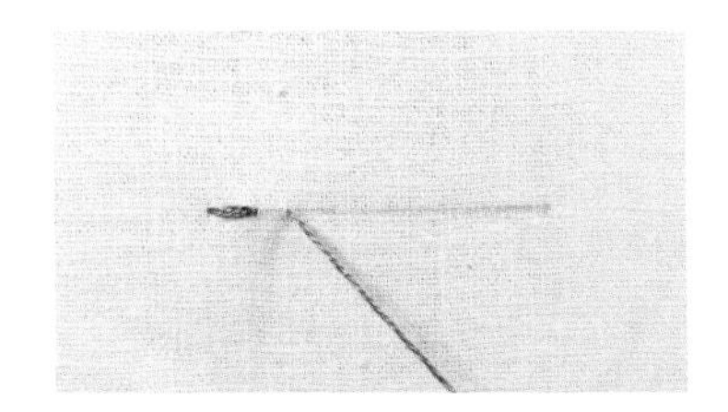

04 반 땀 옆으로 바늘을 뺍니다.

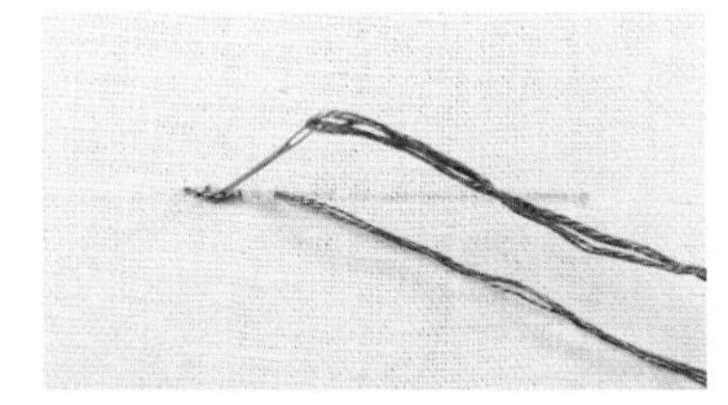

05 처음 한 땀 수놓았던 부분 중간에 바늘을 들여 넣습니다(이때 실을 살짝 옆으로 밀듯이 하여 들여 넣어야 선이 더욱 매끄럽게 수놓아집니다).

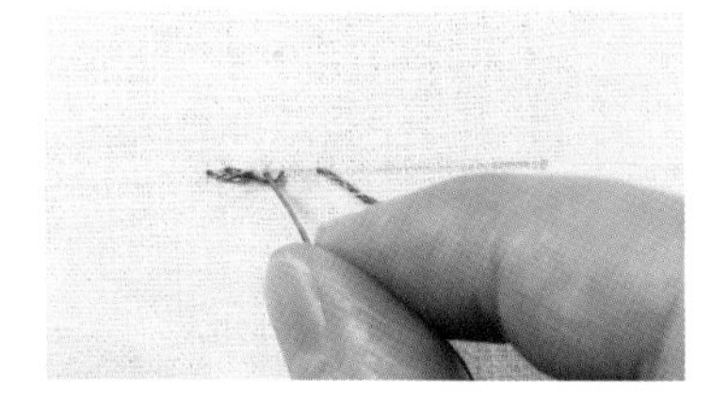

06 또 반 땀 옆으로 바늘이 나와서 바로 이전 땀 중간쯤에 바늘을 들여 넣습니다.

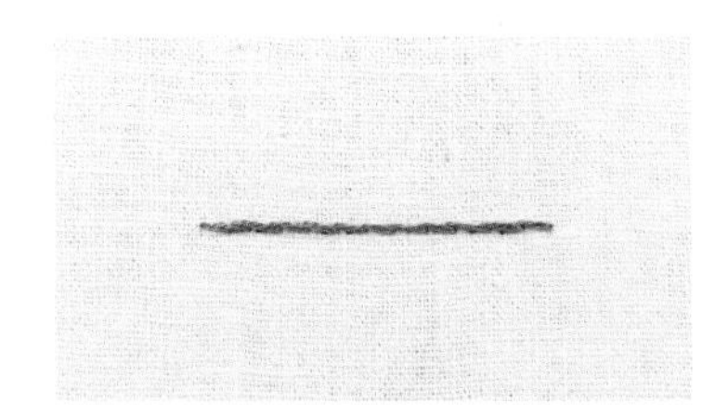

07 계속 반복해서 수놓으면 됩니다.

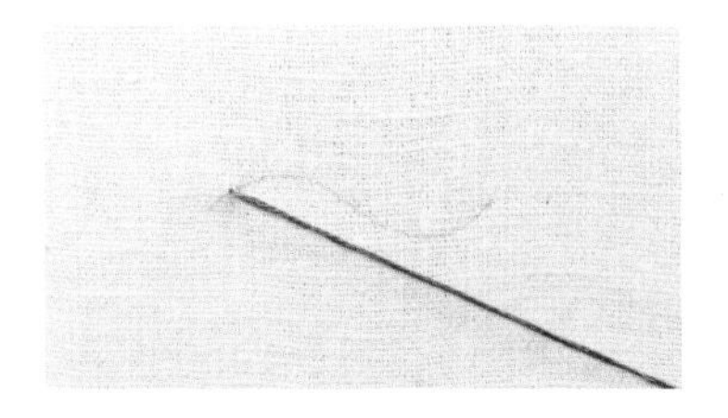

08 곡선도 마찬가지로 처음 한 땀 내려와 바늘을 빼줍니다.

09 한 땀 수놓고 반 땀 옆으로 가서 먼저 수놓은 땀 중간쯤에 실을 살짝 옆으로 밀듯이 바늘을 들여 넣습니다.

10 계속 반복해서 수놓는데, 곡선 부분은 땀의 간격을 짧게 하여 수놓아야 매끄럽습니다.

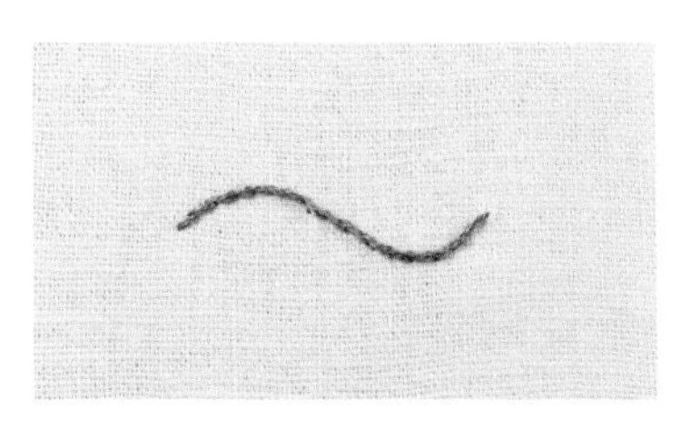

11 곡선 이음수 완성입니다.

보내는 땀과 돌아오는 땀 비교

보내는 땀(아우트라인 스티치)은 선이 굵고 살짝 거친 느낌을 주며, 돌아오는 땀은 선이 조금 더 가늘고 매끄러운 느낌을 주므로 도안에 따라 원하는 방법으로 수놓으면 됩니다.

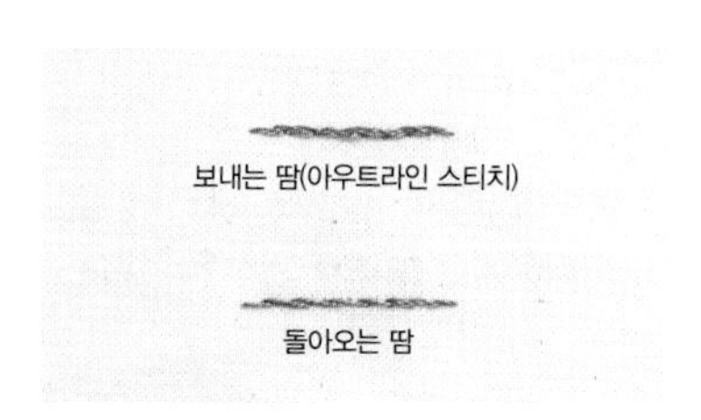

프렌치 노트 스티치

서양자수에서는 '프렌치 노트 스티치'라고 하고, 전통자수에서는 '매듭수'라고 부릅니다.
매듭처럼 수놓아 점을 표현할 때 사용합니다. 실을 감는 횟수에 따라 크기를 다르게 할 수 있습니다.

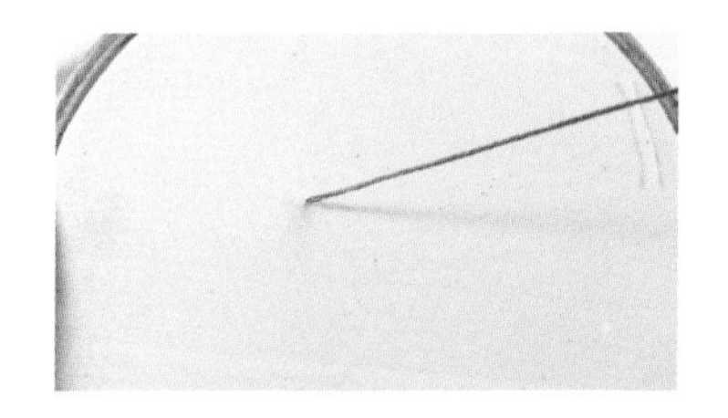

01 천 위로 실을 빼줍니다.

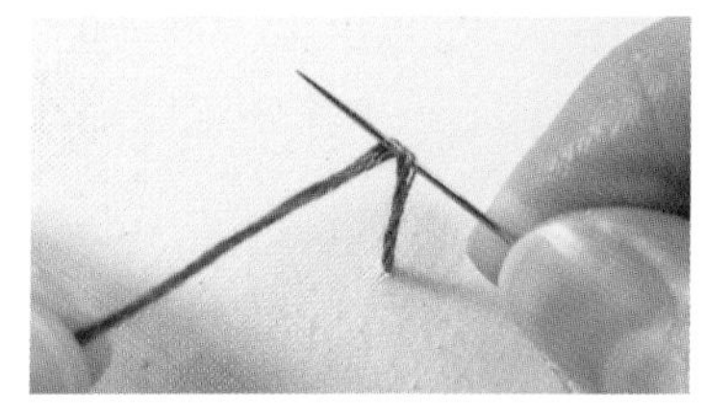

02 왼손으로 실을 잡고 바늘에 실을 감아줍니다.

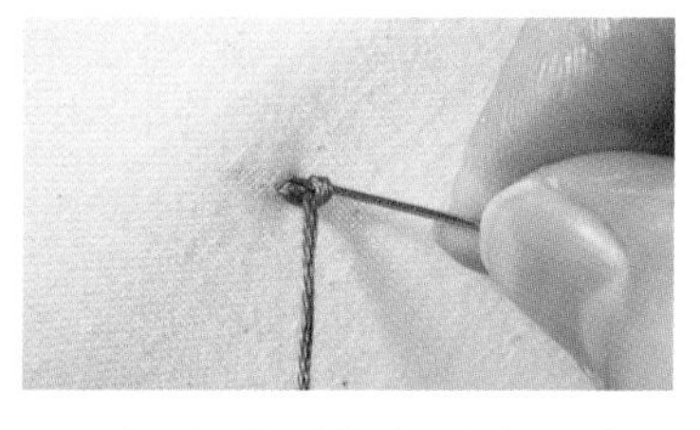

03 바늘에 실을 감은 상태에서 바늘을 실이 나온 곳으로 다시 찔러 넣습니다(왼손으로 실을 잡은 상태를 유지합니다).

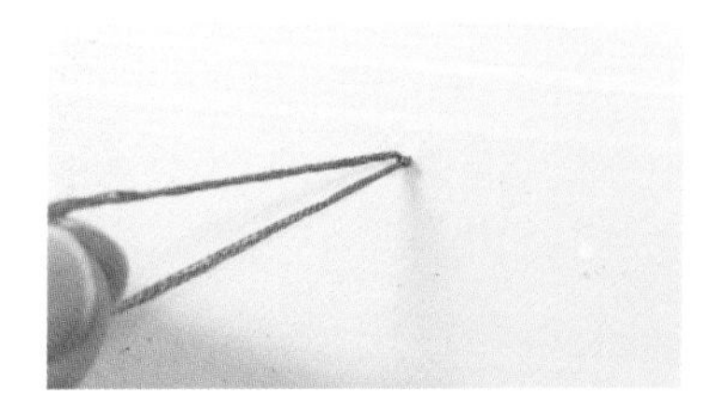

04 실이 꼬이지 않도록 잡은 상태로 바늘을 쭉 당겨 빼줍니다.

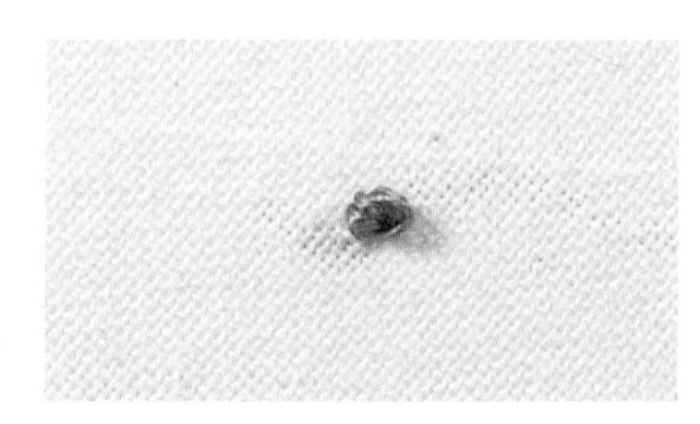

05 프렌치 노트 스티치 완성입니다.

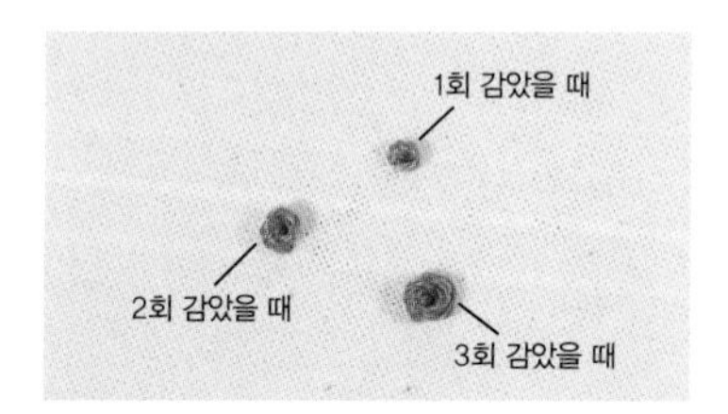

06 실을 감은 횟수에 따라 크기가 달라집니다.

롱 앤드 쇼트 스티치

서양자수에서는 '롱 앤드 쇼트 스티치', 전통자수에서는 '자련수'라고 합니다.
실의 길이에 변화를 주며 색을 단계적으로 표현해서 사실적인 느낌을 줄 때 많이 사용되는 기법입니다.

방법 1

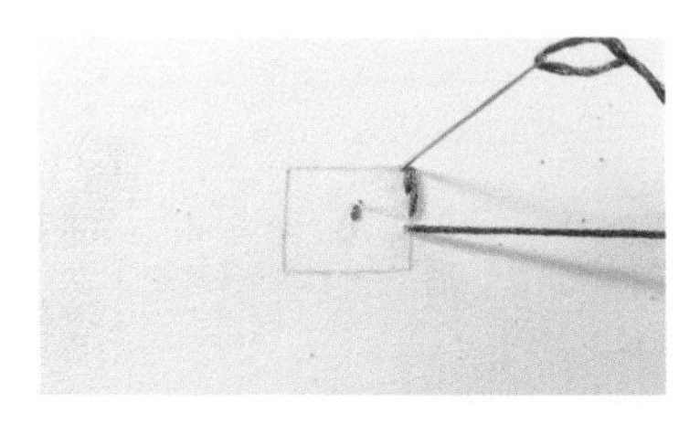

01 작게 한 땀을 수놓고 바늘땀을 길고 짧게 교차시키며 수놓습니다.

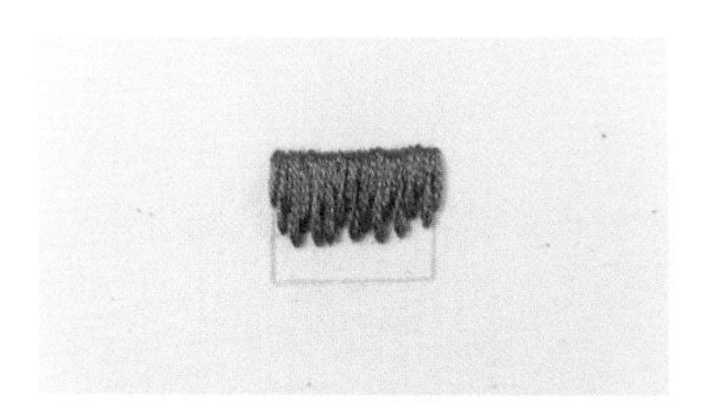

02 바늘땀이 너무 길지 않게 첫째 단이 도안의 3분의 1 정도 되도록 수놓습니다.

*Tip*_ 바늘땀이 너무 길면 들뜨기 쉬우니 적당한 길이로 길고 짧은 땀을 들뜨지 않게 수놓아주세요.

03 실의 색을 바꾸어 두 번째 단을 수놓습니다.

04 길고 짧은 땀을 수놓아주는데, 첫째 단의 실과 실 사이에 바늘을 꽂아서 수놓아줍니다.

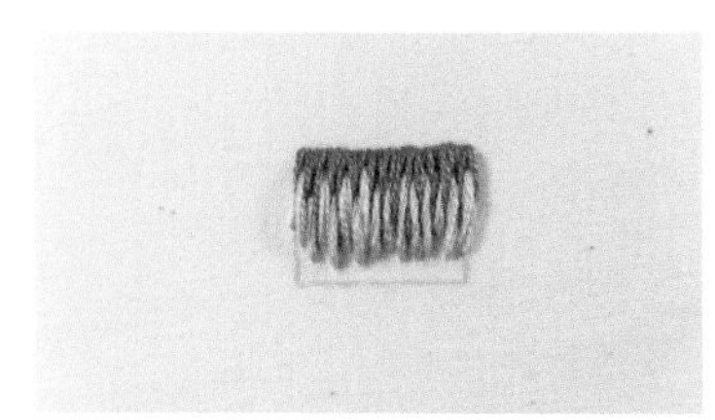

05 첫째 단 실 사이사이에 바늘을 끼워 넣어 길고 짧게 교차하며 수놓아줍니다.

06 실의 색을 바꾸어 마지막 단을 두 번째 단의 실 사이사이에 수놓아줍니다.

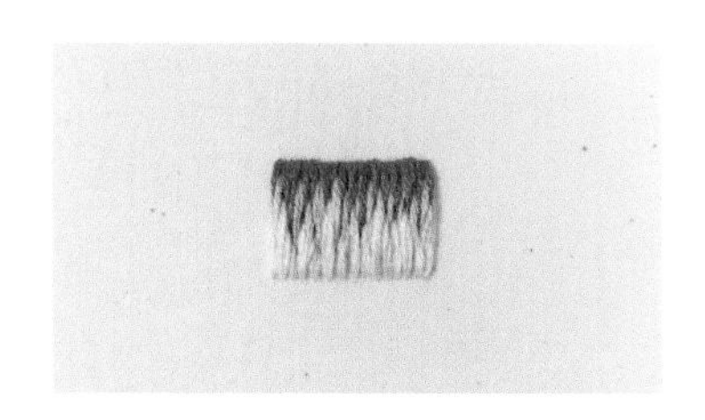

07 완성되었습니다.

*Tip*_ 바늘땀의 길이가 일정하지 않아도 됩니다. 바늘땀 구멍이 보이지 않도록 실 사이사이에 수놓아주세요.

방법 2

둥그런 꽃잎을 수놓는 방법입니다.

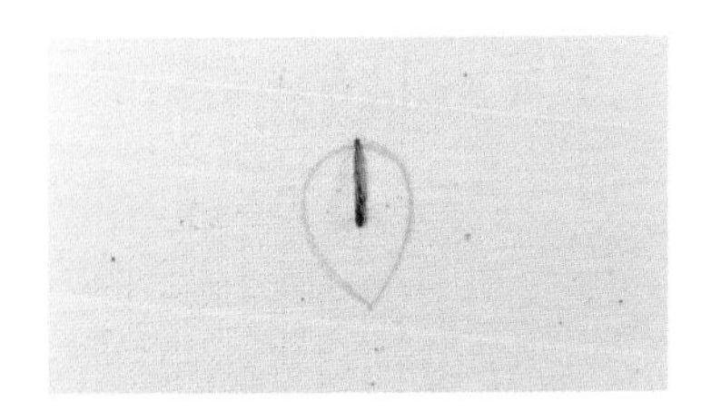

01 도안 안쪽에 작게 한 땀을 뜨고, 가운데 한 땀 수놓습니다.

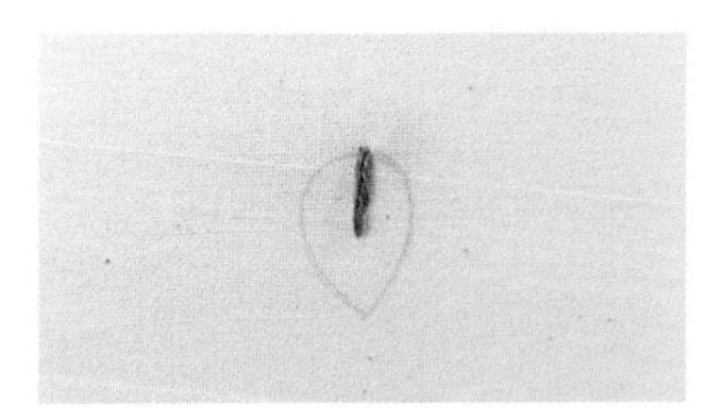

02 가운데부터 길고 짧은 땀을 수놓아줍니다.

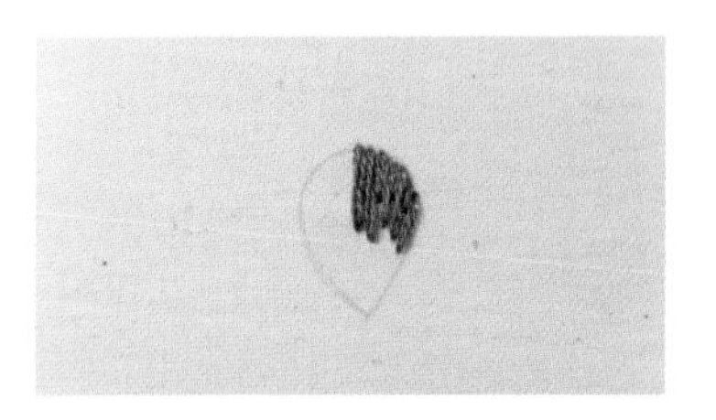

03 수놓을 때 가장자리로 갈수록 면적이 좁아지므로 땀을 조절하여 폭을 맞춰줍니다.

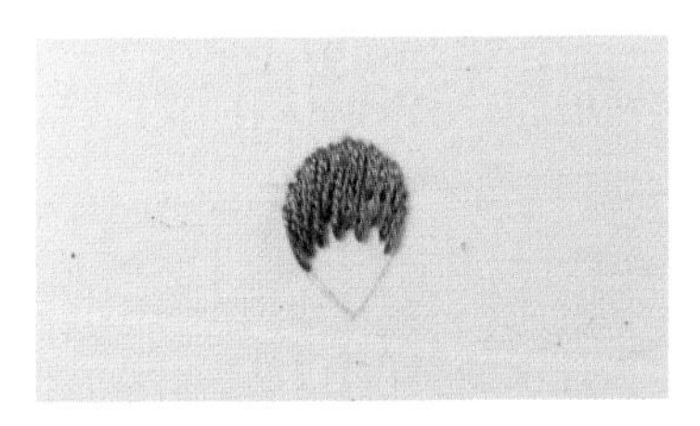

04 땀을 조절해서 살짝 둥그런 모양이 되도록 첫째 단을 수놓습니다.

05 두 번째 단 역시 가운데에서 시작합니다. 바늘땀은 항상 실과 실 사이에 수놓습니다.

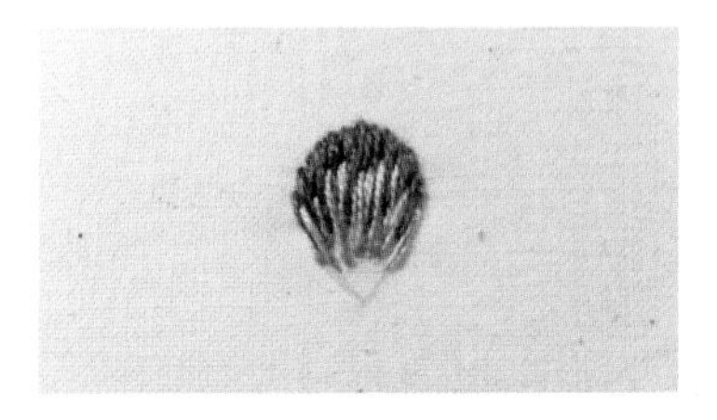

06 도안 면적에 맞게 바늘땀을 조절해서 아래쪽으로 살짝 모아준 형태로 수놓습니다.

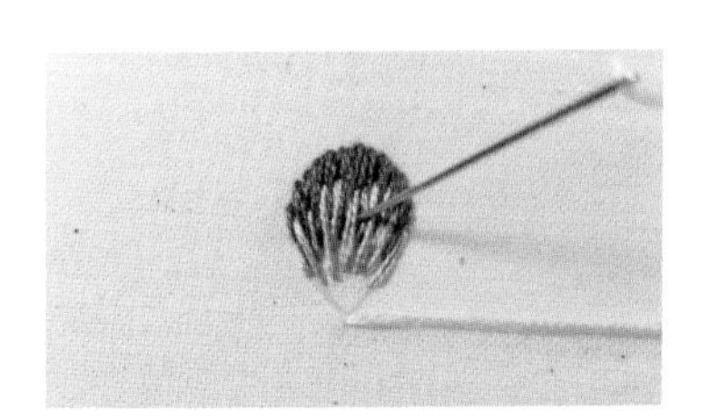

07 마지막 단 역시 가운데에서 시작합니다. 두 번째 단 실 사이로 바늘땀이 교차하게 수놓아주세요.

08 완성되었습니다.

스트레이트 스티치

직선을 수놓는 스티치로 도안선을 한 땀의 선으로 덮는 기법입니다.

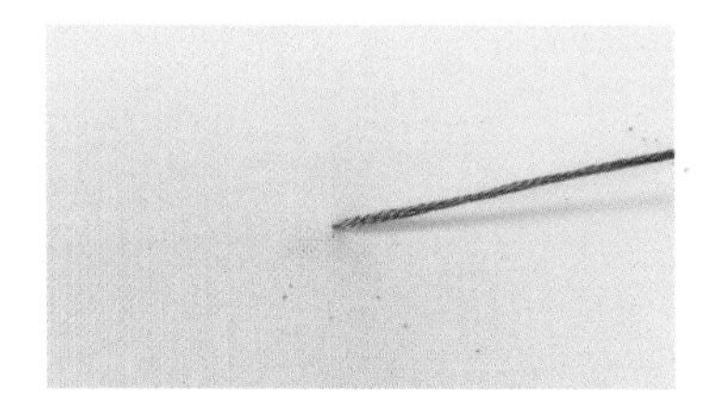

01 천 위로 바늘을 뺍니다.

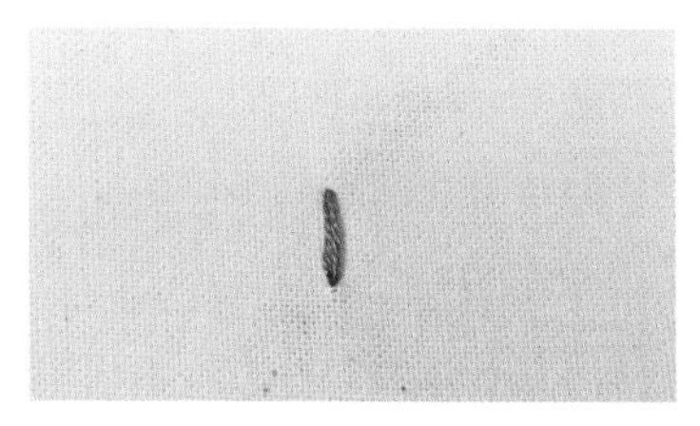

02 수놓을 부분에 바늘을 넣어 한 땀을 완성합니다.

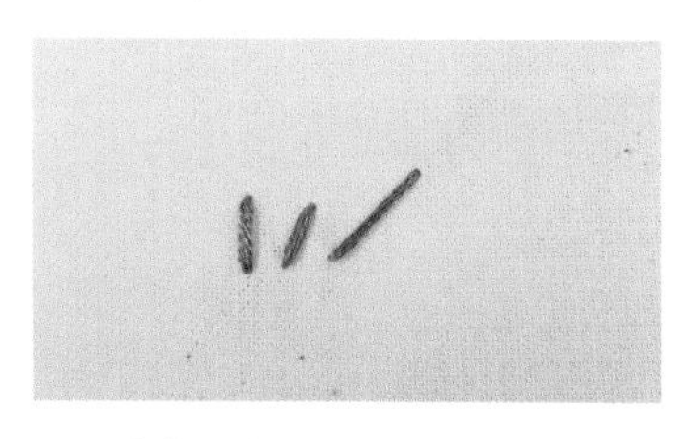

03 길이는 너무 길지 않게 직선 한 땀을 놓아 완성합니다.

레이지 데이지 스티치

둥그런 고리를 만들어 고정시키는 기법입니다. 꽃이나 잎을 표현할 때 주로 사용합니다.

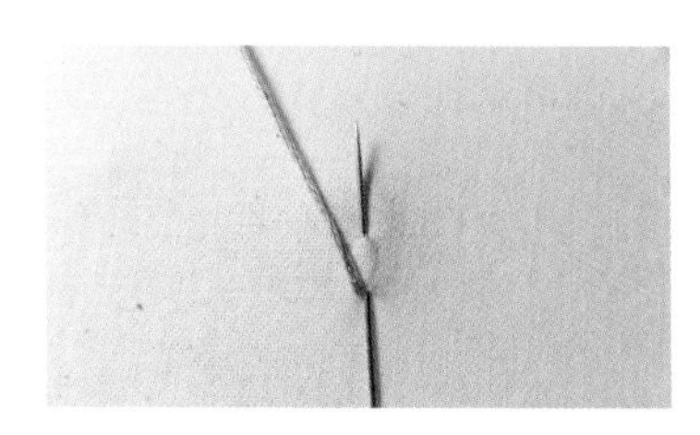

01 시작점에서 바늘을 빼고 다시 시작점으로 바늘을 찔러 넣어 도안 윗부분으로 바늘을 뺍니다.

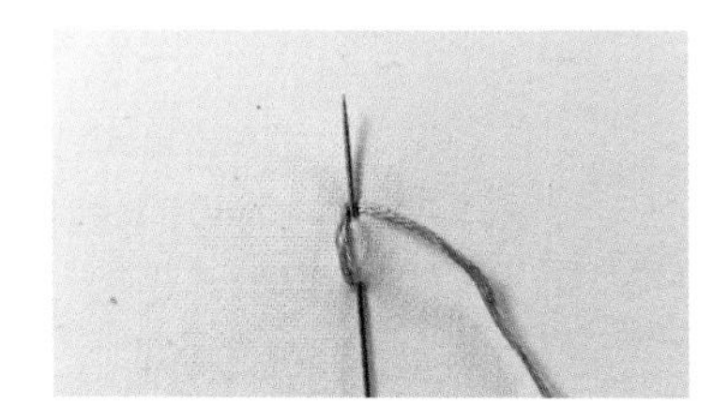

02 실을 바늘에 걸어주고

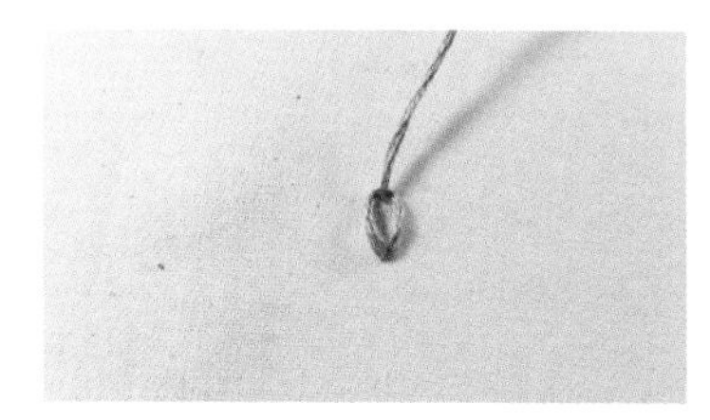

03 바늘을 빼서

04 고리 위로 바늘을 찔러 넣어 고정시키면

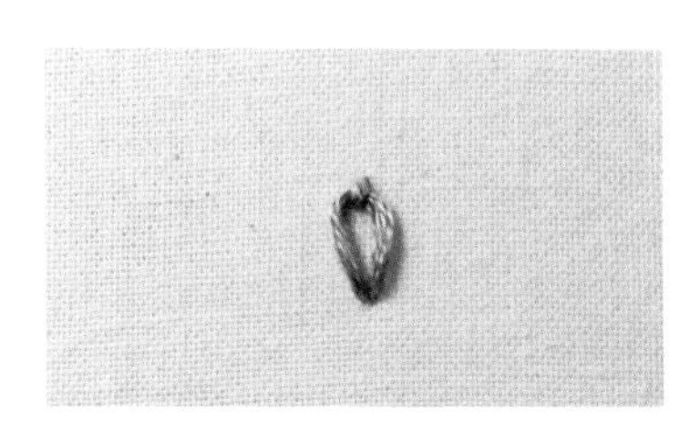

05 레이지 데이지 스티치 완성입니다.

더블 레이지 데이지 스티치

레이지 데이지 스티치 안에 또 하나의 레이지 데이지 스티치를 수놓는 방법입니다.
꽃잎을 표현할 때 주로 사용합니다.

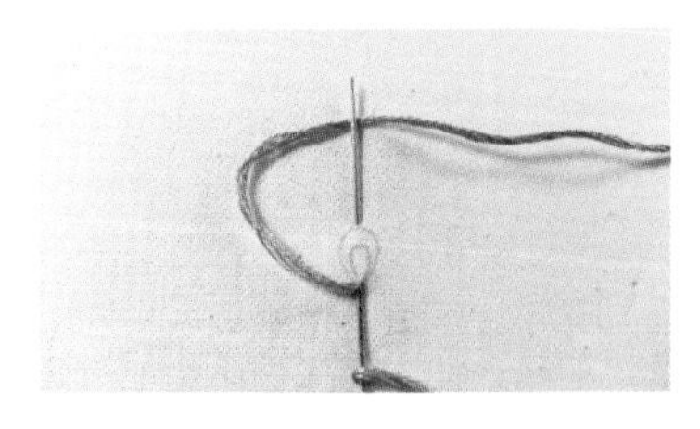

01 시작점으로 바늘을 빼서 시작점으로 다시 찔러 넣어 바깥쪽 도안 위쪽으로 바늘을 뺍니다.

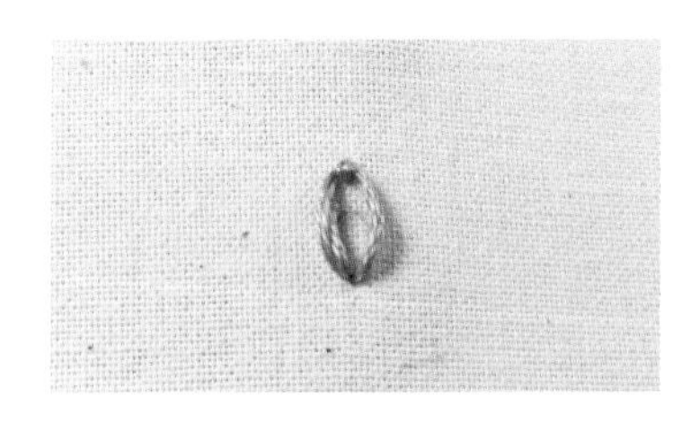

02 바깥쪽 도안을 따라 레이지 데이지 스티치를 수놓아줍니다.

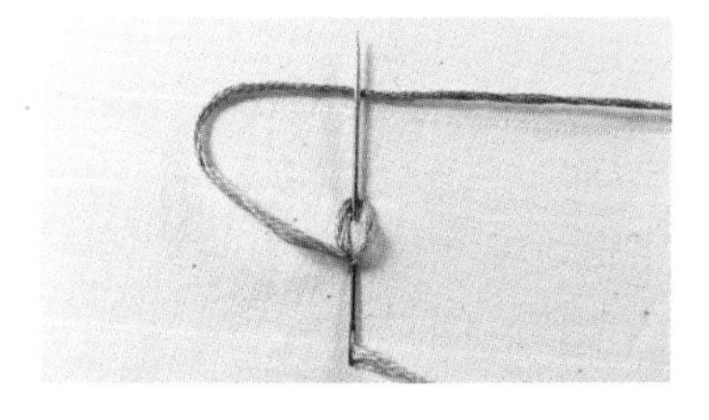

03 다시 시작점으로 바늘을 빼고 다시 바늘을 찔러 넣어 안쪽 도안 윗부분으로 바늘을 뺍니다.

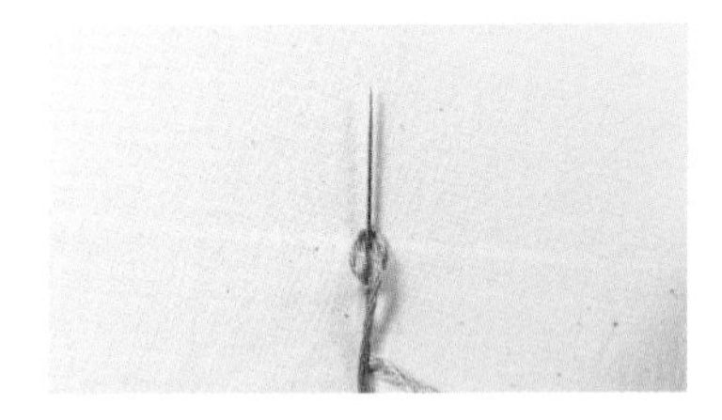

04 그리고 바늘에 실을 걸어 안쪽으로 레이지 데이지 스티치를 놓으면

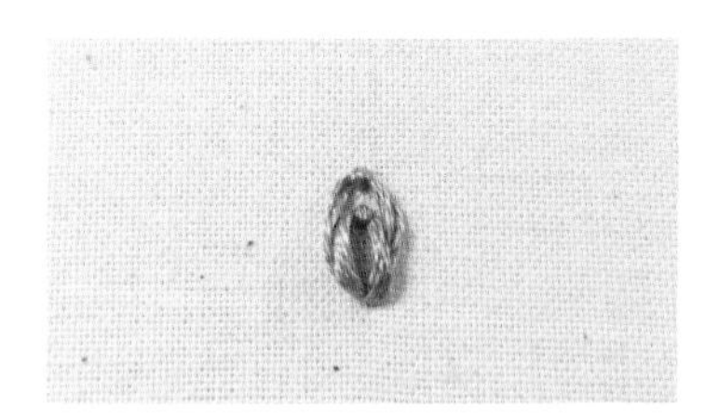

05 더블 레이지 데이지 스티치가 완성됩니다.

피스틸 스티치(롱 프렌치 노트 스티치)

프렌치 노트 스티치와 스트레이트 스티치가 결합된 스티치입니다.
꽃술을 표현할 때 사용합니다.

01 시작점에서 바늘을 빼줍니다.

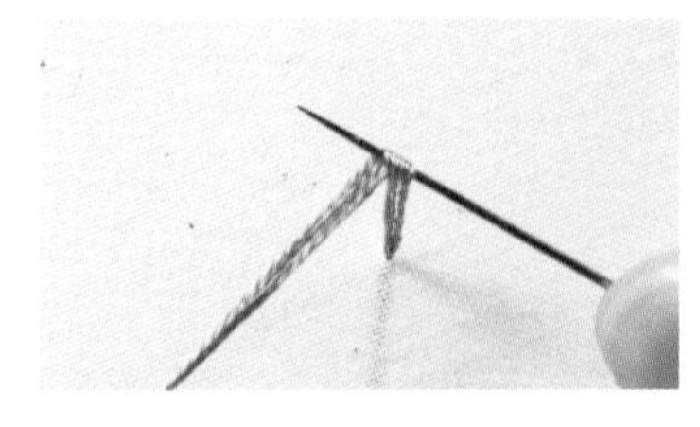

02 바늘에 실을 감습니다.

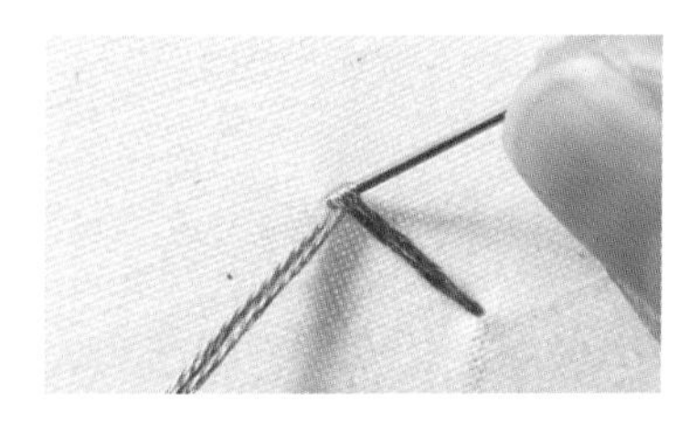

03 시작점에서부터 어느 정도 떨어진 위치에 바늘을 찔러 넣습니다.

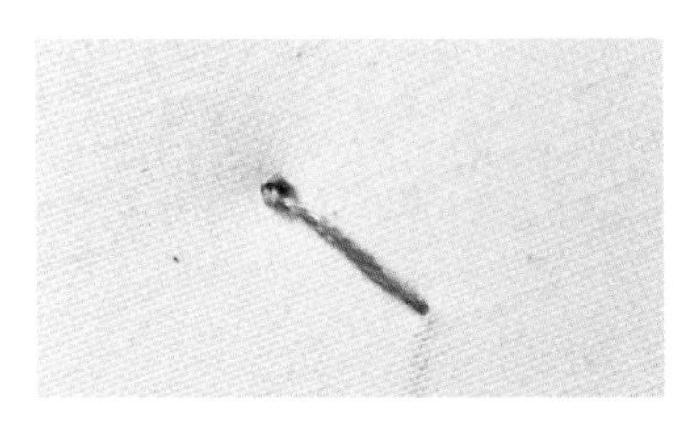

04 피스틸 스티치가 완성되었습니다.

05 여러 개의 꽃술을 표현할 때 수놓기 좋은 기법입니다.

플라이 스티치

Y자나 V자 형태를 만드는 스티치입니다. 작은 꽃이나 풀을 수놓는 데 활용됩니다.

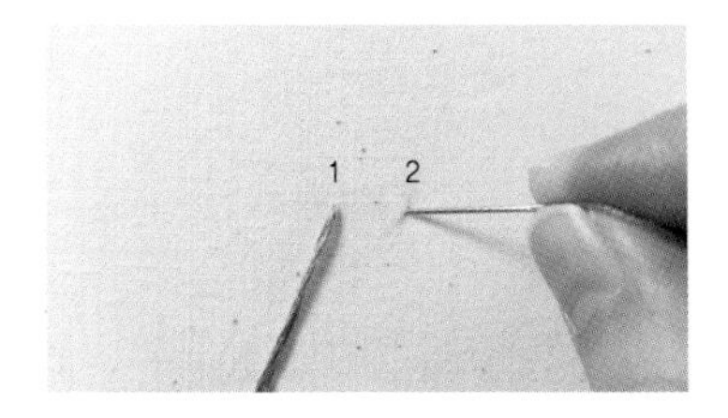

01 바늘을 1번으로 빼서 2번으로 넣습니다.

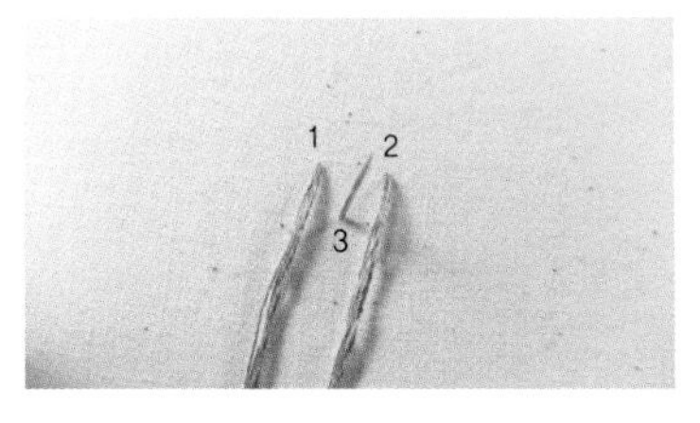

02 2번으로 넣은 바늘을 끝까지 당기지 않은 상태에서 3번으로 나옵니다.

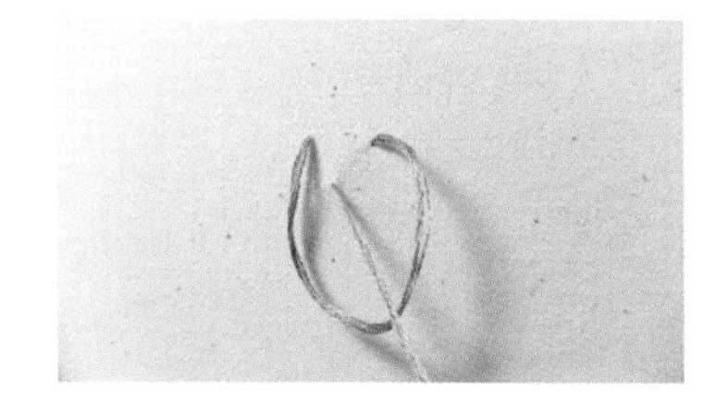

03 실을 잡아당깁니다.

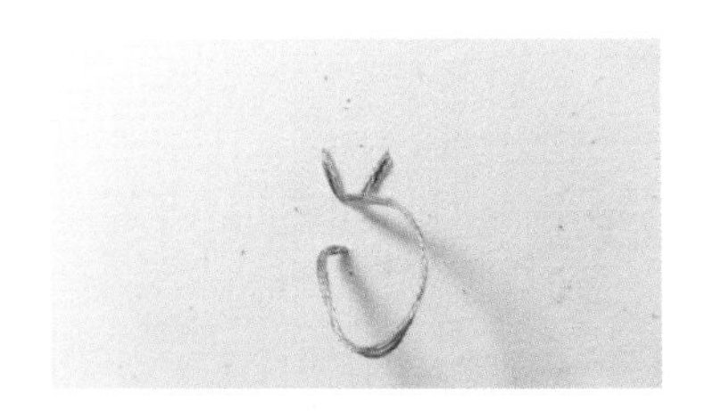

04 V자 형태가 되면 아래쪽에 바늘을 꽂아 Y자를 만듭니다. 아래쪽으로 짧게 바늘을 꽂으면 V자 형태를 만들 수 있습니다.

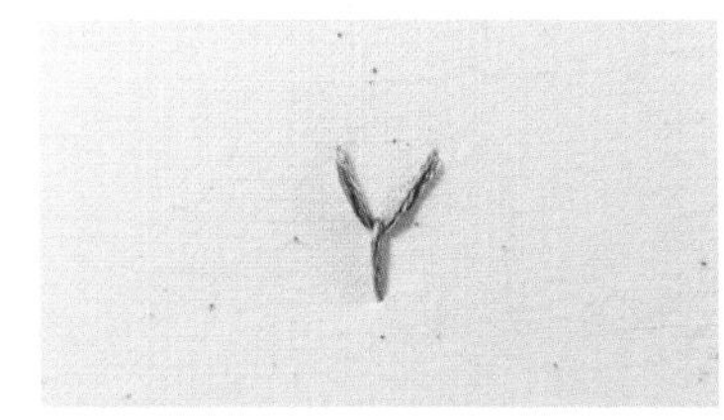

05 플라이 스티치 완성

피시본 스티치

실이 교차하면서 잎맥과 같은 모양으로 보이기 때문에 나뭇잎을 표현하는 데 활용하기 좋은 기법입니다.

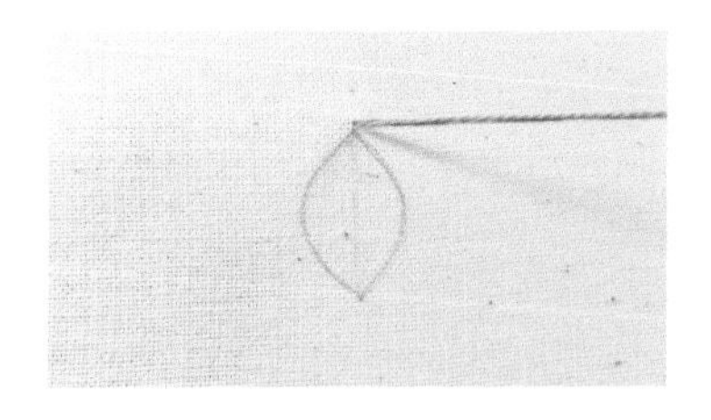

01 도안의 시작점에서 바늘을 뺍니다.

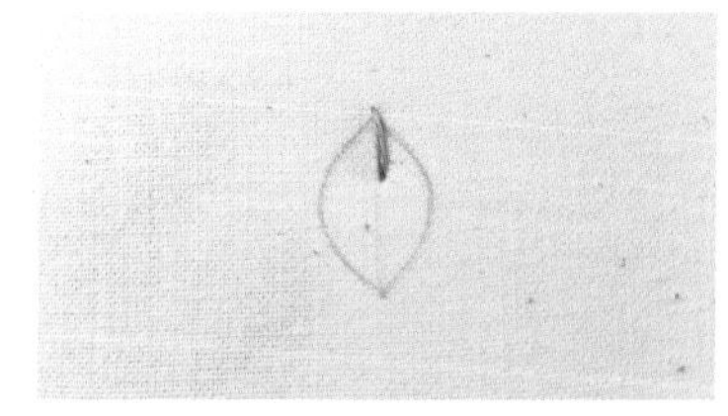

02 한 땀 아래에 바늘을 꽂아 한 땀 수놓아줍니다.

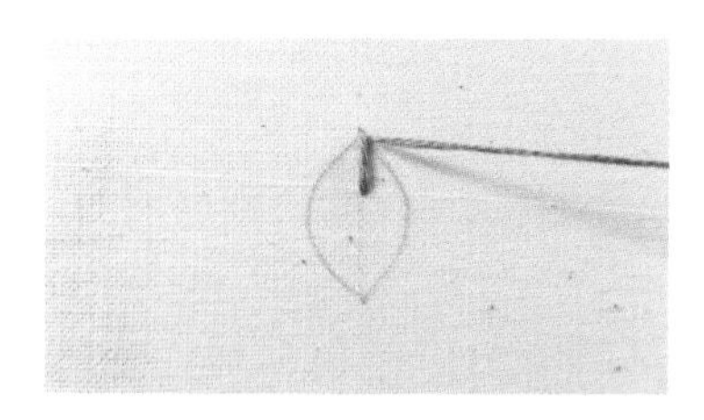

03 시작점 바로 오른편으로 바늘을 뺍니다.

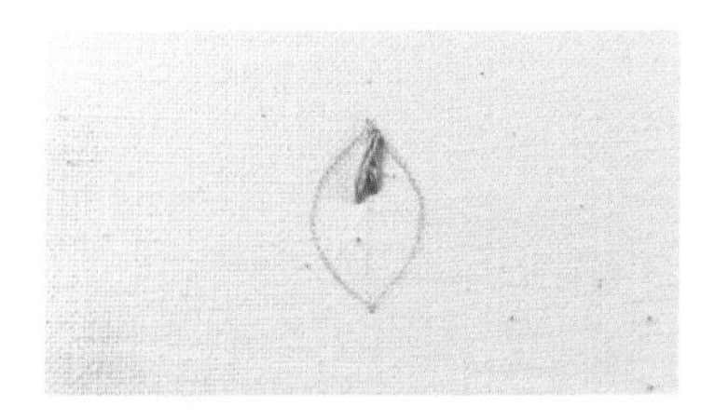

04 잎의 가운데 수놓는 땀의 살짝 아래쪽, 왼편에 바늘을 찔러 넣어 실을 끝까지 당깁니다.

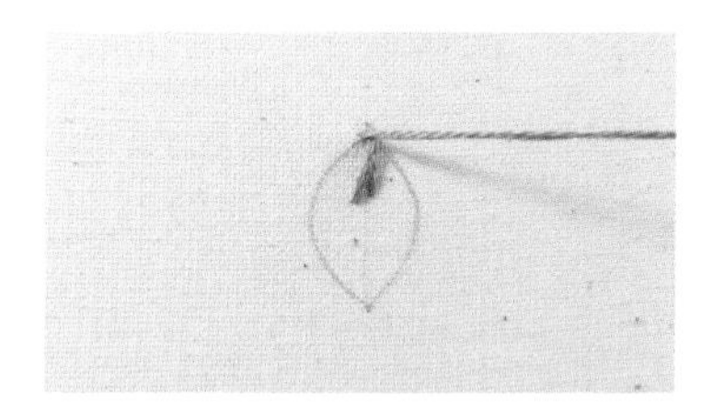

05 시작점 바로 왼편으로 바늘을 뺍니다.

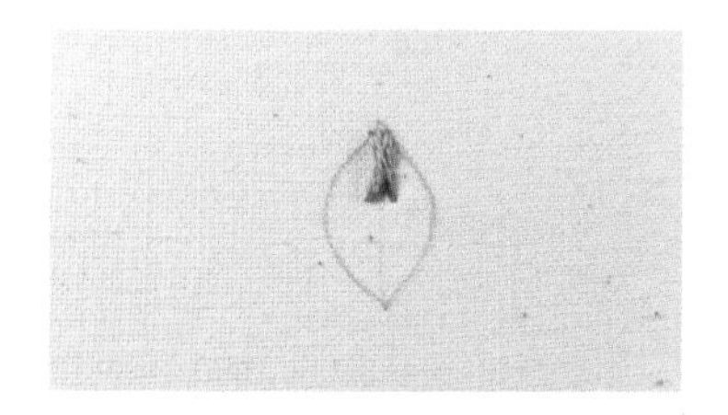

06 잎의 가운데 수놓은 땀의 살짝 아래, 오른편으로 바늘을 찔러 넣어 실을 당겨줍니다.

07 3~6번을 계속 반복해서 수놓습니다.

08 끝까지 면을 다 채우면 완성입니다.

블랭킷 스티치

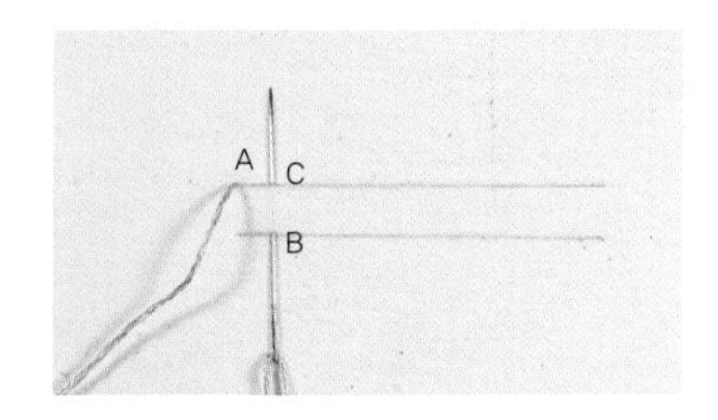

01 바늘이 A에서 나온 후 B로 들어가 C로 나온 후

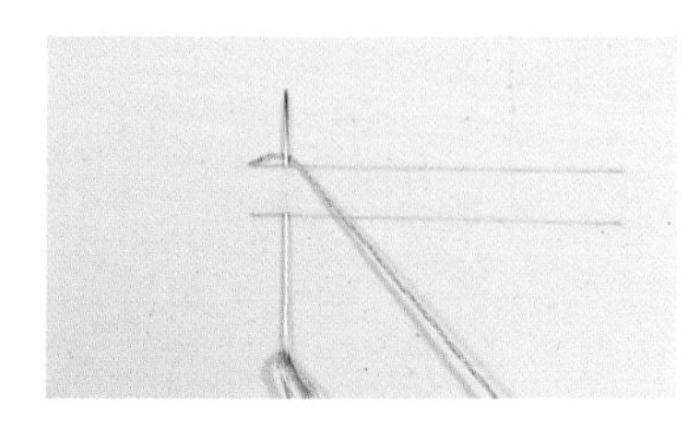

02 실을 걸고 바늘을 뺍니다.

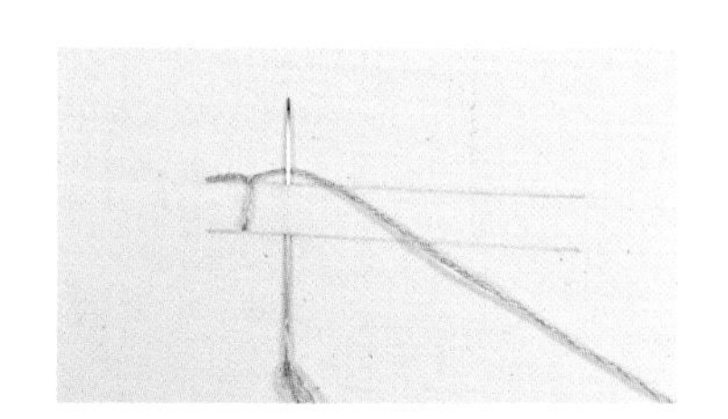

03 1번과 2번 과정을 반복합니다.

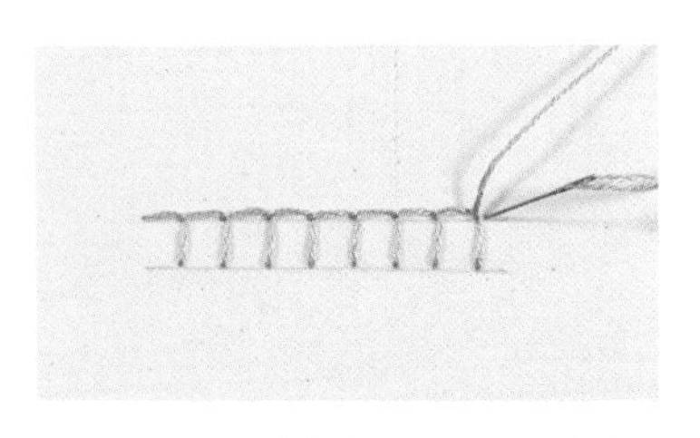

04 바늘땀의 거리가 일정하고 직각이 되도록 수놓은 후 마무리는 마지막 땀 바로 옆으로 바늘을 찔러 넣어 뒤에서 매듭지어 마무리합니다.

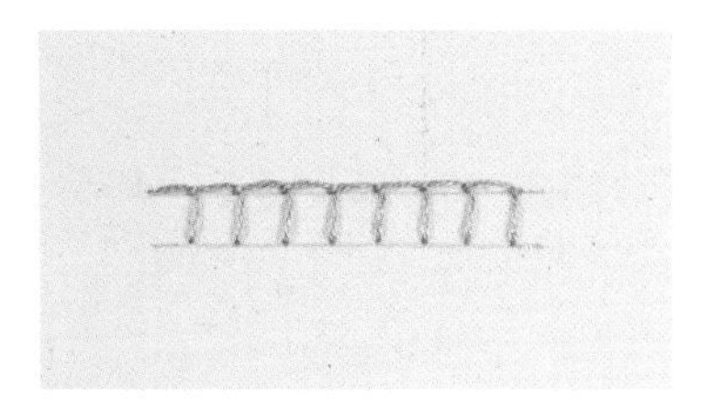

05 블랭킷 스티치 완성

잎사귀 수놓는 방법

방법 1

새틴 스티치(평수)로 수놓는 방법입니다. 작은 잎사귀를 수놓을 때 주로 활용합니다.

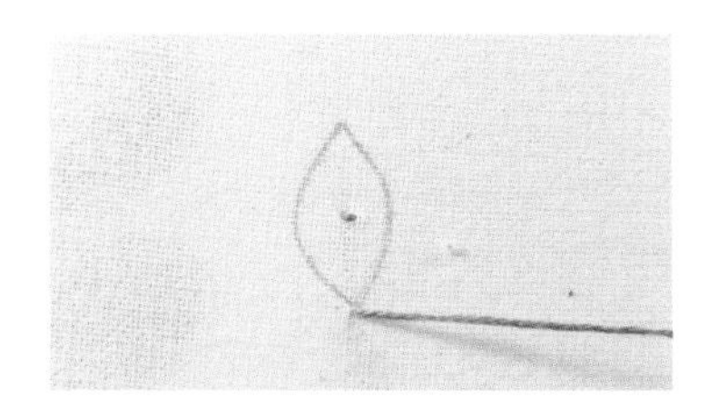

01 도안 안쪽에 작게 한 땀 놓고 잎사귀 아래쪽으로 바늘을 뺍니다.

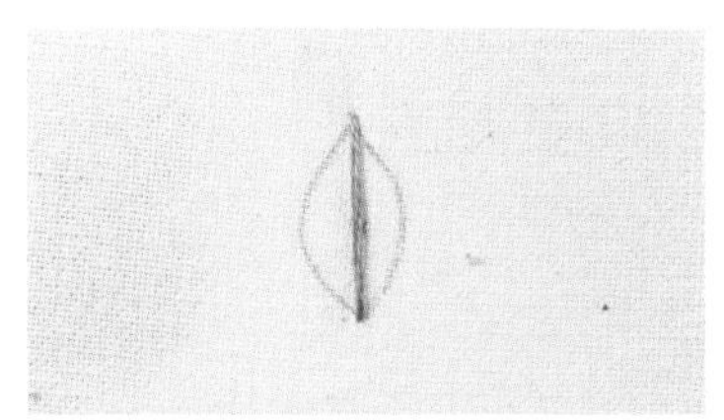

02 가운데 한 땀을 수놓습니다.

03 가운데 수놓은 실을 중심으로 한쪽씩 면을 채웁니다.

04 잎사귀를 수놓았습니다.

방법 2

가름수 기법으로 수놓는 방법입니다. 잎사귀 중심선을 기준으로 양쪽에 사선으로 새틴 스티치(평수)를 수놓아 나뭇잎을 수놓는 전통자수 기법입니다.

01 잎사귀 가운데 선을 그어 도안을 그려 줍니다.

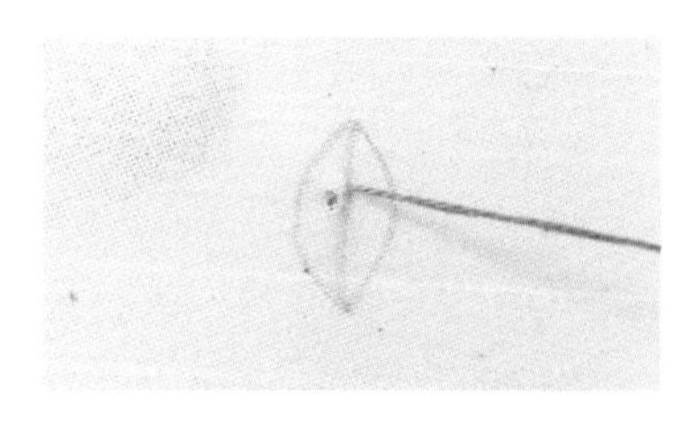

02 한 땀 작게 수놓고 모서리 한 땀 아래 쪽에서 바늘을 뺍니다.

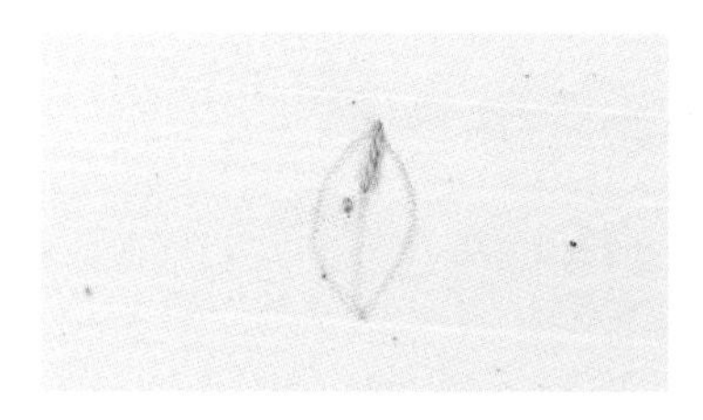

03 모서리 쪽으로 한 땀 수놓습니다.

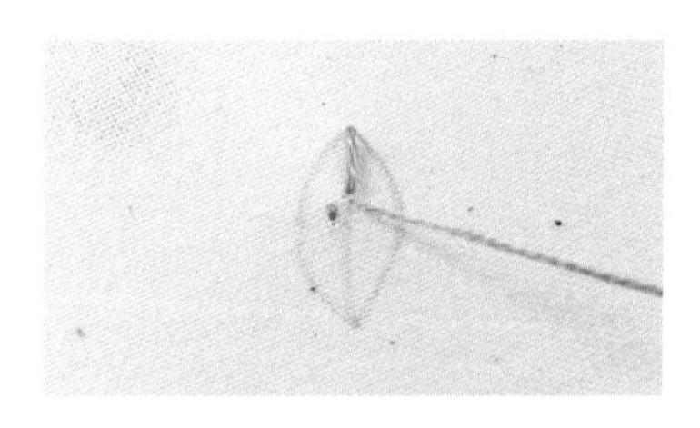

04 처음 실을 뺏던 곳 바로 아래로 바늘을 뺍니다.

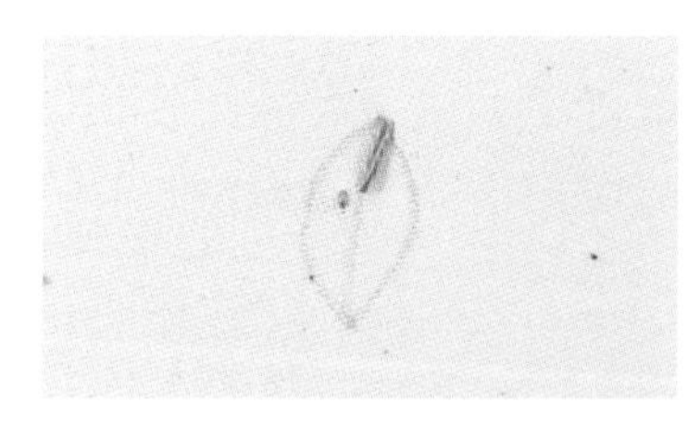

05 모서리 바로 옆으로 한 땀 수놓습니다.

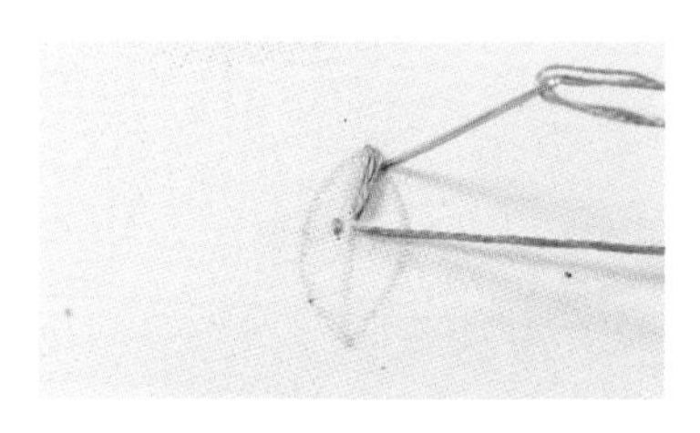

06 4번과 5번을 반복해서 사선으로 비스듬히 수놓아줍니다.

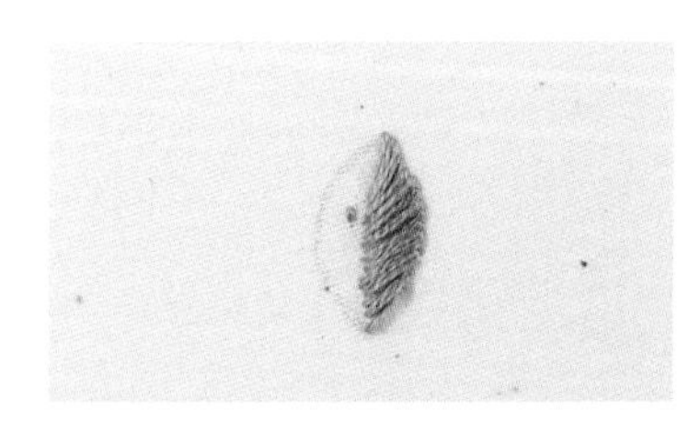

07 잎의 테두리를 따라 한쪽 면을 전부 수놓습니다.

08 반대쪽도 똑같이 수놓아줍니다.

09 실의 각도는 도안 테두리를 따라 자연스럽게 조절하며 수놓습니다.

10 잎사귀 가름수 완성입니다.

입체자수 기법

스파이더 웹 로즈 스티치

거미줄과 같은 기둥선에 실을 교차시켜가며 수놓는 방법입니다.
입체감 있는 장미를 표현할 때 많이 활용합니다.

01 수놓을 장미 크기만큼 동그랗게 원을 그립니다.

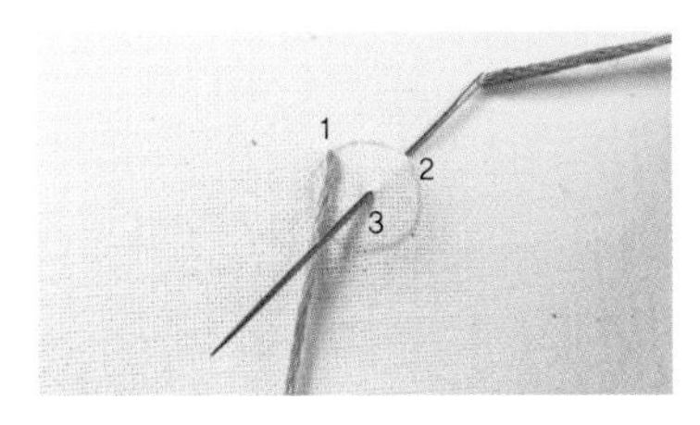

02 1로 바늘을 빼서 2로 찔러 넣어 3으로 나옵니다(기둥이 될 선을 만들어주는데 실은 퀼팅실을 사용해도 되고, 수놓은 실과 같은 실을 사용해도 좋습니다).

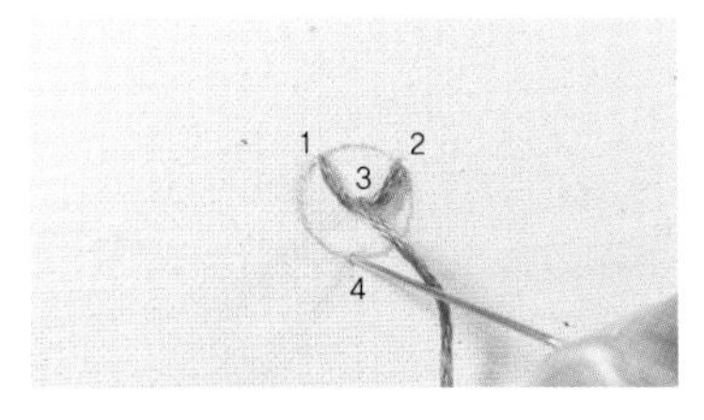

03 4로 바늘을 찔러 넣어 Y자 모양을 만듭니다.

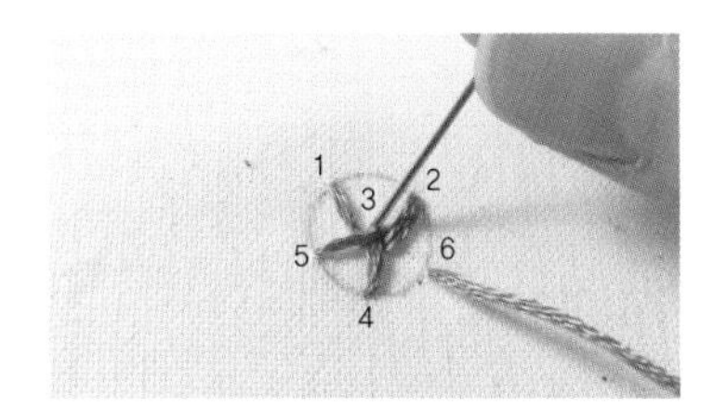

04 5로 바늘을 빼서 다시 3 근처로 꽂아 넣고 6으로 바늘을 빼서 다시 3 근처로 바늘을 꽂아서 5개의 기둥선을 만듭니다.

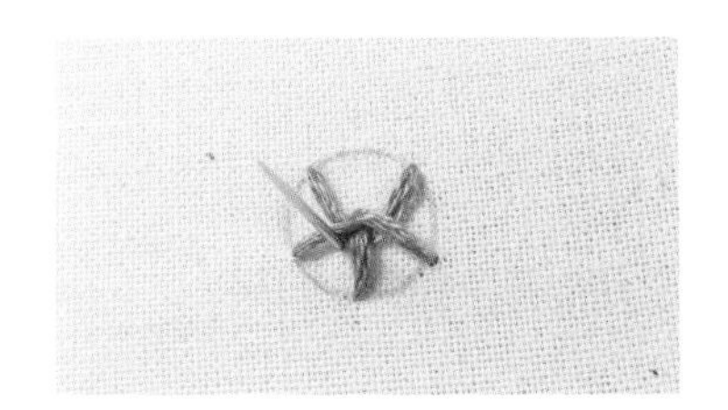

05 기둥선 사이로 바늘을 뺍니다.

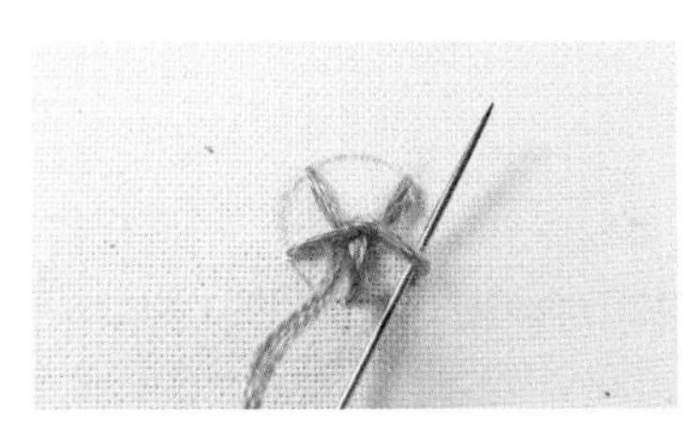

06 한 선 건너서 실을 통과시켜줍니다.

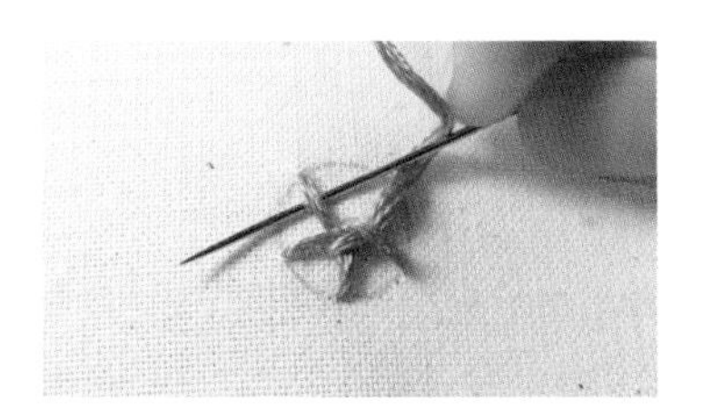

07 또 한 선 건너 실을 통과시켜줍니다.

08 이렇게 한 선씩 건너뛰며 바늘을 통과시켜 원을 다 채울 때까지 수놓아줍니다.

09 원을 다 채워 수놓은 후 실 가장자리에 바늘을 꽂아 마무리합니다.

10 스파이더 웹 로즈 스티치가 완성되었습니다.

불리온 스티치

바늘에 실을 휘감아 수놓는 방법입니다.

01 스티치 길이만큼 도안선을 그립니다.

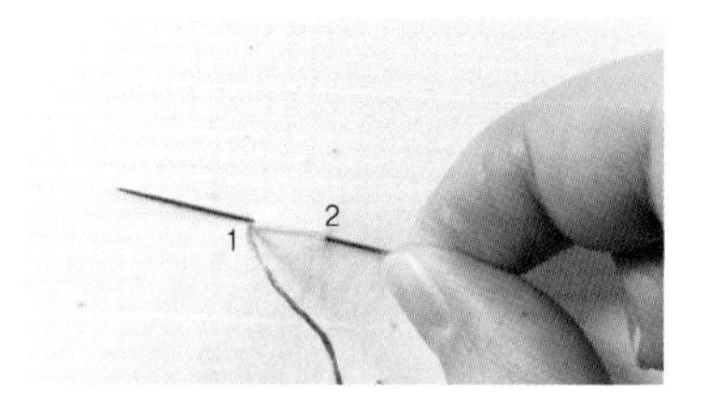

02 1로 바늘을 뺀 후 2에서 1로 한 땀 뜨듯이 바늘을 빼줍니다. 이때 바늘을 전부 다 빼지 않습니다.

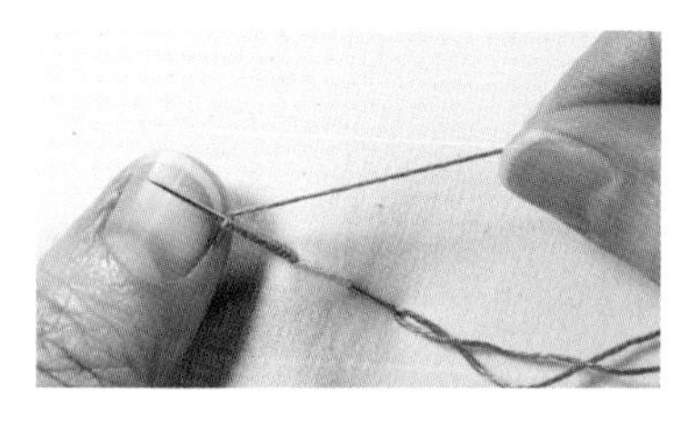

03 처음 1로 뺐던 실을 바늘에 감습니다(실을 감는 횟수는 바늘 땀의 길이에 맞춰 조절합니다).

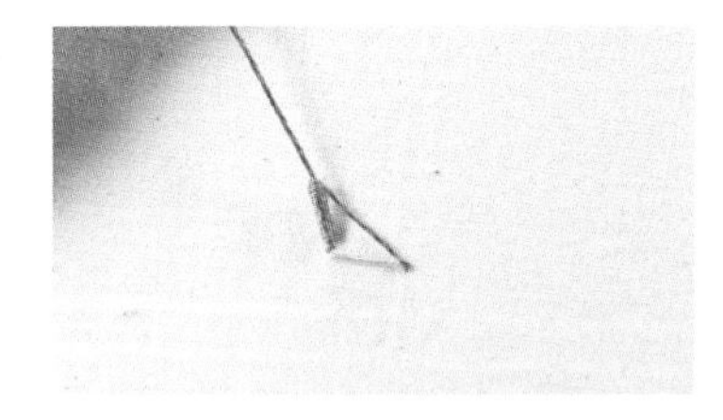

04 실을 다 감고 나면 바늘을 뺍니다.

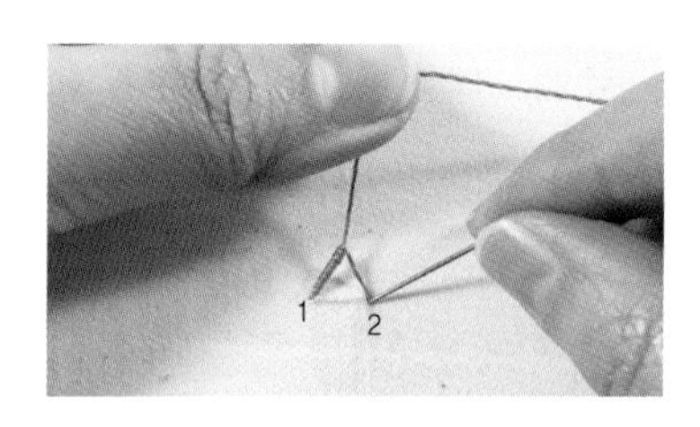

05 2로 바늘을 꽂습니다.

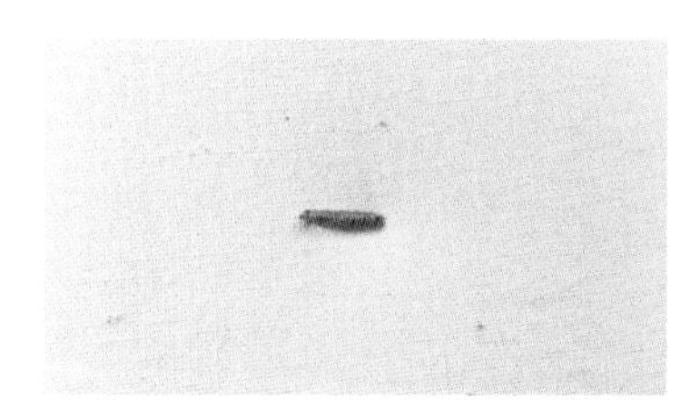

06 바늘을 끝까지 당기고 뒤에서 매듭지어 완성합니다.

불리온 레이지 데이지 스티치

불리온 스티치에 레이지 데이지 스티치를 합친 기법입니다.
레이지 데이지 스티치를 더욱 입체적으로 표현할 수 있습니다.

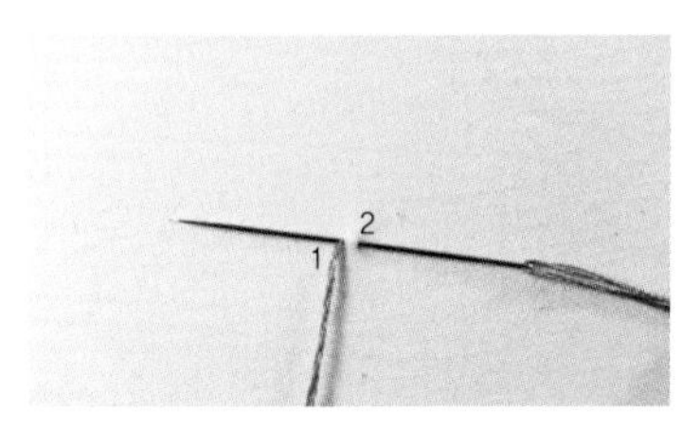

01 1로 바늘을 빼서 2에서 1로 짧게 한 땀 뜨듯이 바늘이 나옵니다. 이때 바늘을 전부 다 빼지 않습니다.

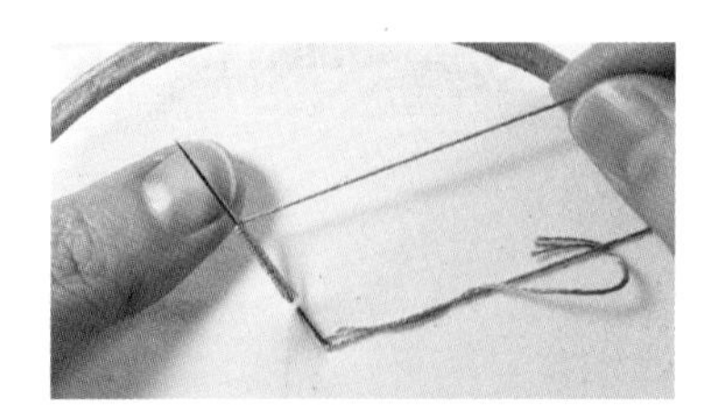

02 바늘에 실을 감습니다.

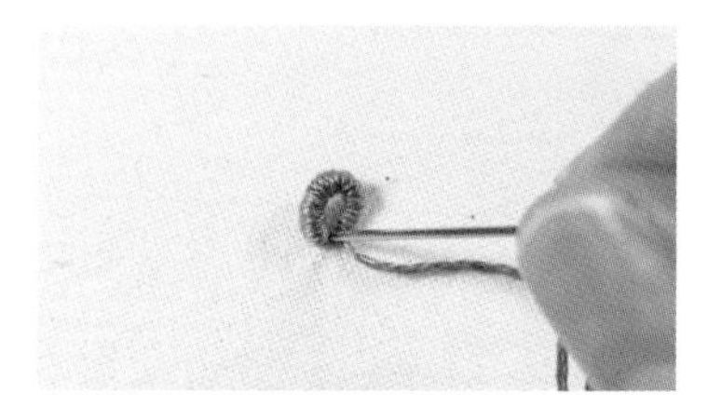

03 바늘을 빼고 처음 바늘이 나온 곳 바로 옆에 바늘을 꽂아서 둥그런 고리 모양이 되게 합니다.

04 고리 모양 안쪽으로 바늘을 빼줍니다.

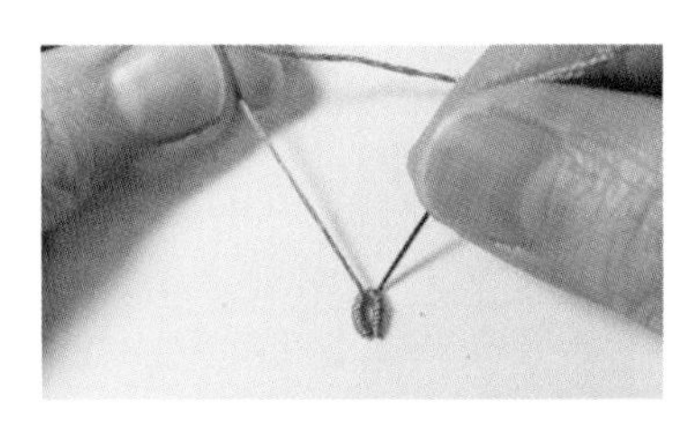

05 실을 끝까지 빼주고 고리 바깥쪽에 바늘을 꽂아 실을 당겨 고리를 고정시킵니다.

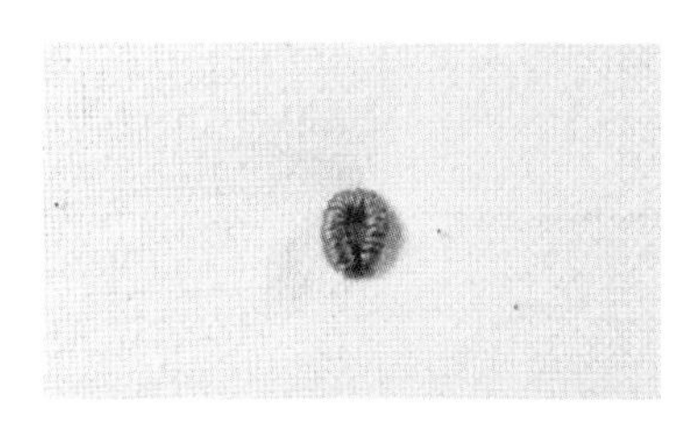

06 불리온 레이지 데이지 스티치 완성입니다.

불리온 로즈 스티치

불리온 스티치로 장미를 수놓는 기법입니다. 볼륨 있는 예쁜 장미를 수놓을 때 많이 활용합니다.

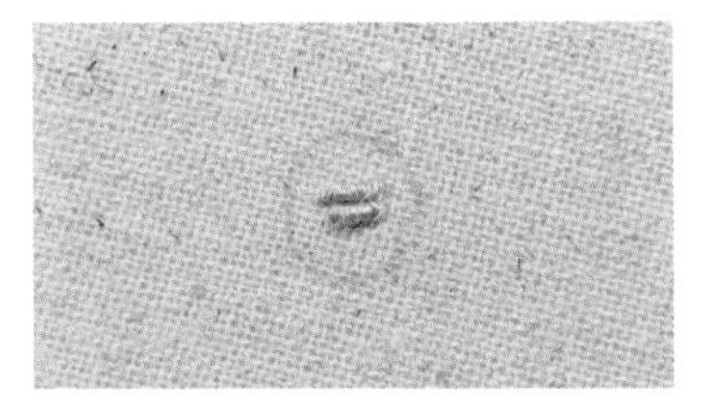

01 도안 중심에 짧은 2줄을 불리온 스티치로 수놓습니다.

02 2줄 수놓은 스티치 아래로 짧게 한 땀 뜨듯이 바늘이 나옵니다.

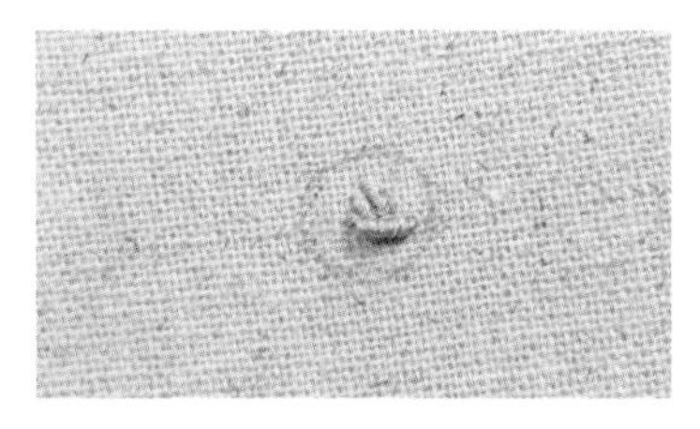

03 불리온 스티치 1줄을 짧게 수놓습니다.

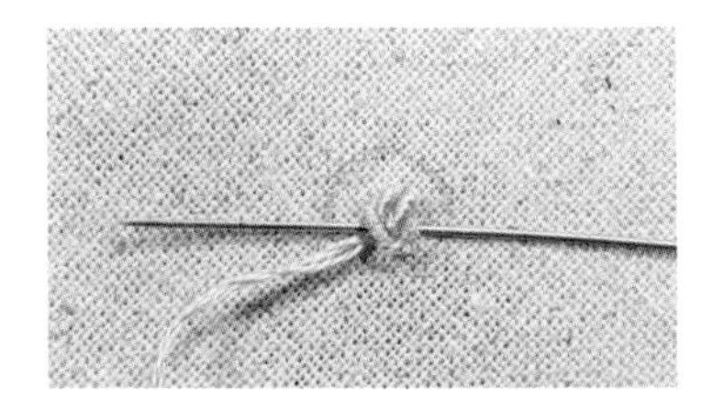

04 바로 옆으로 살짝 엇갈리게 또 한 땀 뜨듯이 바늘이 나옵니다.

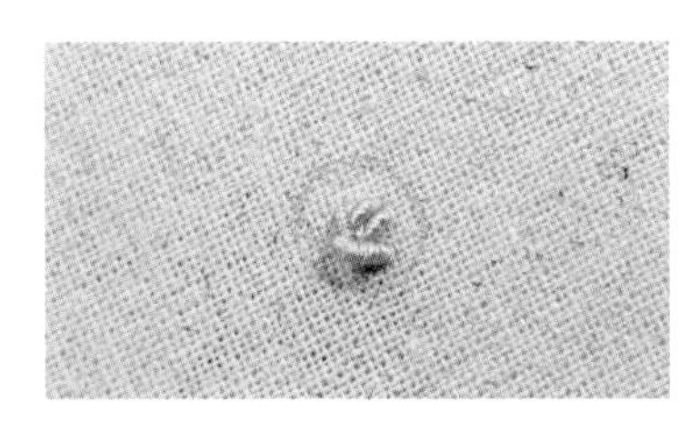

05 불리온 스티치를 짧게 또 1줄 수놓습니다.

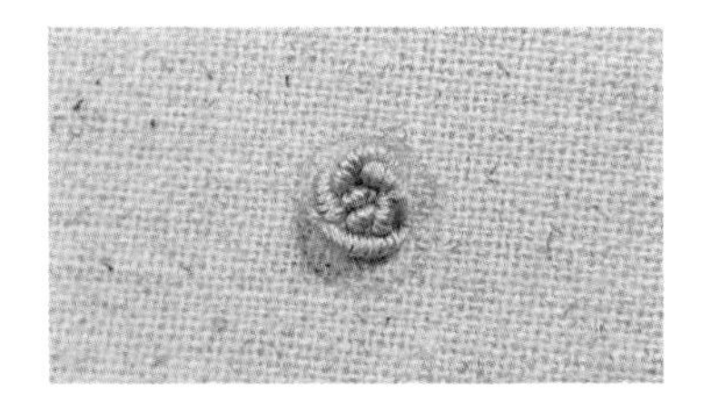

06 계속 같은 방식으로 엇갈리게 5~6줄 정도 수놓아 처음 중심에 짧게 수놓았던 2개의 불리온 스티치를 감쌉니다. 이렇게 첫째 단 꽃잎을 수놓습니다.

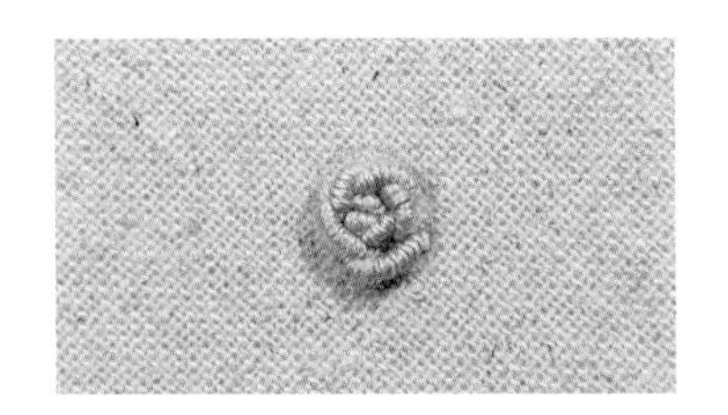

07 두 번째 단 꽃잎은 좀 더 길게 한 땀 뜨듯이 바늘을 빼서 실을 감아 수놓아줍니다.

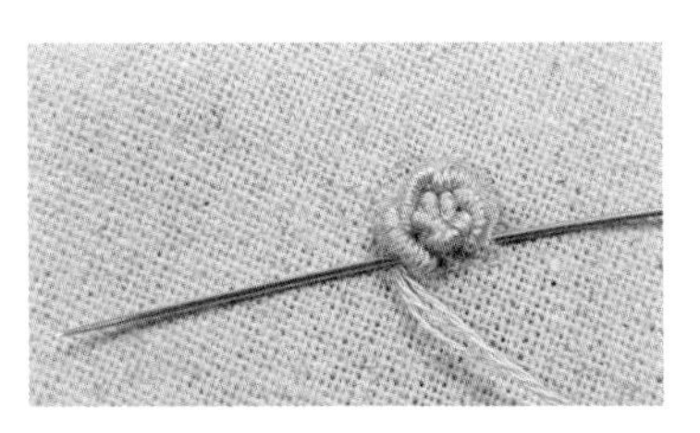

08 바늘로 원단을 한 땀 뜨는 간격을 조금 더 넓게 하여 바늘에 실을 감습니다.

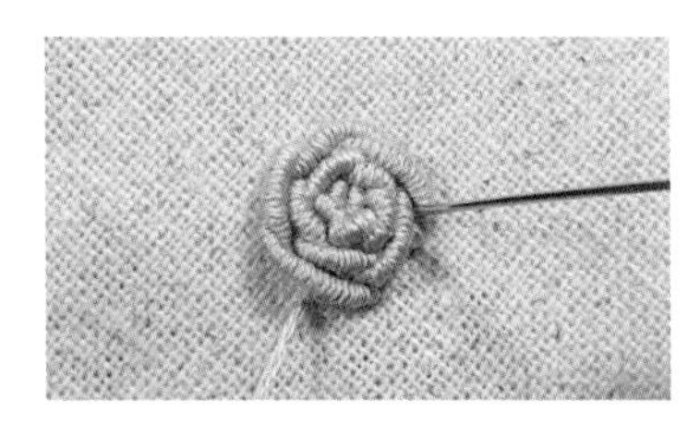

09 이렇게 스티치끼리 조금씩 엇갈리게 꽃잎을 감싸가며 수놓습니다.

10 스티치 사이에 마지막 한 줄을 끼워 넣어 마무리합니다.

11 불리온 로즈 스티치가 완성되었습니다.

스미르나 스티치

풍성한 볼륨감을 표현할 수 있어서 동물이나 인형의 털, 볼륨감 있는 꽃잎을 표현할 때 활용합니다.

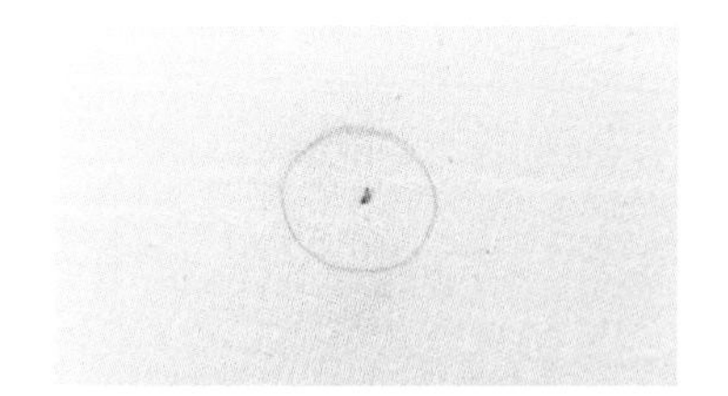

01 도안에 한 땀을 짧게 수놓습니다.

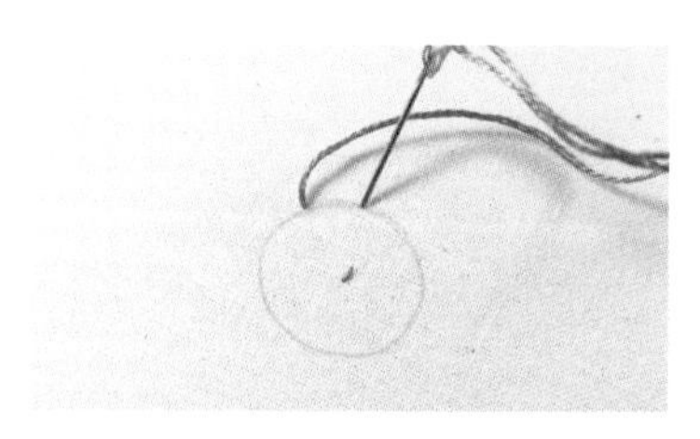

02 도안 테두리 어느 한 지점으로 바늘을 빼서 한 땀 옆에 바늘을 꽂습니다.

03 실을 끝까지 당기지 말고 볼륨 있게 반원이 만들어질 정도로 실을 남깁니다.

04 한 땀 수놓은 곳 2분의 1 지점에서 바늘을 뺍니다. 이때 바늘을 끝까지 당겨 실을 빼는데 먼저 수놓은 반원이 같이 당겨지지 않도록 엄지로 반원을 눌러주면서 바늘을 뺍니다.

05 뺀 실을 한 땀 정도 옆에 바늘을 꽂아서 마찬가지로 반원의 볼륨을 만들어줍니다.

06 동일한 방법으로 반원을 만들어줍니다.

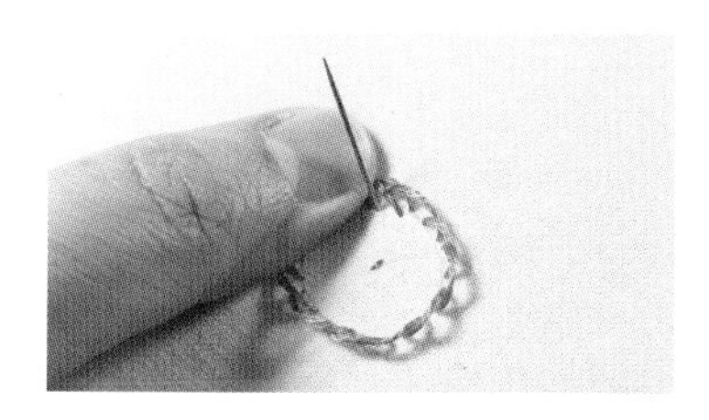

07 2~5번을 계속 반복하며 시계방향으로 한 땀 반을 반복해나가며 원 안을 채워 나갑니다.

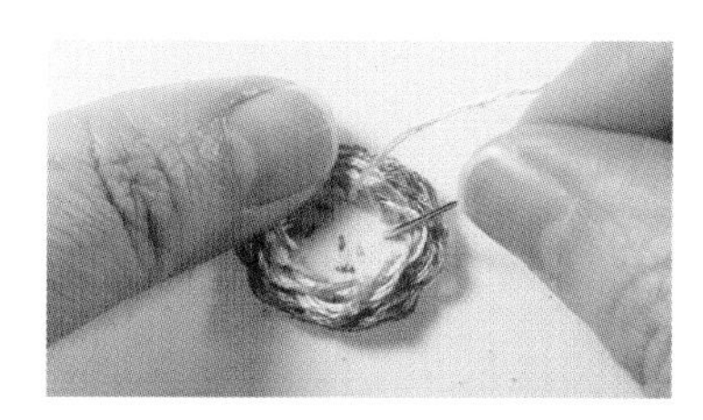

08 중간에 실이 부족하거나 실의 색을 바꿔야 할 경우 마지막 수놓은 지점에서 도안 안쪽에 짧게 한 땀 수놓아 뒤에서 매듭지어 마무리합니다. 그리고 다른 색 실을 꿰어 처음과 같이 이어서 수놓아주면 됩니다.

09 면을 다 채우고 나면 실과 실 사이에 짧게 1~2땀 수놓고 뒤에서 매듭지어 마무리합니다.

롤 스티치

둥근 기둥에 실을 감아서 표현하는 입체자수 기법입니다. 볼륨 있는 꽃을 표현할 때 활용합니다.

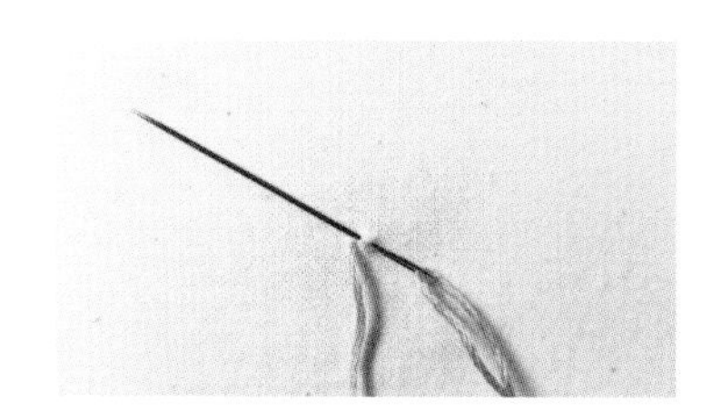

01 실을 뺀 지점 바로 옆으로 짧게 한 땀 뜨며, 바늘귀가 빠지지 않을 정도로 바늘을 최대한 길게 빼줍니다.

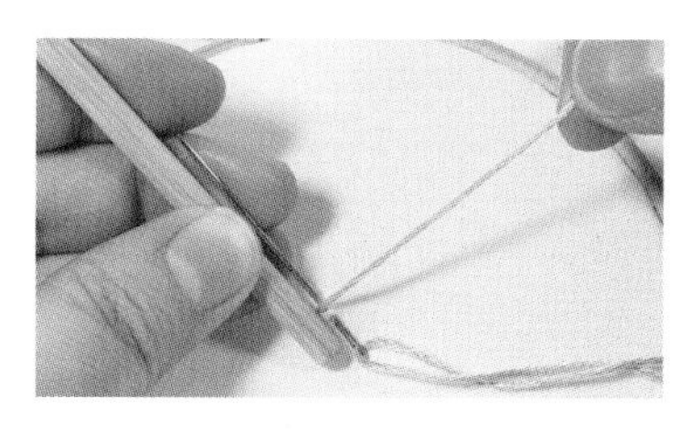

02 둥근 형태의 기둥이 되는 물건을 바늘 옆에 놓고 기둥과 바늘을 같이 감아줍니다(기둥이 되는 물건은 만들 롤의 크기에 따라 사인펜이나 매직펜, 빨대 등 어떤 것이든 가능합니다).

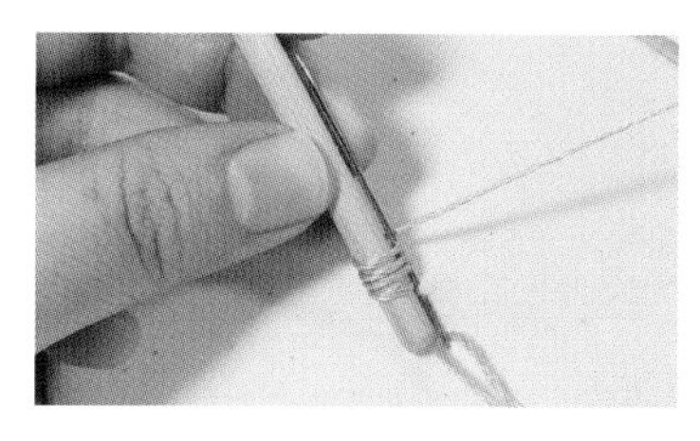

03 많이 감을수록 풍성한 롤을 만들 수 있습니다. 실이 바늘에서 빠지지 않을 만큼만 촘촘히 감아줍니다(이때 실을 너무 당겨서 감으면 나중에 기둥을 뺄 때 잘 빠지지 않을 수 있으니 너무 팽팽하게 감지 않습니다).

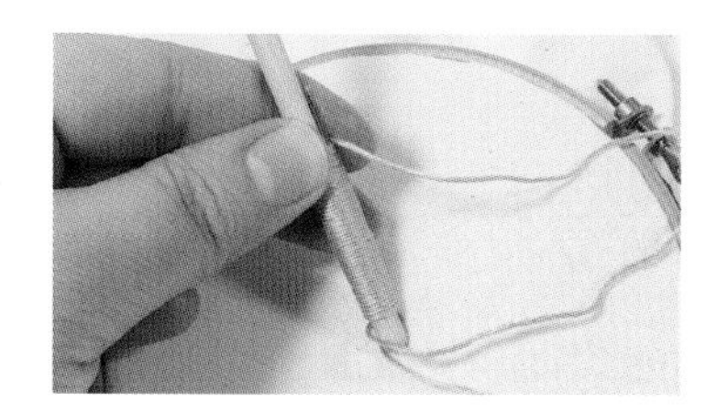

04 실을 다 감았다면 기둥을 빼줍니다.

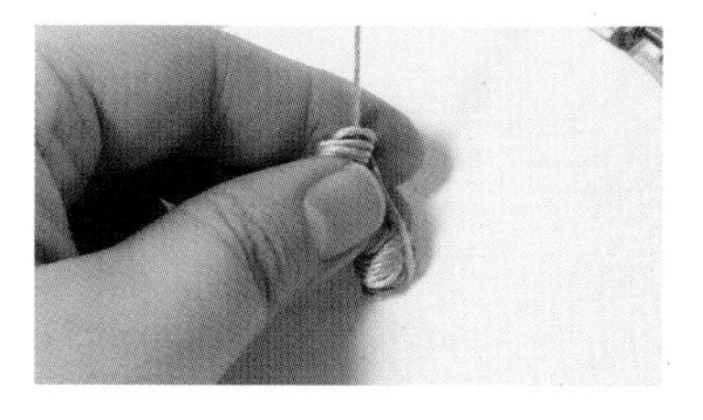

05 바늘을 빼줍니다.

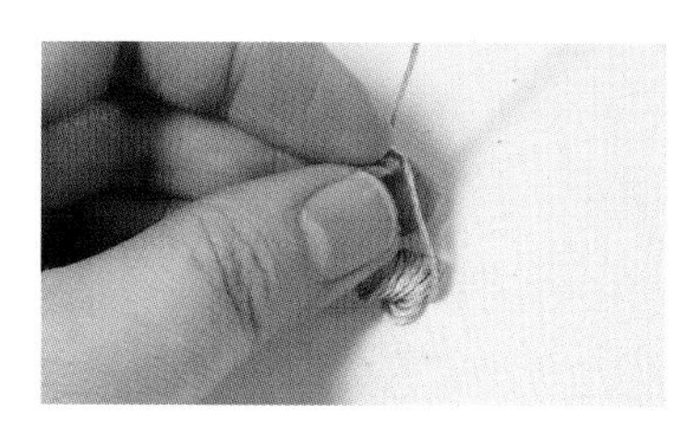

06 실을 잘 당기면서 롤을 가지런히 해주고

07 바늘이 처음 나왔던 곳으로 다시 바늘을 꽂아 넣어 둥그렇게 롤을 고정시킵니다.

08 세워져 있는 롤을 옆으로 눕혀 동그랗게 형태를 정리합니다. 이때 롤은 한쪽만 고정되어 있으므로 나머지 한쪽도 고정해야 합니다.

09 롤의 중심으로 바늘을 뺍니다.

10 롤의 고정되어 있는 곳의 반대쪽에 바늘을 찔러 넣습니다.

11 바늘을 끝까지 당기지 않고, 고정할 실이 롤의 크기와 같아질 정도로만 당겨주고 매듭짓습니다(끝까지 당기면 롤의 형태가 눌려서 망가지므로 주의해주세요).

12 손으로 롤의 형태를 정리해줍니다.

13 롤 스티치가 완성되었습니다. 중심에는 비즈나 프렌치 노트 스티치로 장식해주면 예쁜 꽃을 표현할 수 있습니다.

반 나눠 수놓는 방법

롤 스티치의 변형으로, 롤을 더 풍성하게 수놓을 수 있으며 따로 롤을 고정하지 않아도 됩니다.

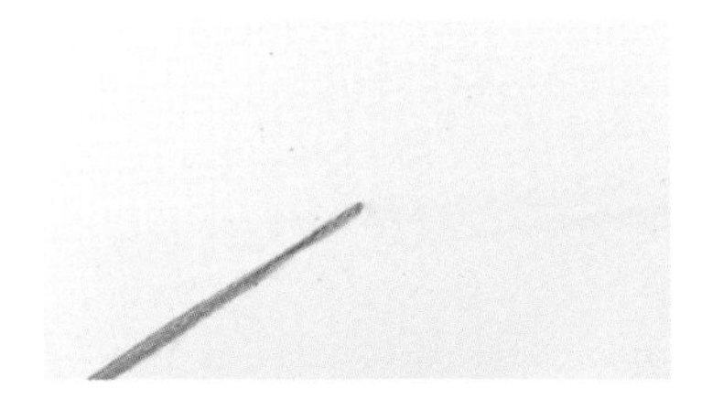

01 시작점으로 바늘을 뺍니다.

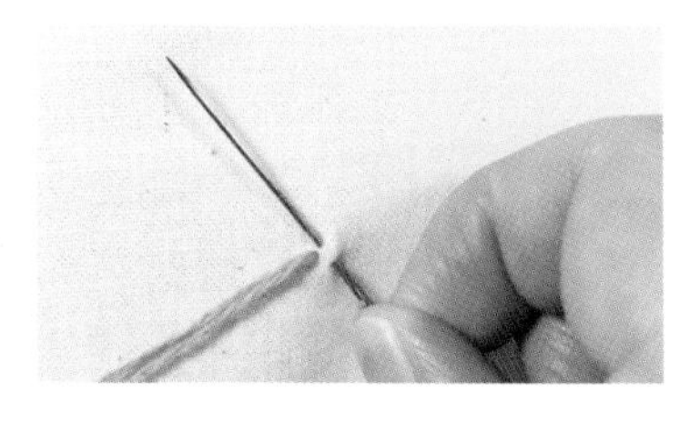

02 실을 뺀 지점 바로 옆으로 짧게 한 땀 뜨며 바늘귀가 빠지지 않을 정도로 바늘을 최대한 길게 빼줍니다.

03 둥근 형태의 기둥이 되는 물건을 바늘 옆에 놓고 1번 실로 기둥과 바늘을 같이 감아줍니다(기둥이 되는 물건은 만들 롤의 크기에 따라 사인펜이나 매직펜 등 어떤 것이든 좋습니다).

04 많이 감을수록 풍성한 롤을 만들 수 있습니다.

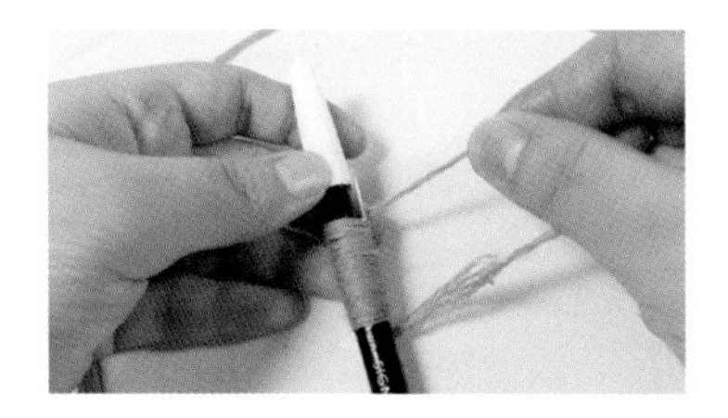

05 실을 다 감았다면 기둥으로 사용한 펜을 빼주는데

06 실이 바늘에서 빠지지 않게 바늘 끝을 잘 붙잡은 채 기둥만 빼줍니다.

07 그리고 바늘을 빼주면 롤이 실에 감겨 있게 됩니다.

08 실을 잘 당겨서 롤을 가지런히 해줍니다.

09 바늘이 나왔던 곳으로 다시 바늘을 꽂아 넣어 롤을 고정시킵니다.

10 꽃잎의 반쪽이 완성되었습니다.

11 다시 바늘에 실을 끼우고 1로 바늘을 뺀 후 2에서 1로 한 땀 뜬 후 바늘을 길게 빼줍니다.

12 첫 번째 롤과 같은 방법으로 실을 감아서 롤을 만듭니다.

13 롤을 다 만들었으면 바늘을 뺐던 곳에 다시 바늘을 찔러 넣어 나머지 반쪽 롤도 완성합니다.

14 롤 스티치로 둥근 원형의 꽃잎이 완성되었습니다.

캐스트 온 스티치

불리온 스티치와 비슷하지만 실을 감지 않고 바늘에 뜨개코를 만들어서 수놓습니다. 좀 더 정교한 느낌을 줄 수 있습니다.

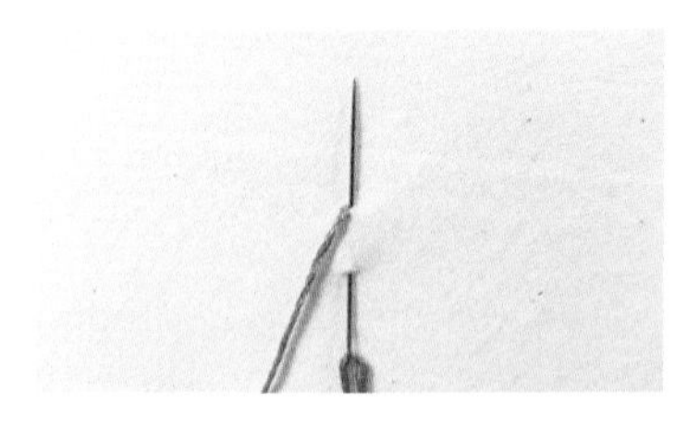

01 시작점에서 실을 빼서 옆으로 한 땀 뜨고 바늘은 전부 빼지 않습니다.

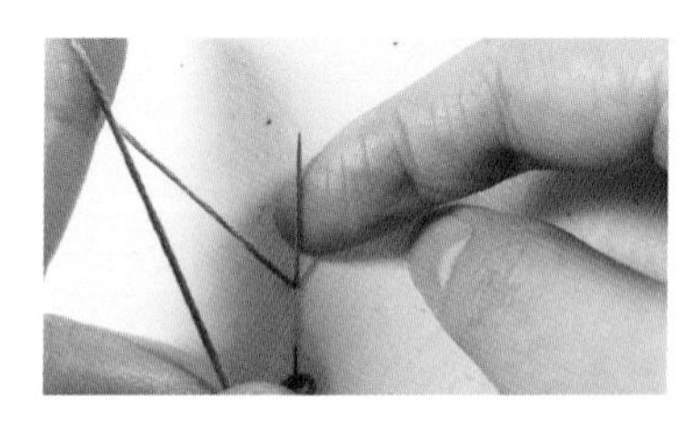

02 시작점에서 처음 뺐던 실을 왼손 검지에 걸어줍니다.

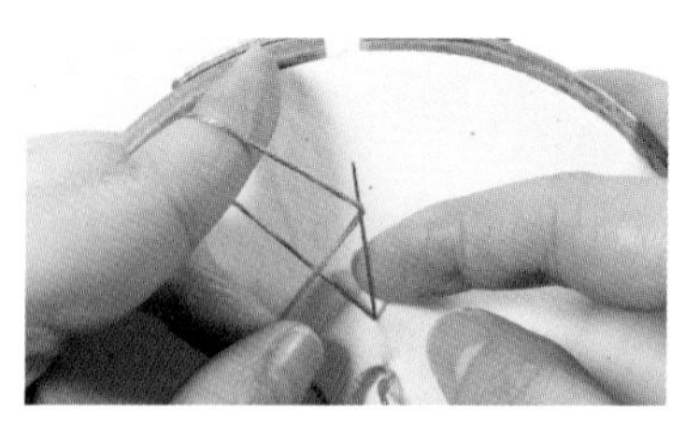

03 바늘에 실을 걸어줍니다.

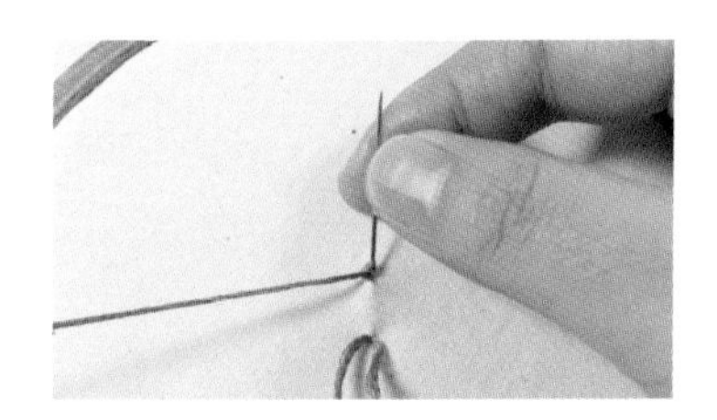

04 바늘에 건 실을 잡아당겨 코를 만듭니다.

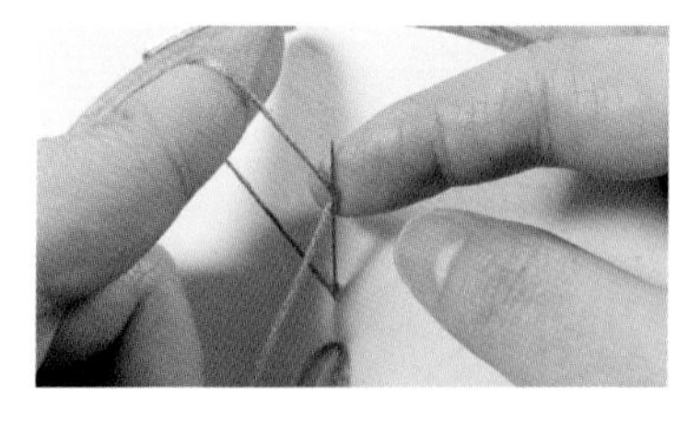

05 원하는 길이만큼 바늘에 실을 걸어 코를 만들어줍니다(바늘 기둥이 보이지 않도록 촘촘하게 감아야 모양이 정교해집니다).

06 코를 다 만들었으면 바늘을 빼서 실이 나온 자리에 찔러 넣습니다.

07 캐스트 온 스티치 완성입니다.

캐스트 온 로즈 스티치

캐스트 온 스티치로 장미를 수놓는 기법입니다. 입체적이고 더욱 정교한 장미를 표현할 때 활용하면 좋으며, 불리온 로즈 스티치와 같이 많이 쓰이는 기법입니다.

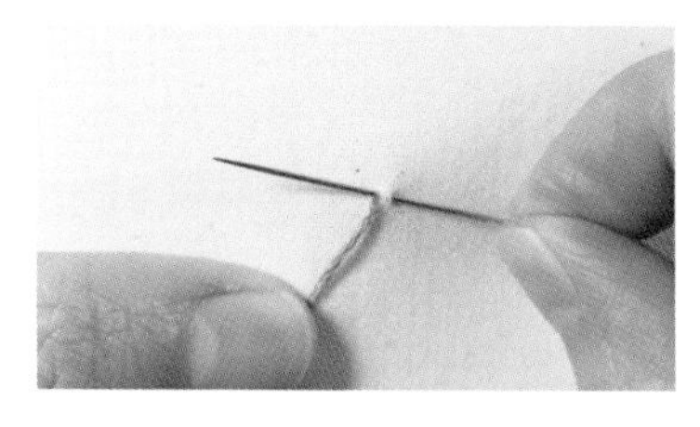

01 시작점에서 실을 빼고 바로 옆으로 짧게 한 땀 뜹니다.

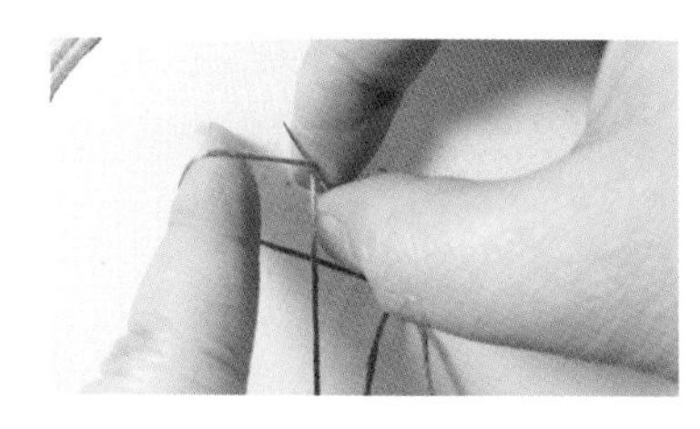

02 바늘에 실을 걸어 코를 만듭니다.

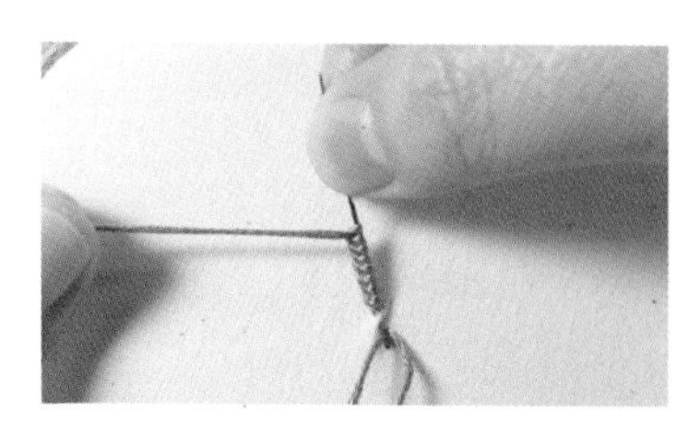

03 8~9코 정도 만들어줍니다. 바늘 기둥이 보이지 않게 촘촘하게 만들어줍니다.

04 실이 나온 자리에 바늘을 찔러 넣어 동그랗게 중심을 만듭니다.

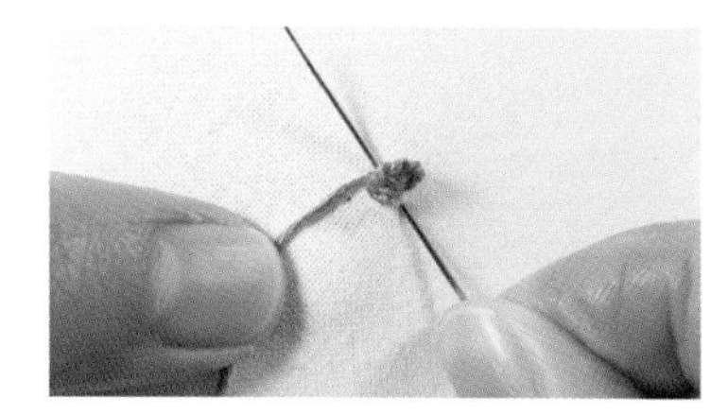

05 중심을 감싸는 바늘땀을 사선으로 뜹니다.

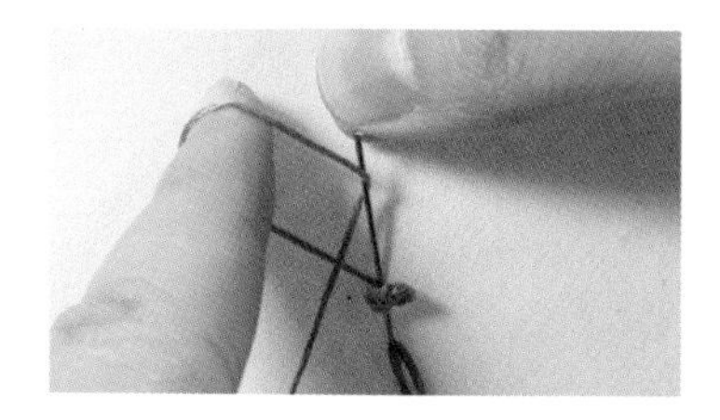

06 실을 바늘에 걸어서 뜨개코를 8~9개 정도 만들어줍니다(중심을 감쌀 수 있을 정도가 될 때까지 적당하게 코를 만들어줍니다).

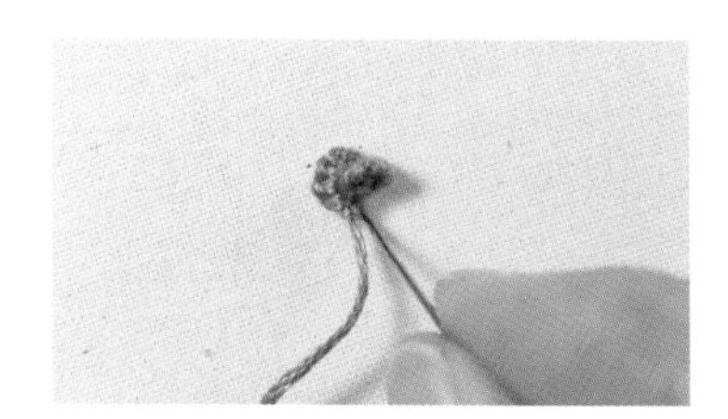

07 실이 나온 자리에 바늘을 찔러 넣어 중심을 감쌉니다.

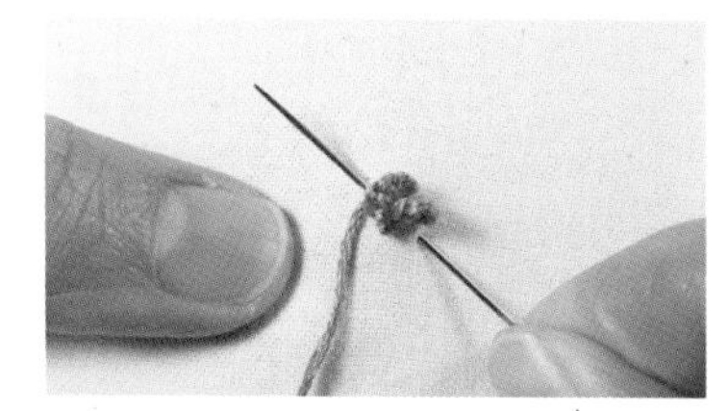

08 바로 옆으로 중심을 감싸는 바늘땀을 사선으로 엇갈리게 뜹니다.

09 뜨개코를 10개 정도 만들어 실이 나온 자리에 찔러 넣어줍니다.

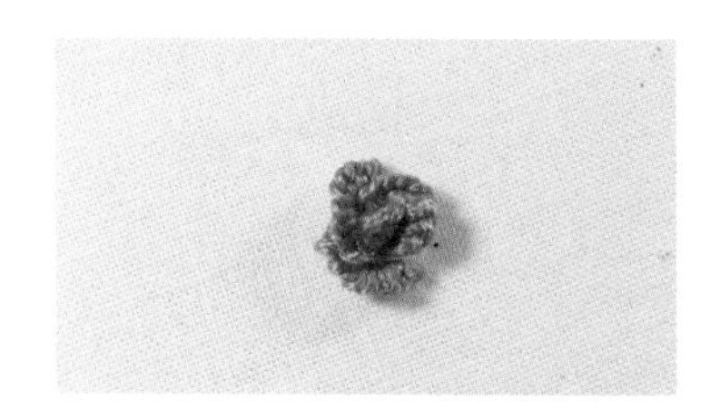

10 중심을 감싸며 꽃잎이 사선으로 엇갈리며 겹쳐지게 5~7번을 반복하여 수놓아 줍니다. 꽃잎이 커질수록 뜨개코의 개수를 늘려가며 수놓아주세요.

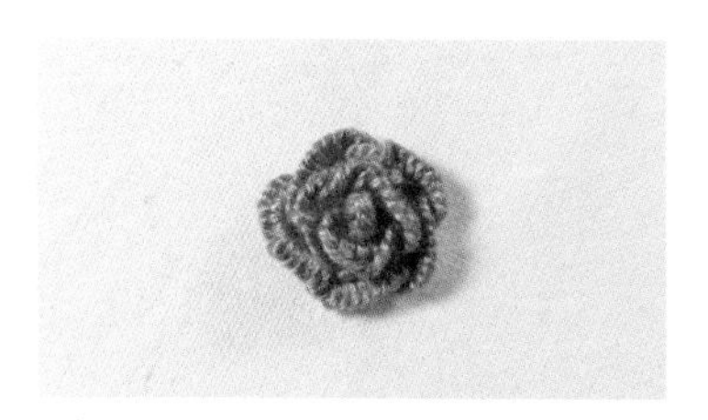

11 캐스트 온 로즈 스티치 완성입니다.

우븐 피콧 스티치

입체자수에서 가장 많이 활용하는 기법 중 하나입니다. 꽃잎이나 나뭇잎을 표현할 때 많이 사용합니다.
이 기법은 중간에 실이 모자라면 매듭지어 이을 수 없으므로 처음 시작할 때 실을 넉넉하게 잘라서
수놓는 것이 좋습니다(대략 60cm 정도로 실을 잘라서 수놓으면 됩니다).

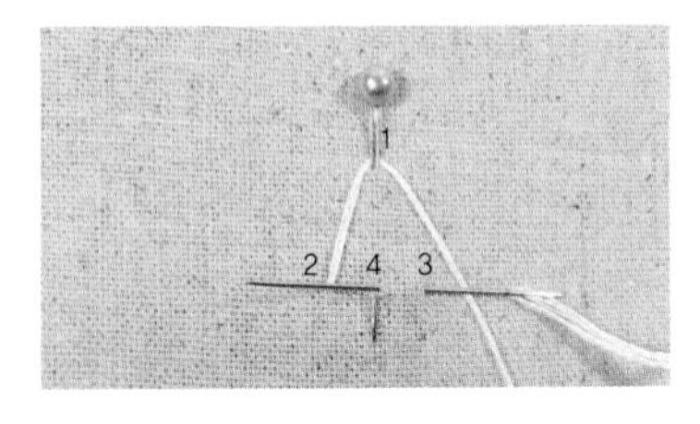

01 1에서 4로 시침핀을 꽂아 고정시킵니다(이때 1에서 4까지의 길이는 스티치의 높이가 됩니다). 2에서 실을 빼서 시침핀에 실을 걸고 3으로 바늘을 꽂아 4 근처로 나옵니다(2에서 3까지의 길이는 스티치의 넓이가 됩니다).

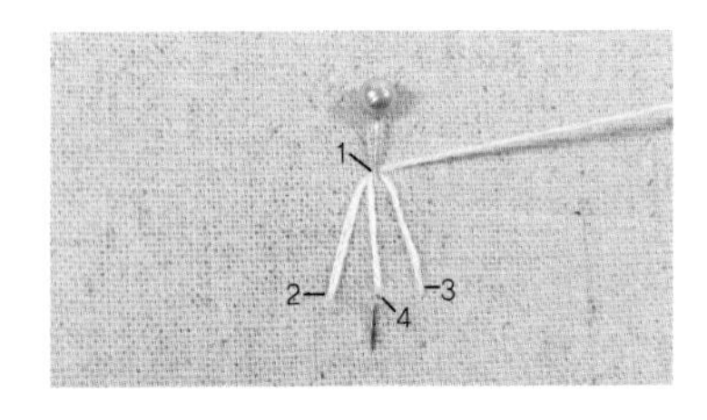

02 4 근처로 나온 실을 시침핀에 걸어줍니다.

03 양쪽 가장자리 두 실 밑으로 실을 통과시킵니다(이때 바늘귀로 통과시키면 실에 바늘이 걸리지 않고 매끄럽게 잘 통과됩니다).

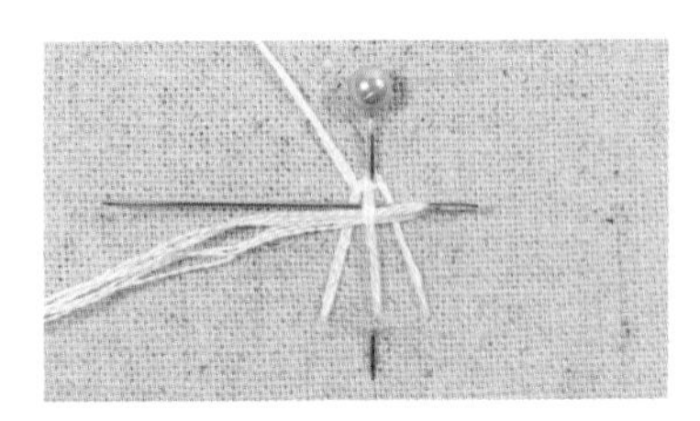

04 반대쪽에서 올 때는 가운데 실 밑으로 바늘을 통과시켜 엮어줍니다.

05 3번과 4번 과정을 반복해서 엮어나갑니다.

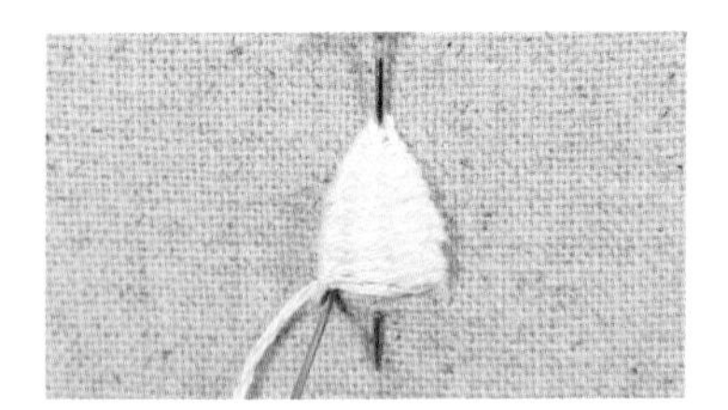

06 끝까지 엮어주고 마지막에 가장자리 실 옆에 바늘을 꽂아 뒤에서 매듭지어 마무리합니다.

07 시침핀을 빼주면 우븐 피콧 스티치 완성입니다.

우븐 피콧 플라워 스티치

우븐 피콧 스티치를 활용해서 입체적인 꽃을 수놓는 방법입니다.
실은 중간에 모자라지 않게 약 60cm 정도로 잘라서 수놓습니다.

01 도안을 그려줍니다. 점은 시침핀을 꽂는 지점입니다.

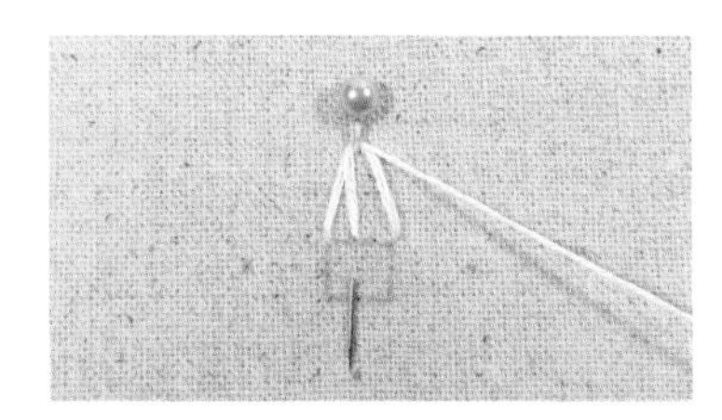

02 점 위에 시침핀을 꽂아서 고정시키고 사각형의 한 변에 우븐 피콧 스티치를 수놓습니다.

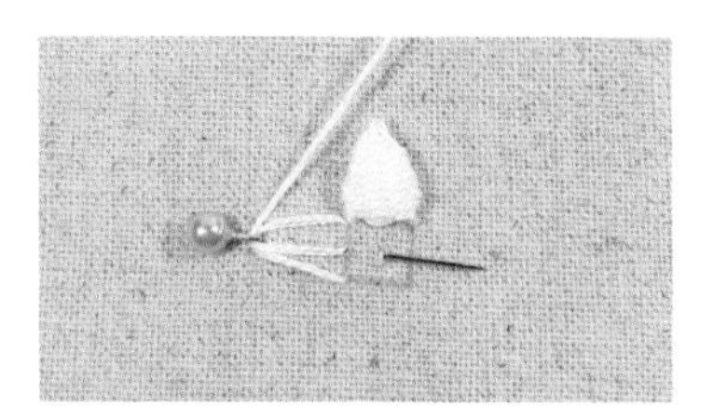

03 한 변의 수를 다 놓았으면 옆의 변도 우븐 피콧 스티치를 수놓아줍니다.

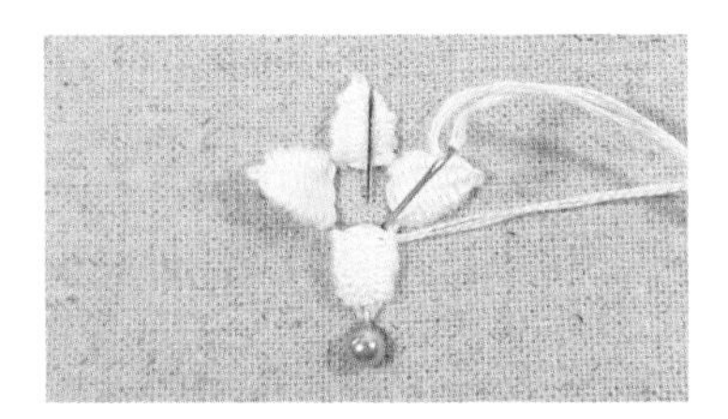

04 차례차례로 우븐 피콧 스티치를 수놓고 뒤에서 매듭지어 마무리합니다.

05 4장의 꽃잎을 완성한 후 두 번째 꽃잎을 첫 번째 꽃잎 사이사이에 수놓아주기 위해 점을 찍어 도안을 표시합니다.

06 시침핀을 꽂고 첫 번째 수놓은 꽃잎을 앞으로 젖혀놓고, 뒤쪽으로 우븐 피콧 스티치를 수놓아줍니다.

07 8장의 꽃잎이 완성되었습니다.

08 가운데 수술 부분은 프렌치 노트 스티치로 수를 놓아 채워줍니다.

09 우븐 피콧 플라워 스티치 완성입니다.

트레일링 스티치

실을 여러 가닥 겹쳐서 가는 실로 카우칭하여 고정하고, 그 위를 촘촘하게 감싸듯이 수놓아서 입체적인 선을 표현하는 기법입니다.

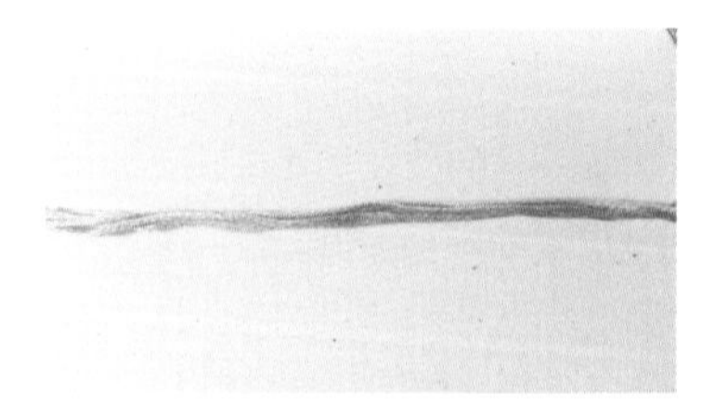

01 천의 앞면에 패딩(충전재) 역할을 할 자수실을 5겹 정도 겹쳐서 원단 위에 올립니다.

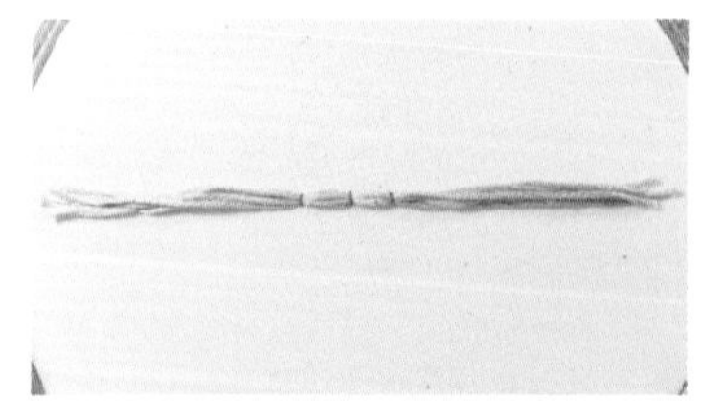

02 그 위를 가는 실로 카우칭하는데, 한 가닥의 실을 바늘에 끼우고 매듭지은 후 패딩용 자수실(겹쳐놓은 실) 바깥쪽으로 비스듬히 기울여서 바늘을 빼고 반대편으로 바늘을 꽂아 넣어 스티치를 놓아 고정합니다.

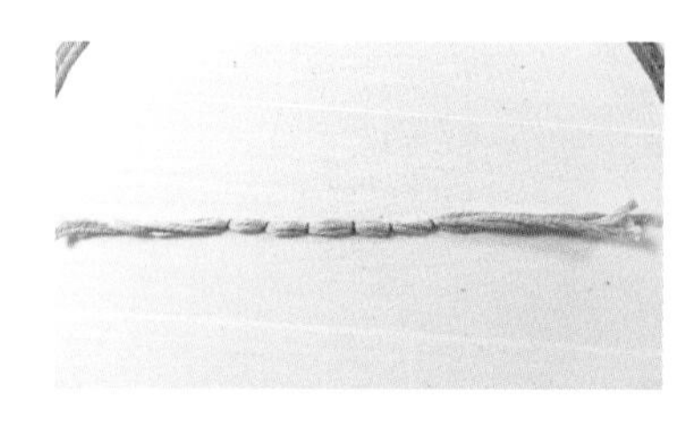

03 0.5~1cm 간격으로 스티치를 놓아 카우칭합니다.

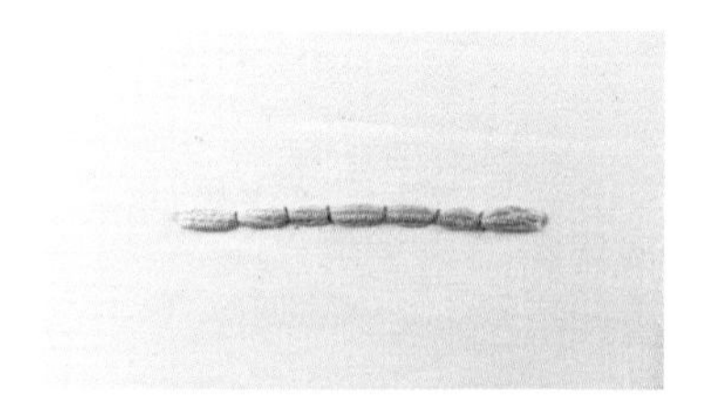

04 패딩용 자수실 양쪽 끝부분을 천의 뒷면에 넣어 고정합니다.

05 끝부분을 뒷면으로 넣을 때는 패딩용 자수실을 2~3가닥씩 나눠서 바늘에 끼운 후 천의 뒷면으로 바늘을 빼서 카우칭 실로 패딩용 자수실을 감아 매듭지어 고정시킵니다.

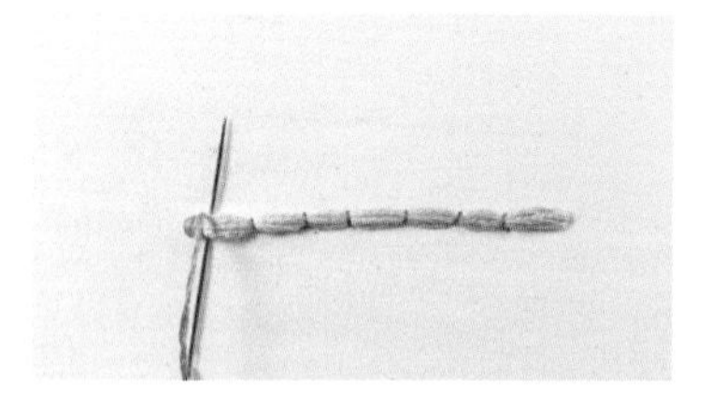

06 천의 뒷면에 새로운 실을 고정한 뒤 패딩용 자수실을 촘촘히 감싸듯 수놓습니다.

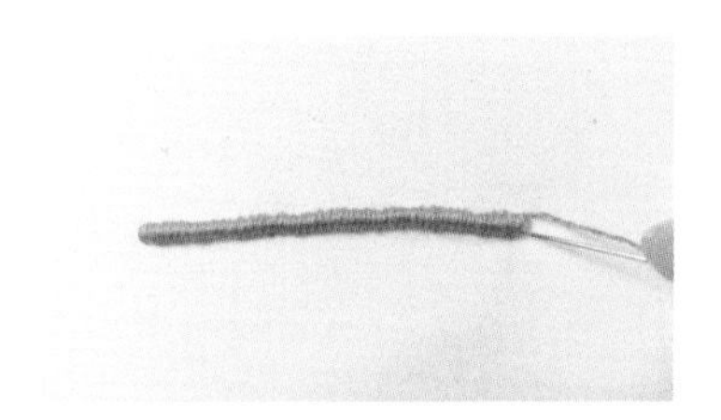

07 패딩용 자수실의 끝까지 수놓은 후 실이 끝나는 지점 밑으로 바늘을 넣습니다.

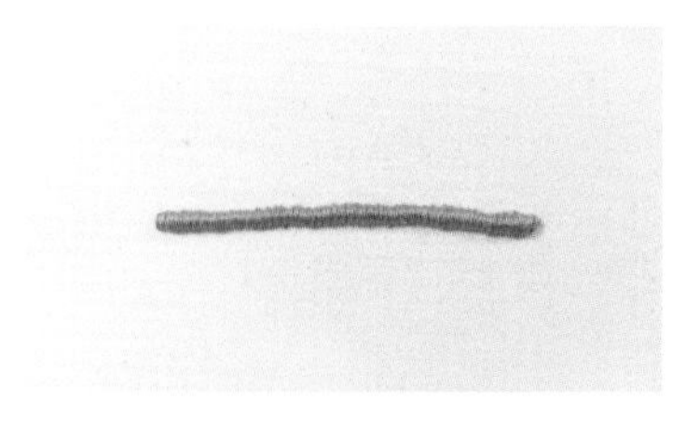

08 뒷면에서 매듭지어 마무리하면 트레일링 스티치 완성입니다.

구슬 달기

작품에 구슬로 포인트를 주어 장식할 때 사용합니다. 이때 실은 투명사나 구슬과 비슷한 색상의 퀼팅실을 사용합니다. 책에는 설명을 위해 그레이 색상의 퀼팅실을 사용했습니다.

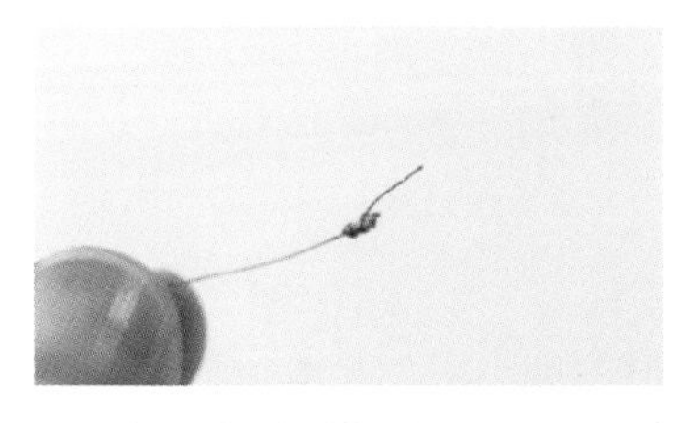

01 비즈 바늘에 실을 꿰어 10회 정도 감아서 두껍게 매듭을 지어줍니다.

02 구슬을 달아줄 곳에 한 땀 짧게 수놓습니다.

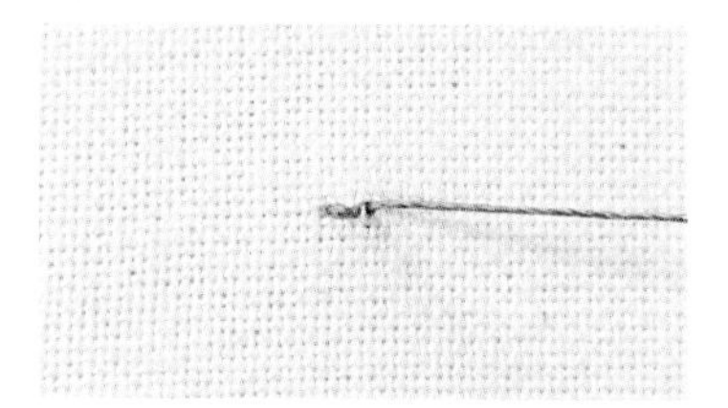

03 짧게 한 땀 수놓은 곳 바로 옆으로 실을 뺍니다.

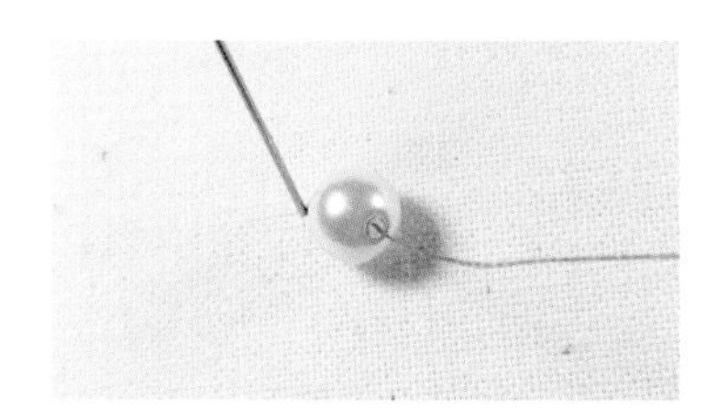

04 구슬을 끼우고 바로 옆으로 바늘을 꽂습니다.

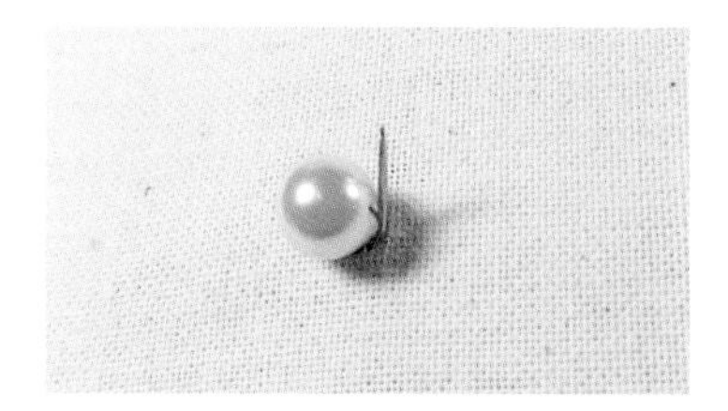

05 구슬 바로 옆으로 바늘을 다시 빼줍니다.

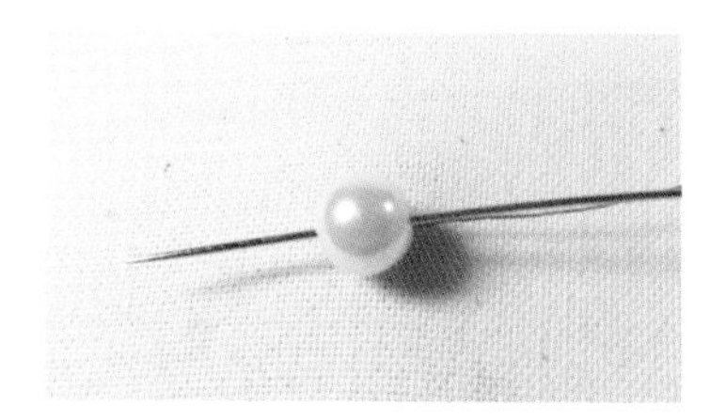

06 빼준 바늘을 구슬 구멍에 끼웁니다.

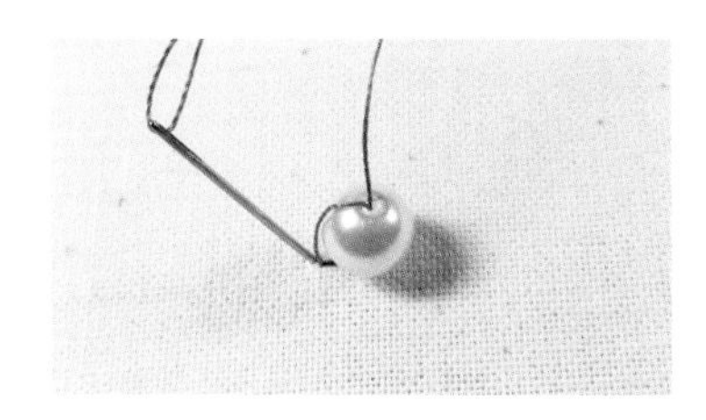

07 바로 옆에 바늘을 꽂아서 구슬을 좀 더 튼튼하게 달아줍니다.

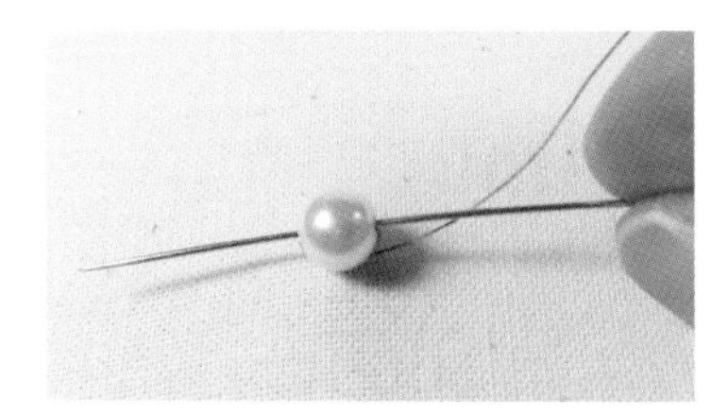

08 이렇게 3~4번 반복해서 구슬을 튼튼하게 고정시킵니다.

09 뒷면에서 2~3번 매듭지어 마무리합니다.

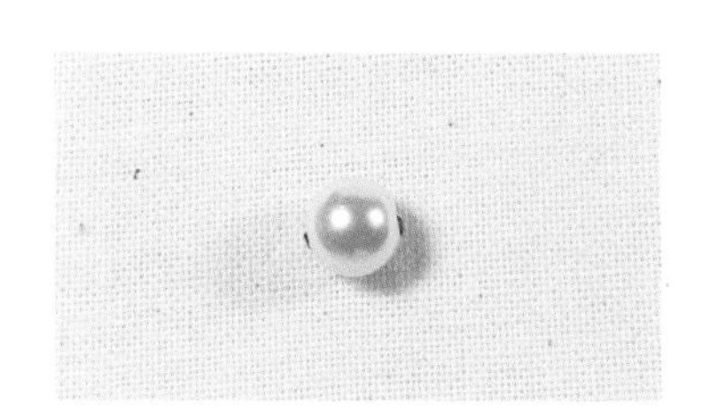

10 구슬 달기 완성입니다.

트위스트 롤(자수실로 만드는 꼰실)

실을 겹쳐서 꼰 뒤 감아서 표현하는 기법입니다.

01 DMC 25번 자수실을 1m 65cm 길이로 잘라서 준비합니다.

02 실을 2번 접어주고 끝부분을 왼손으로 잡고 반대쪽을 오른손 검지에 겁니다.

03 왼손은 움직이지 않고 오른손 검지를 한 방향으로 감습니다.

04 손가락이 쉽게 빠지지 않을 때까지 감아줍니다.

05 꼬임이 풀리지 않도록 주의하면서 왼쪽 끝부분에 맞대어 잡은 후 실을 잡고 있는 오른손을 놓으면 실이 꼬아집니다.

06 왼손으로 잡고 있던 부분을 묶습니다.

07 꼬임의 상태를 깔끔하게 정돈한 후 매듭 부분을 0.5cm 정도 남기고 실을 자릅니다.

08 천에 동그랗게 도안을 그립니다.

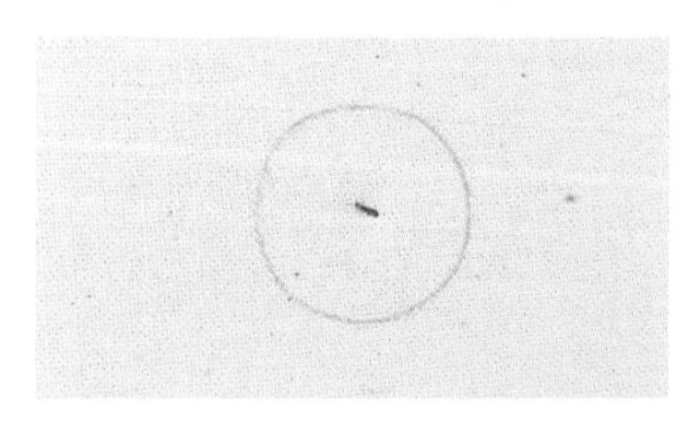

09 꼰 실과 같은 색의 실 1가닥을 바늘에 끼우고 도안에 짧게 한 땀을 놓습니다.

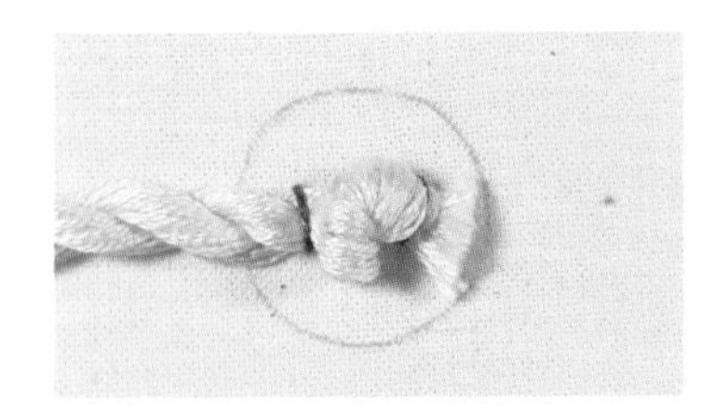

10 도안 중심에 매듭 부분을 꿰매서 고정합니다.

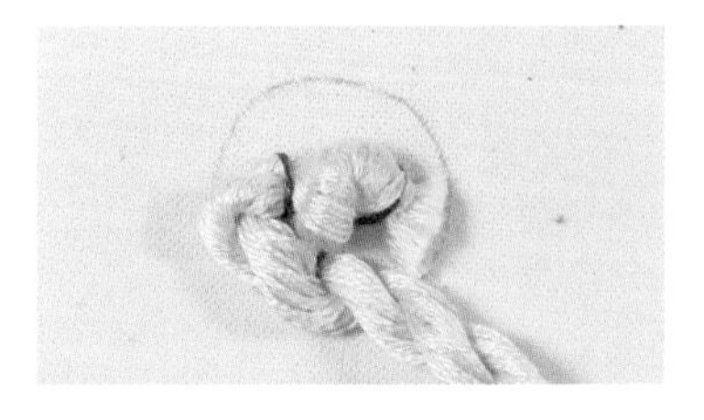

11 도안선을 따라 꼰실을 동그랗게 말고 꼬임 사이에 바늘을 통과시켜 천에 꿰매서 고정합니다.

12 한 바퀴를 실로 꿰매 고정시킵니다.

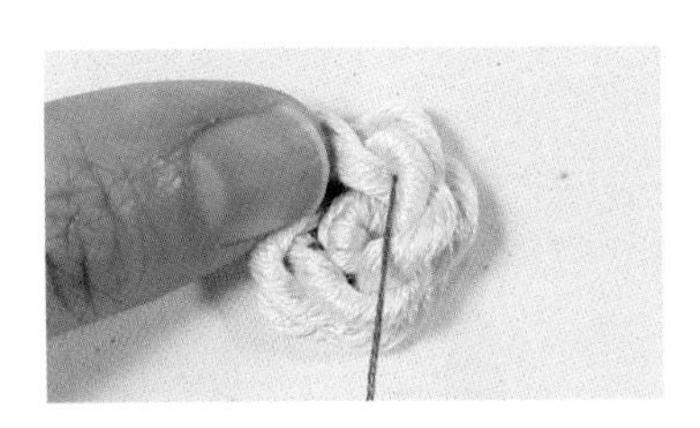

13 두 바퀴째는 봉긋하게 위로 올라오게 하여 꿰매 고정합니다.

14 마지막 고리 부분으로 실을 뺀 후 천의 뒷면에서 매듭지어 마무리합니다.

15 트위스트 롤 스티치가 완성되었습니다.

리본자수 기법

리본 스티치

리본자수에서 작은 꽃잎이나 잎사귀를 표현할 때 자주 사용하는 기법입니다.

01 시작점에서 리본을 빼줍니다.

02 빼준 리본 위로 바늘을 찔러 넣습니다. 이때 리본은 주름지지 않게 반듯하게 펴줍니다.

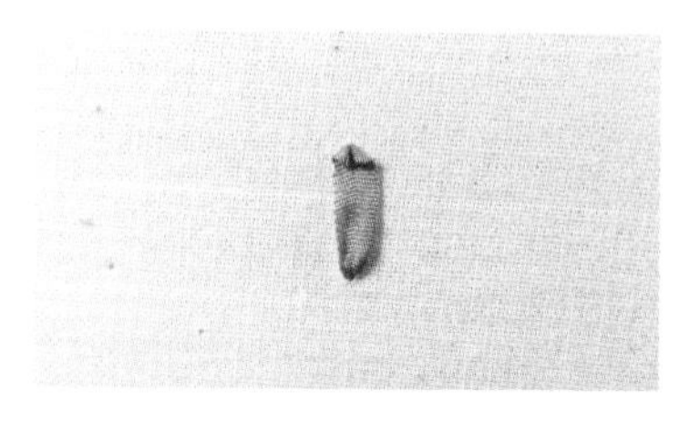

03 바늘을 끝까지 당기지 말고 리본 끝 테두리가 말릴 때까지만 당겨주면 완성입니다.

레이지 데이지 스티치

기존 레이지 데이지 스티치와 방법이 동일합니다.

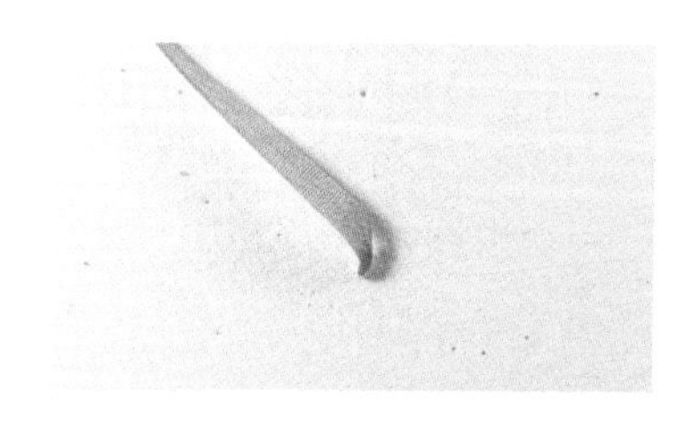

01 시작점에서 바늘을 빼줍니다.

02 바늘을 뺀 곳 바로 옆으로 바늘을 꽂아 위쪽으로 바늘을 뺀 후 리본을 바늘에 걸어줍니다.

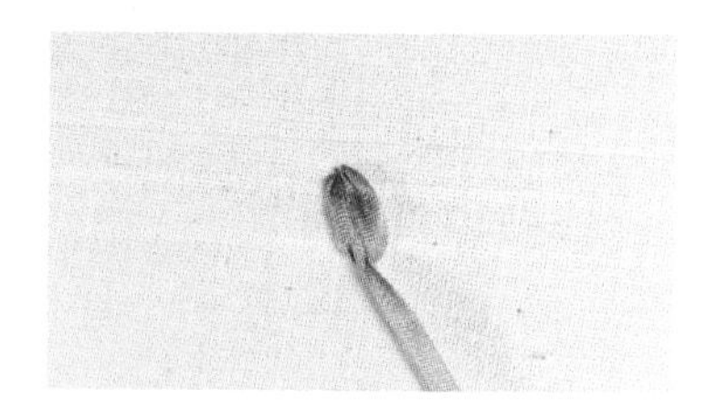

03 바늘을 당겨 리본을 빼줍니다.

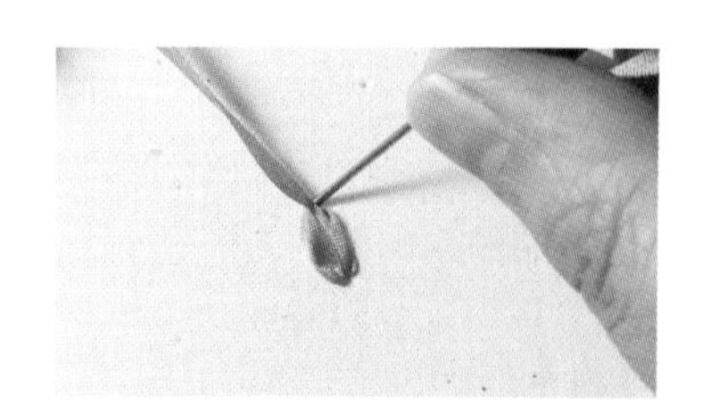

04 고리 바깥쪽으로 바늘을 꽂아 리본을 당겨줍니다.

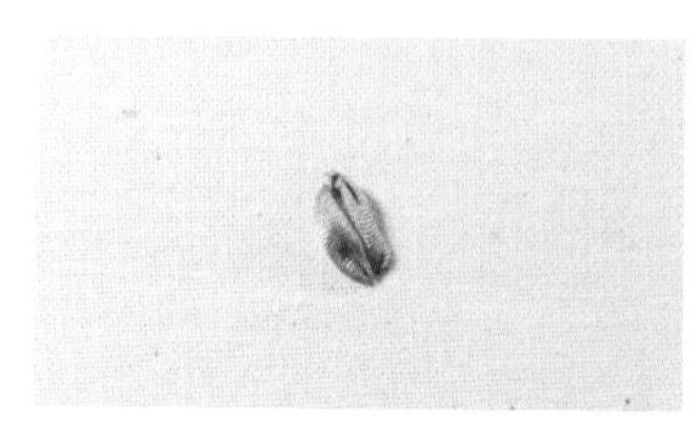

05 레이지 데이지 스티치가 완성되었습니다.

스파이더 웹 로즈 스티치

리본자수에서 장미를 표현할 때 자주 활용합니다.
예쁜 장미를 쉽게 표현할 수 있어서 많이 사용하는 기법입니다.

01 5개의 기둥 실을 만들어줍니다(P. 45, 입체자수 기법-스파이더 웹 로즈 스티치 참조).

02 기둥 실 사이에서 중심점에 최대한 가깝게 리본을 뺍니다.

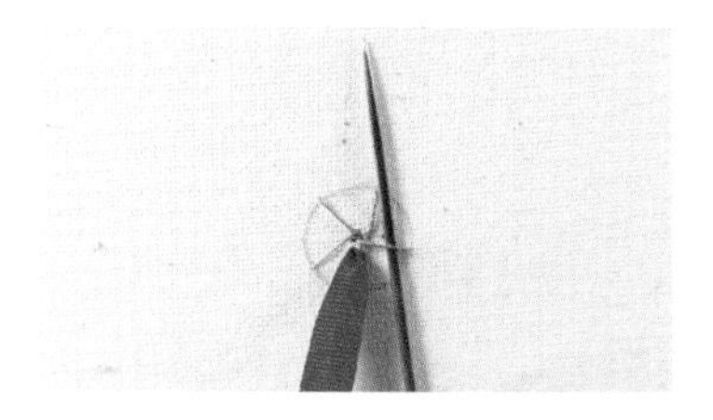

03 시계 반대 방향으로 한 실 건너서 기둥 실 아래로 리본을 통과시킵니다.

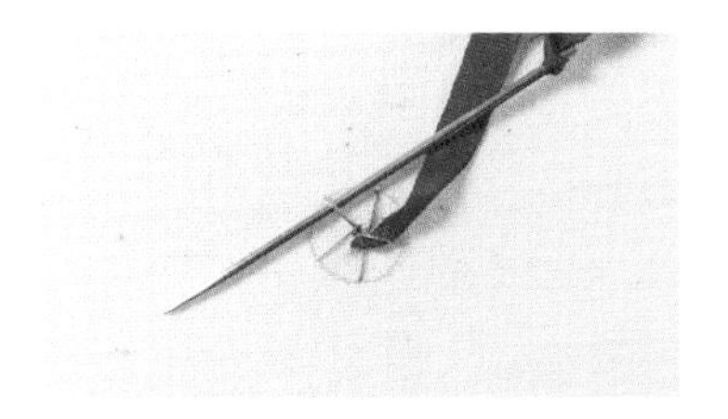

04 기둥 실을 한 실씩 건너서 리본을 통과시켜줍니다.

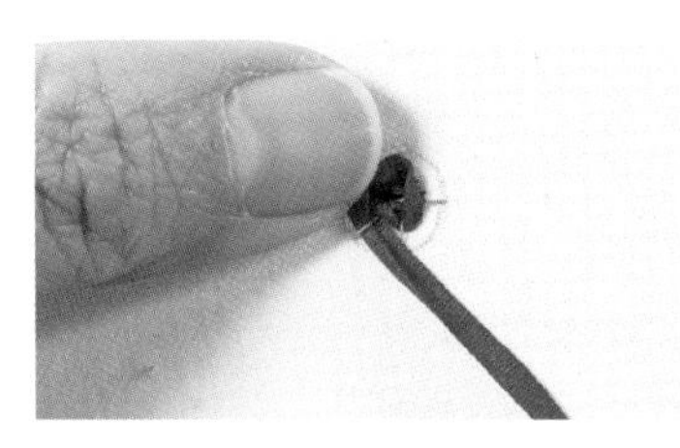

05 리본을 실에 통과시켜 당길 때 엮여 있는 리본을 엄지로 살짝 누르면서 리본을 당겨주면 장미 모양을 조금 더 가지런하게 수놓을 수 있습니다.

06 원을 다 채워 수놓은 후 리본 가장자리에 바늘을 꽂아 뒤에서 매듭짓고 마무리합니다.

07 스파이더 웹 로즈 스티치가 완성되었습니다.

루프트 스트레이트 스티치 플라워

리본에 볼륨을 주어 풍성한 느낌의 꽃을 표현하기 좋은 기법입니다.
볼륨을 줄 때 젓가락이나 꼬챙이, 큰 바늘 등 가느다란 원통형 물체를 사용하여 작업합니다.

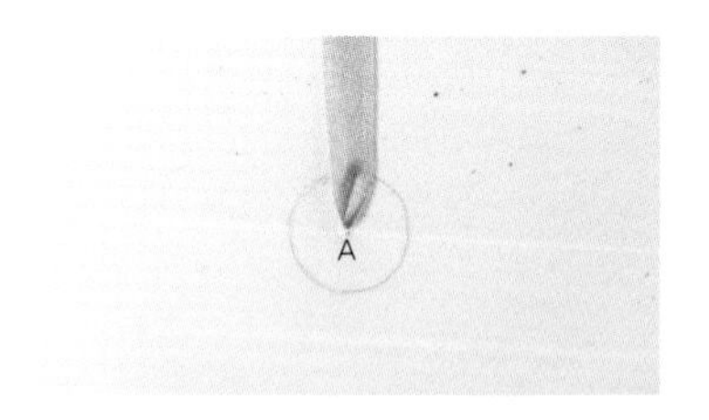

01 중심점에서 약 1mm 정도 떨어진 A로 리본을 뺍니다.

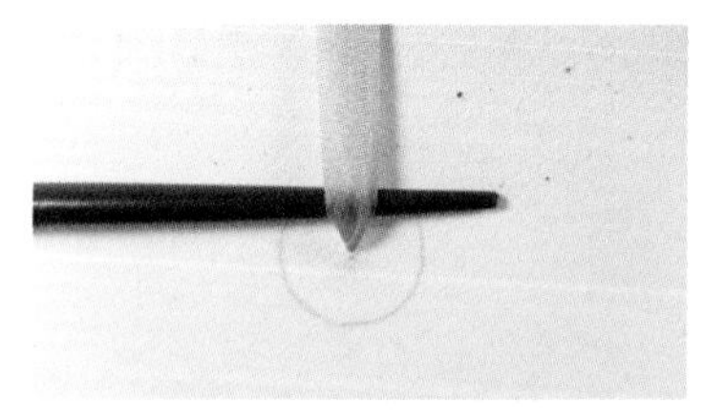

02 리본 밑에 젓가락이나 적당한 원통형 물체를 놓습니다.

03 젓가락 위의 리본을 잡아서 고정한 상태로 바늘을 젓가락 위쪽 도안 테두리선으로 찔러 넣어 천의 뒷면으로 가져갑니다.

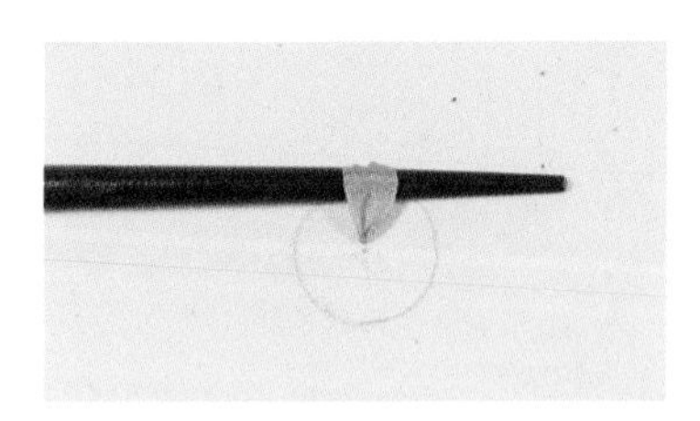

04 리본이 꼬이지 않도록 모양을 잡은 상태에서 천천히 리본을 당깁니다.

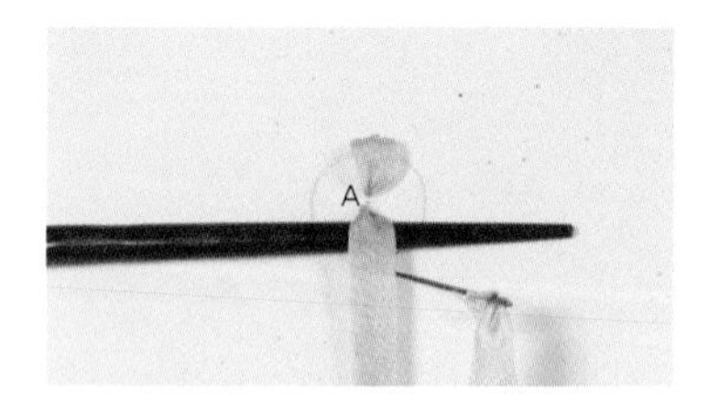

05 리본을 A와 반대 방향(중심점에서 약 1mm 정도 떨어진 지점)으로 빼내고 마찬가지로 젓가락을 리본 밑에 두고 볼륨을 잡아 천 뒤로 바늘을 뺍니다.

06 같은 방법으로 볼륨을 잡아 스티치를 놓습니다.

07 반대편에도 스티치를 놓아줍니다.

08 각 스티치 사이사이에 하나씩 총 4개의 스티치를 더 놓습니다.

09 중심에 구슬을 달아서 완성합니다.

3 손바느질 기초

바느질하기

홈질

한 땀씩 일정한 간격을 두고 직진해나가는 바느질입니다.
원단을 간단히 연결하거나 상침하거나 시침질할 때 활용합니다.

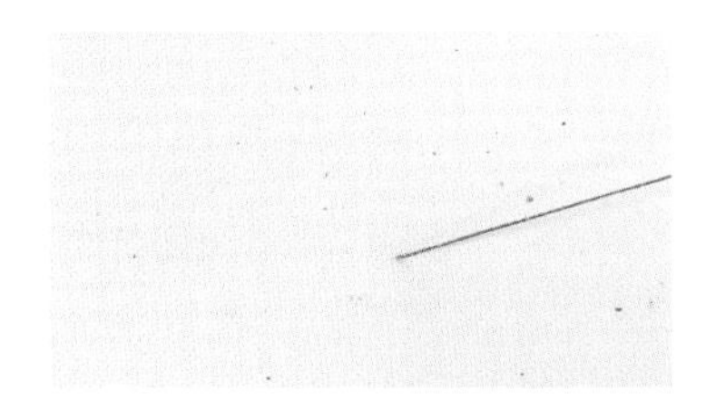

01 바늘에 실을 꿰어 매듭짓고 시작점으로 바늘을 뺍니다.

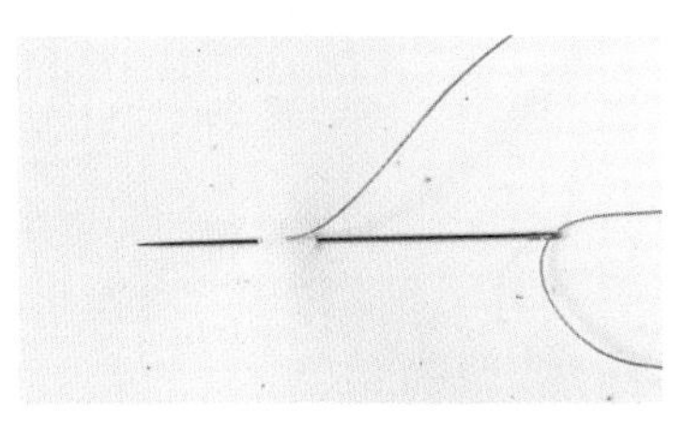

02 한 땀 뒤로 갔다가 두 땀 앞으로 가서 바늘이 나옵니다.

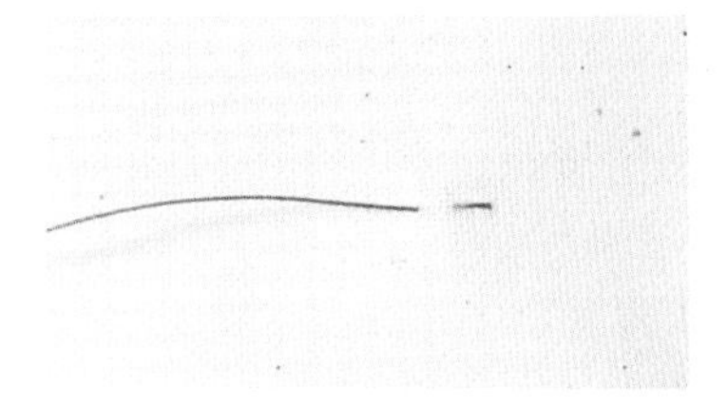

03 0.5~1mm 정도 간격을 두고 일정하게 바느질을 합니다.

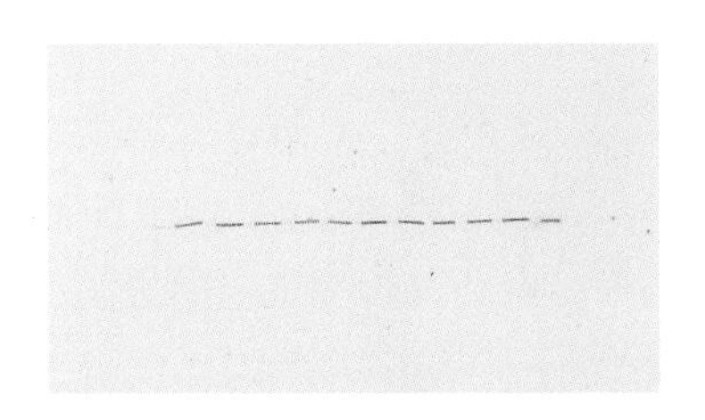

04 바느질이 끝나면 뒤에서 매듭지어 완성합니다.

박음질

간격 없이 촘촘하게 하는 바느질입니다. 원단을 단단히 연결할 때 활용합니다.

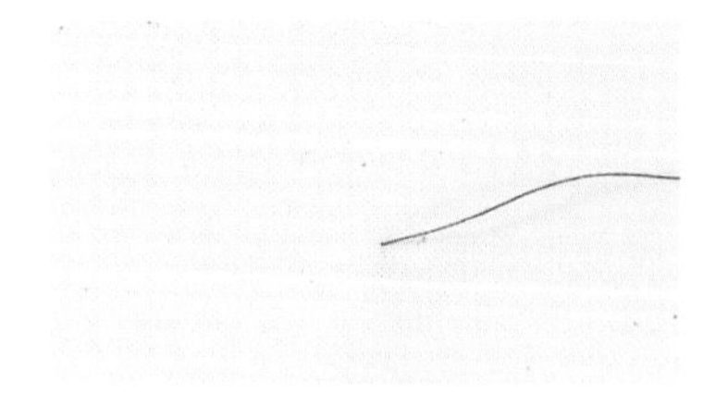

01 시작점으로 바늘을 뺍니다.

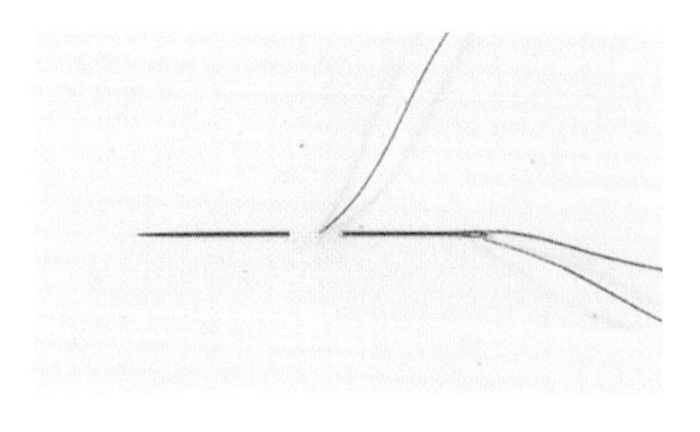

02 한 땀 뒤로 갔다가 두 땀 앞으로 바늘이 나옵니다.

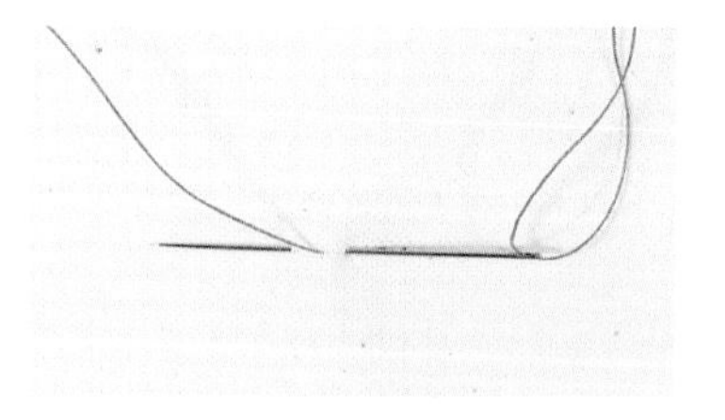

03 다시 한 땀 뒤로 가서 바로 전 땀의 바늘 구멍에 바늘을 끼워 두 땀 앞으로 나오기를 반복하며 간격 없이 촘촘히 바느질합니다.

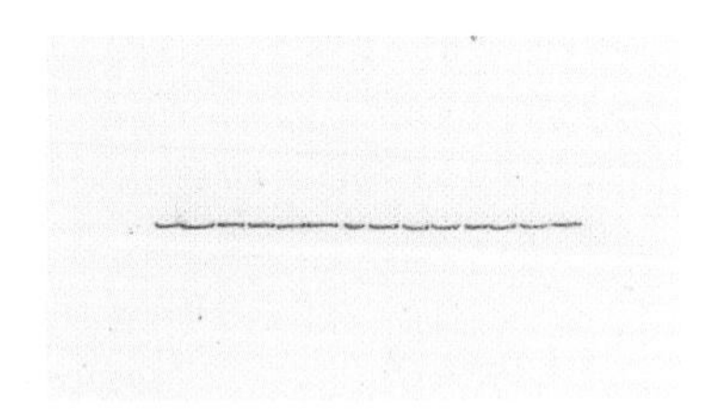

04 박음질이 완성되었습니다.

공그르기

바늘땀이 보이지 않도록 숨기며 원단을 연결하는 바느질입니다.
창구멍을 막거나 원단 시접이 보이지 않도록 겉에서 깔끔하게 연결할 때 활용합니다.

01 연결할 원단의 시접을 안으로 접어주고 원단을 서로 맞붙인 후 바늘을 시접 안쪽으로 찔러 넣어 겉으로 뺍니다.

02 바늘이 나온 곳 맞은편으로 바늘을 넣고 한 땀 앞으로 바늘을 뺍니다.

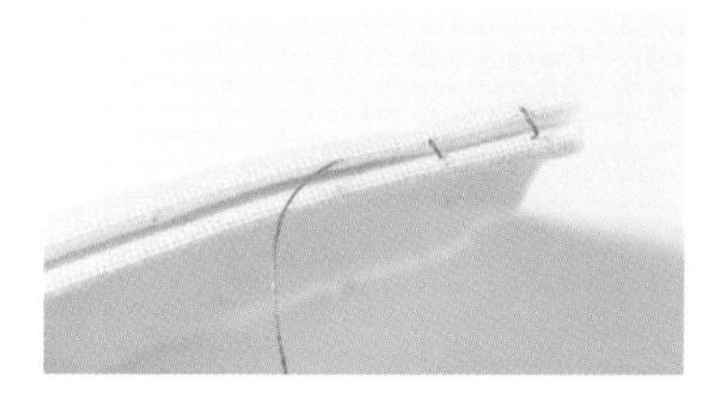

03 맞은편으로 바늘을 넣고 한 땀 앞에서 바늘을 빼주며 반복해서 공그르기를 해줍니다.

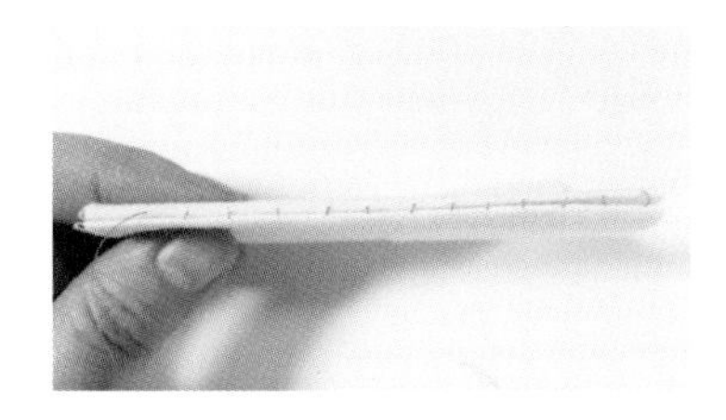

04 공그르기가 다 됐으면

05 끝에서 실을 잡아당겨 실이 보이지 않게 맞붙이고 매듭을 지어주는데

06 매듭은 마지막 바늘이 나온 지점 맞은편 원단을 살짝 떠서 바늘을 꽂아주고

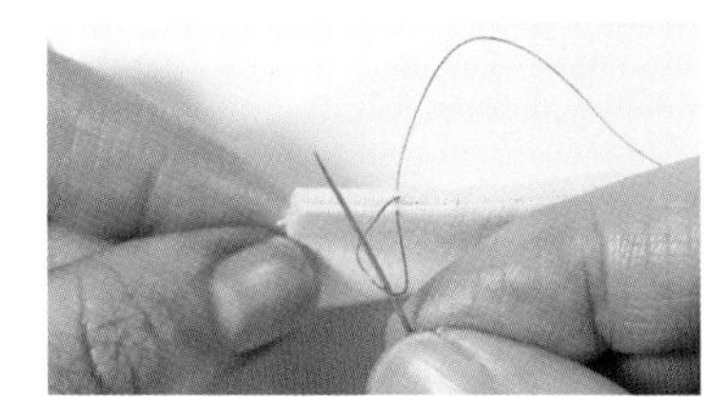

07 바늘을 당겨서 생긴 실 고리에 바늘을 끼우고

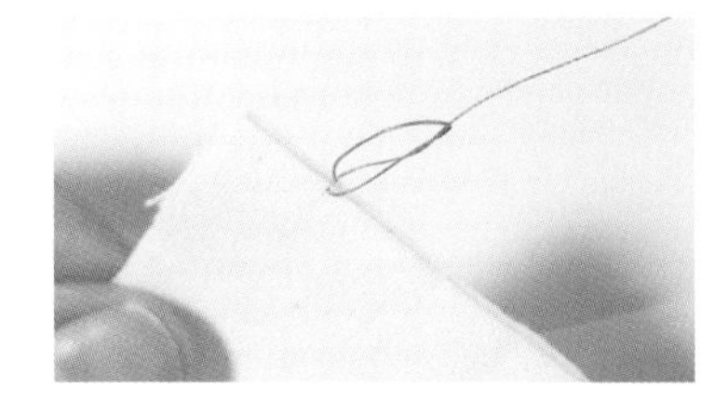

08 끝까지 당겨서 매듭지어 줍니다.

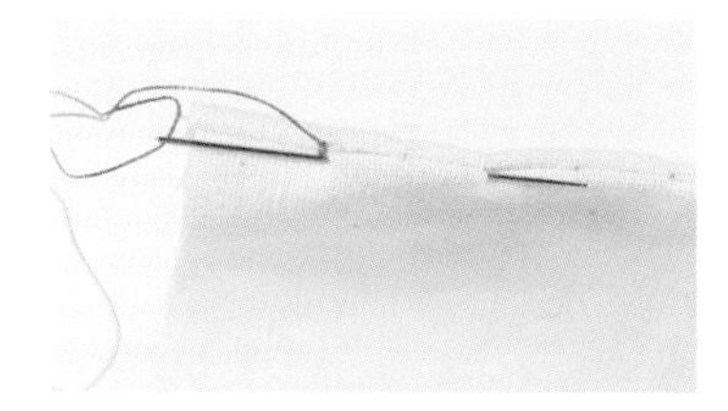

09 매듭지은 곳으로 바늘을 꽂은 후 한 두 땀 옆으로 바늘을 빼준 다음

10 실을 바짝 당겨 자르면 깔끔하게 마무리됩니다.

11 공그르기가 완성되었습니다(원단과 같은 색의 실로 바느질해주세요).

12 공그르기로 원단을 이어놓은 사진입니다.

바느질 시작하기

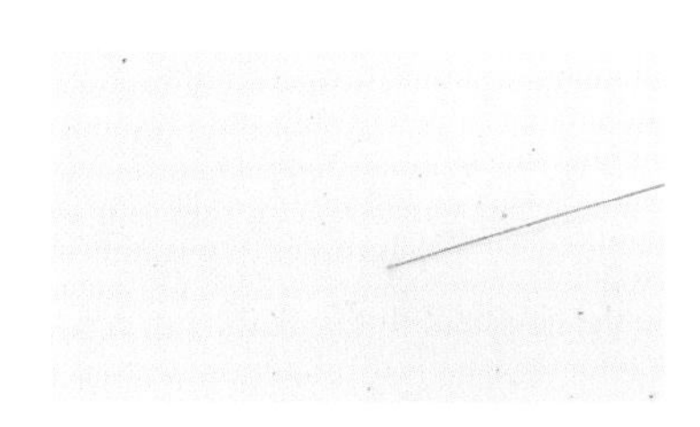

01 바늘에 실을 꿰어 매듭지은 후 시작점으로 바늘을 뺍니다.

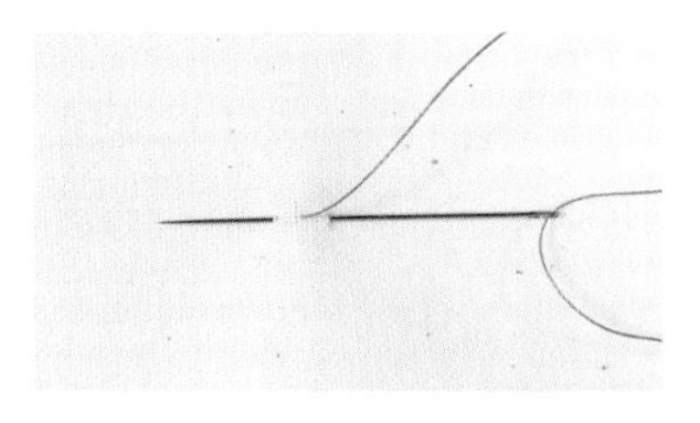

02 한 땀 뒤로 갔다가 두 땀 앞으로 나옵니다. 이렇게 하면 매듭 부분이 풀리지 않고 튼튼하게 바느질할 수 있습니다.

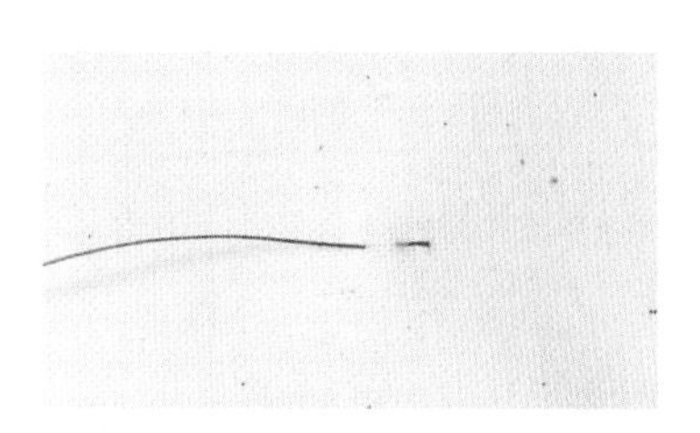

03 모든 바느질은 이런 방식으로 시작하면 됩니다.

바느질 마무리할 때 매듭 방법

방법 1

뒷면으로 실을 빼서 바로 매듭짓는 방법입니다.

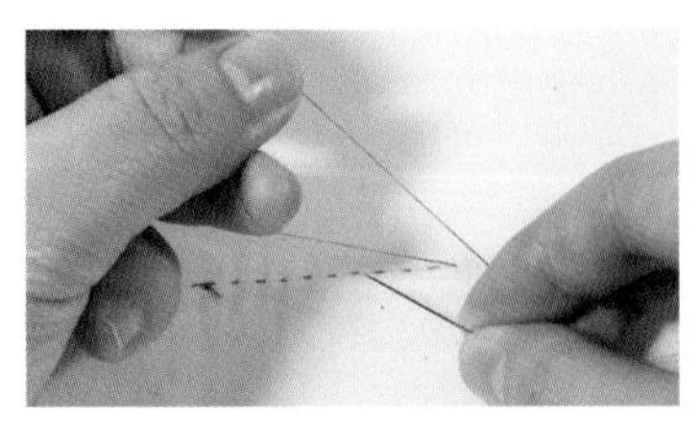

01 바느질 후 뒷면으로 바늘을 빼서 실을 잡고 바늘을 1~2회 감아서

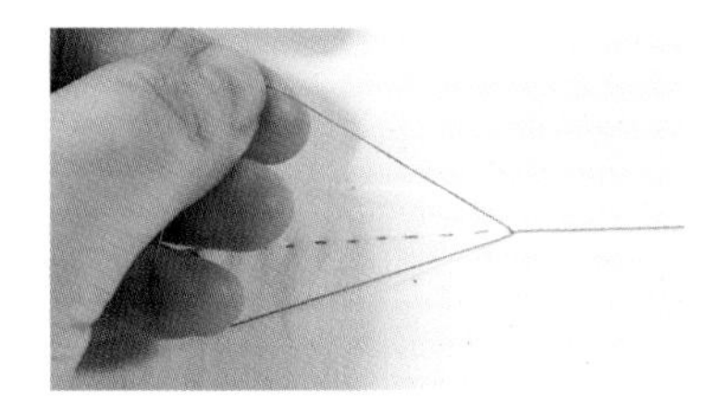

02 바늘을 당겨주며 실이 감긴 부분을 천 위에 고정합니다.

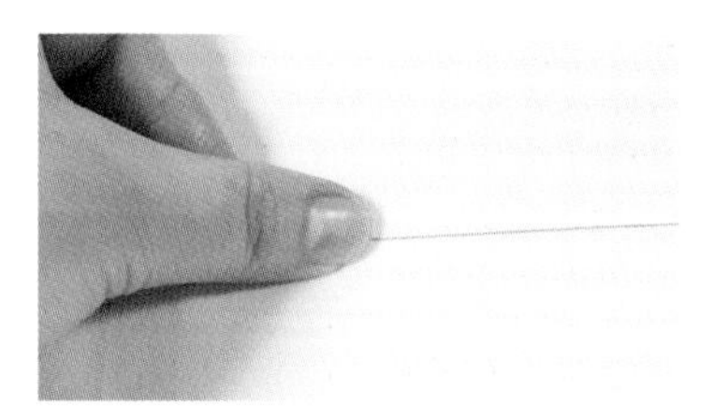

03 손가락으로 실이 감긴 부분을 누른 채 바늘을 끝까지 당겨 매듭짓습니다.

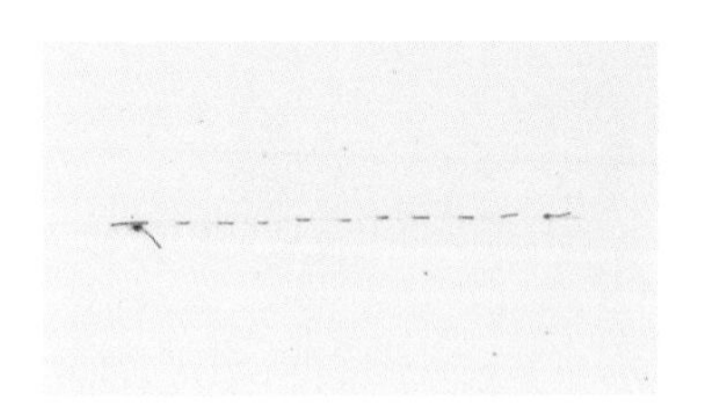

04 실을 짧게 자르고 마무리합니다.

방법 2

뒷면으로 실을 빼고 바로 옆 바늘땀과 원단 사이로 바늘을 넣어 매듭짓는 방법입니다.

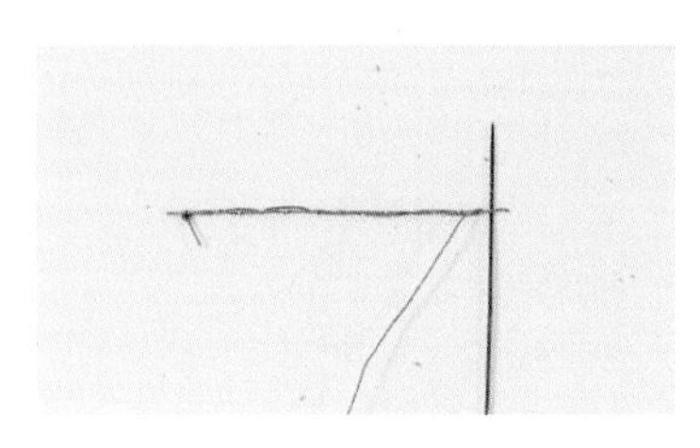

01 빼낸 실의 바로 옆에 있는 바늘땀과 원단 사이로 바늘을 넣어줍니다.

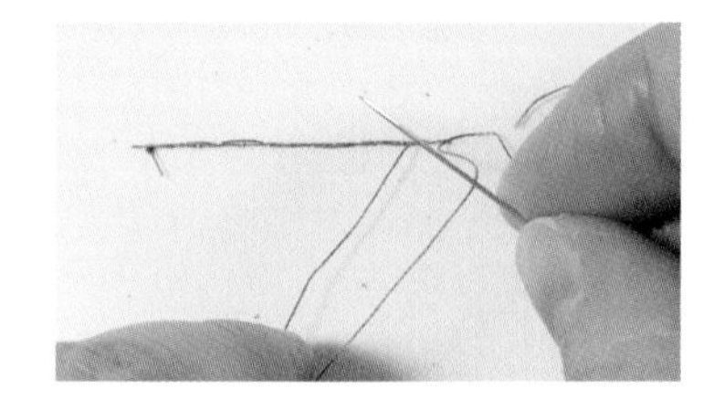

02 바늘을 빼며 만들어진 실 고리에 바늘을 통과시킵니다.

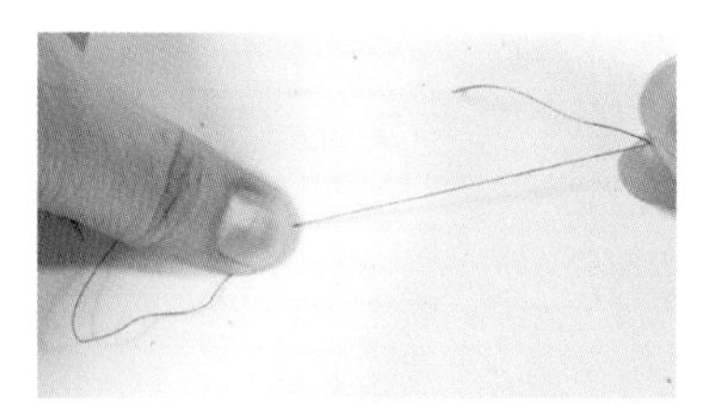

03 손가락으로 실이 감긴 부분을 누른 채 바늘을 끝까지 당겨줍니다.

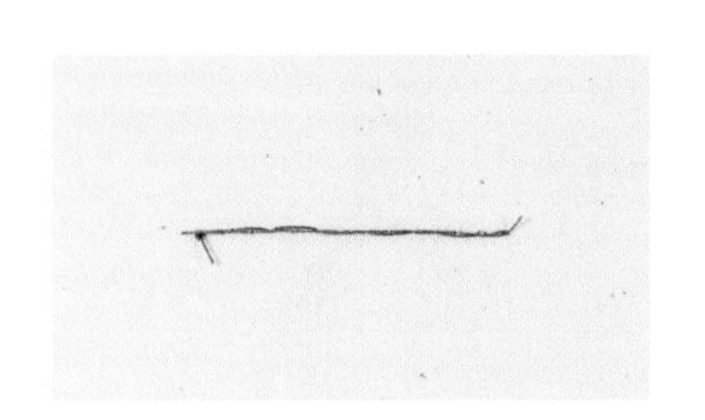

04 매듭짓고 실을 잘라 마무리합니다.

모서리 바느질하기

모서리 부분을 바느질하는 방법입니다.

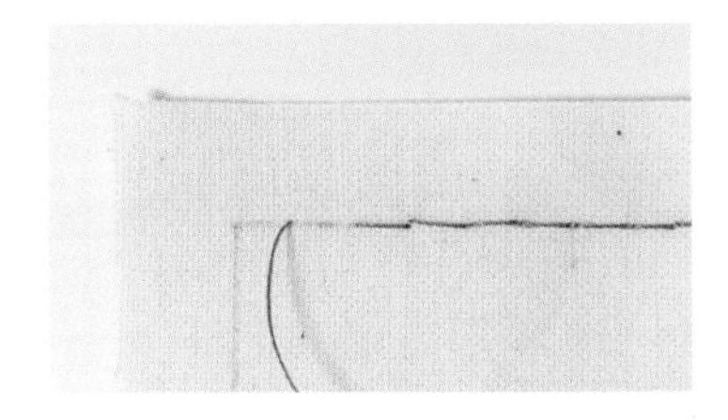

01 모서리 옆 한 땀 전까지 박음질합니다.

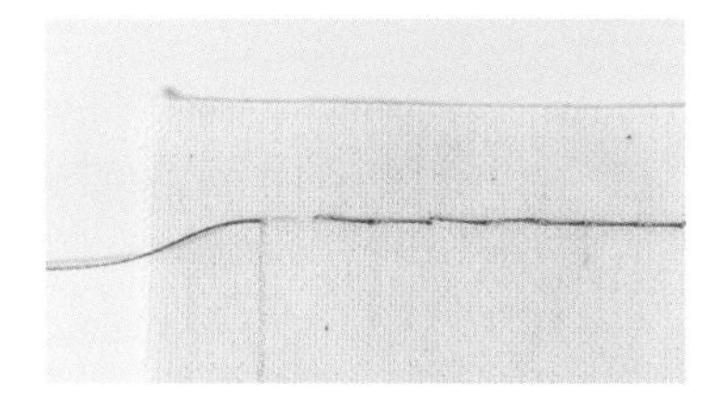

02 한 땀 뒤로 갔다가 두 땀 앞으로 나올 때 모서리 끝으로 바늘을 뺍니다.

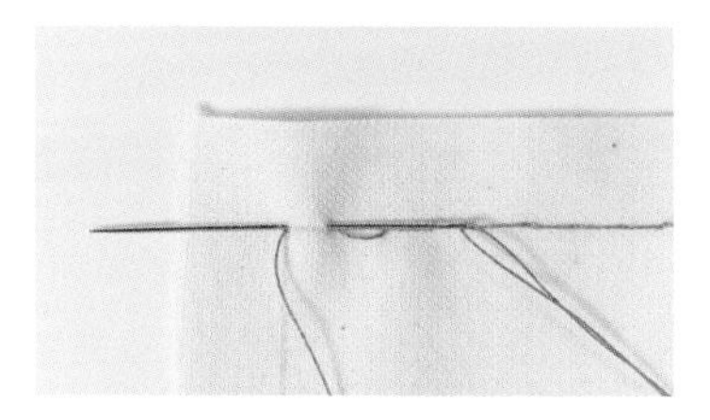

03 한 땀 뒤로 갔다가 모서리 끝으로 다시 바늘을 뺍니다.

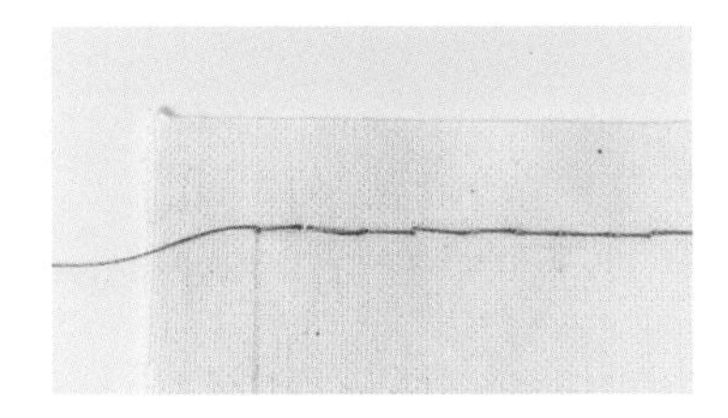

04 모서리 끝까지 박음질한 후

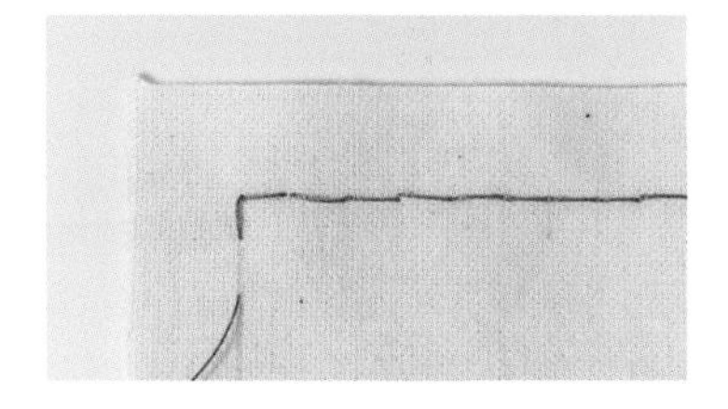

05 방향을 바꿔서 한 땀 바늘을 찔러 넣고 한 땀 앞으로 바늘을 빼줍니다.

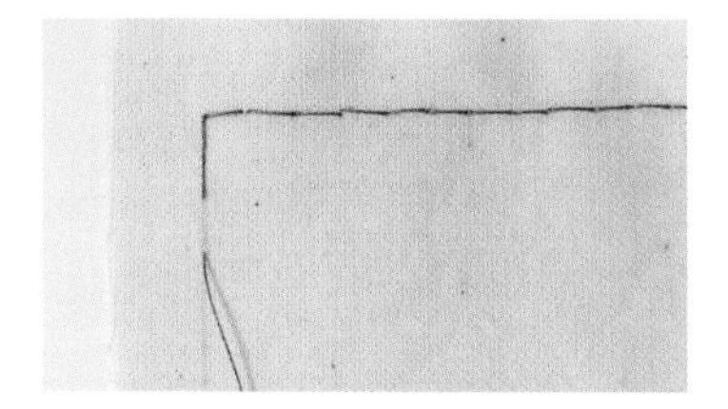

06 다시 한 땀 뒤로 갔다가 두 땀 앞에서 바늘을 빼주며 이어서 박음질하면 됩니다.

모서리 뒤집기

01 모서리 시접을 접어서 접힌 부분을 손톱으로 눌러 손다림질을 해줍니다.

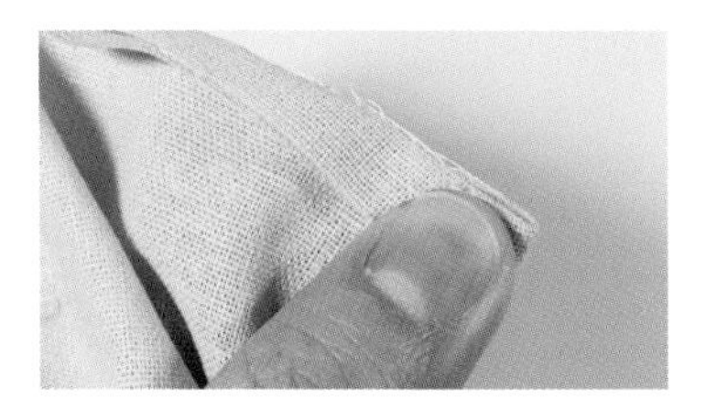

02 집게손가락은 원단 안쪽으로 넣고, 엄지손가락은 원단 밖에서 시접 모서리를 잡은 후

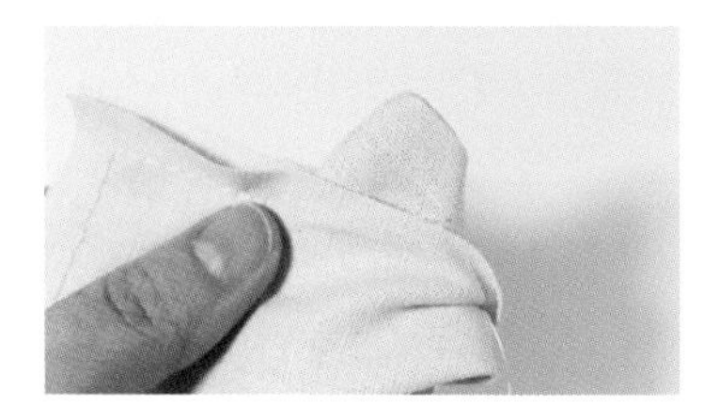

03 모서리를 뒤집어줍니다.

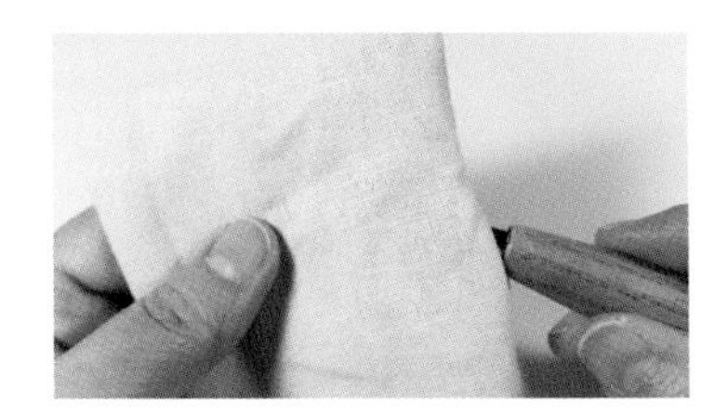

04 송곳이나 끝이 뾰족한 물건을 원단 안쪽으로 넣어 시접과 모서리 끝을 정리해줍니다.

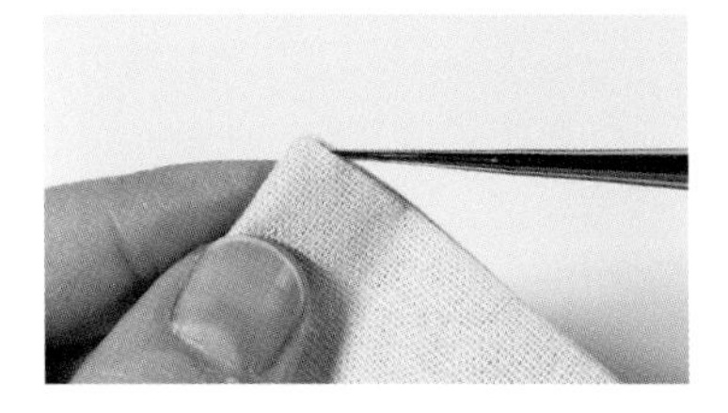

05 겉에서도 한 번 더 정리해주세요

06 모서리 뒤집기 완성

창구멍 막기

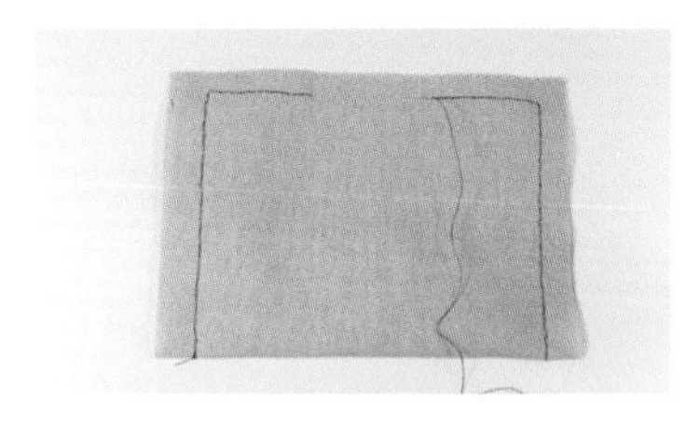

01 창구멍을 남기고 바느질합니다. 바느질한 실은 매듭짓거나 자르지 않고 길게 놔둡니다.

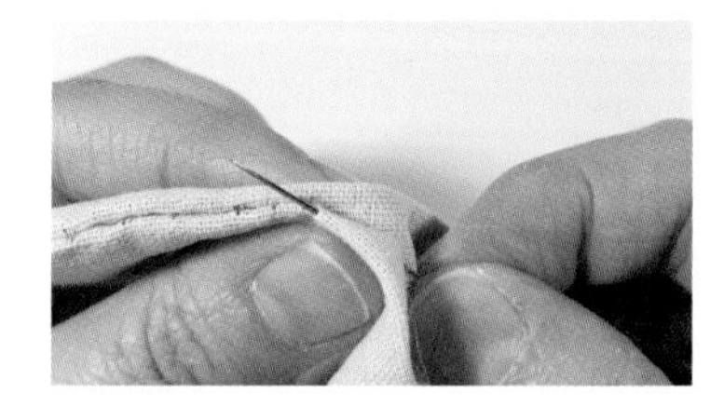

02 원단을 뒤집은 후 남겨둔 실에 바늘을 다시 끼우고 공그르기로 창구멍을 막아줍니다.

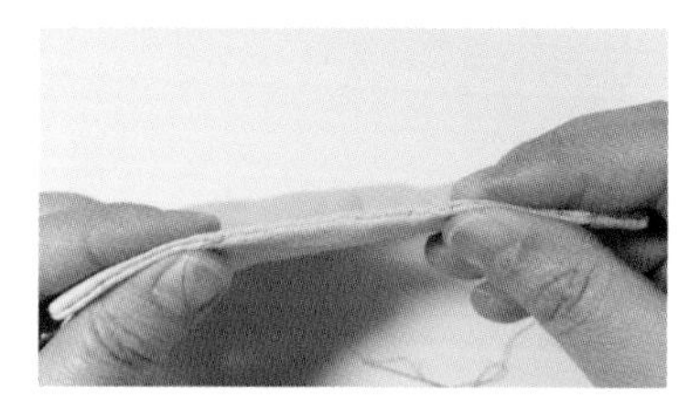

03 공그르기가 끝나면 실을 당겨 원단을 맞붙입니다.

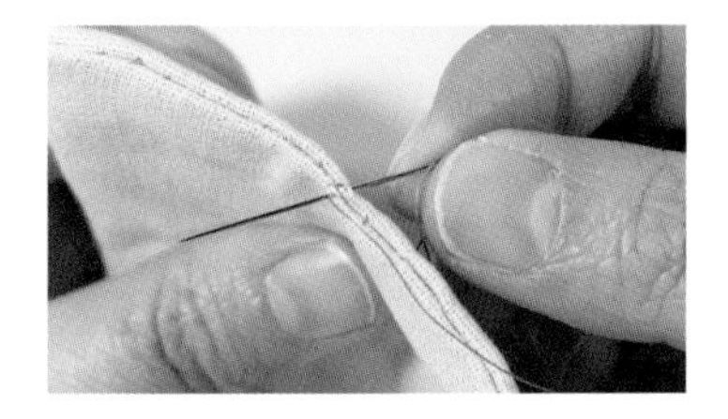

04 원단을 살짝 떠서 매듭지어 줍니다.

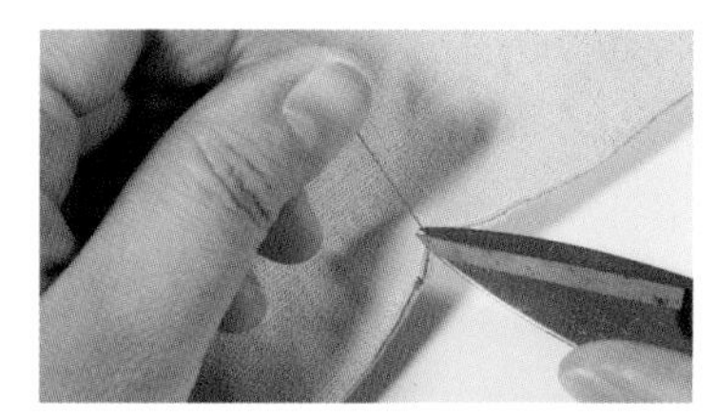

05 매듭지은 부분으로 바늘을 찔러 넣어 한두 땀 옆으로 나온 후 실을 바짝 당겨서 잘라줍니다.

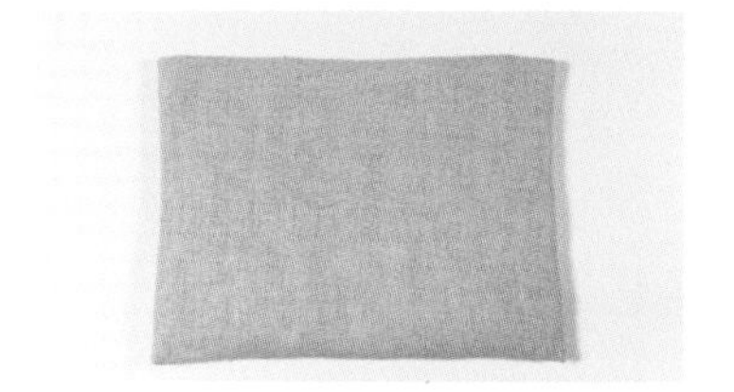

06 창구멍 막기 완성

지퍼머리 있는 지퍼 연결하기

01 겉감의 시접을 안쪽으로 접어서 지퍼의 한쪽에 위치를 맞추고 시침핀으로 고정합니다.

02 박음질로 연결합니다.

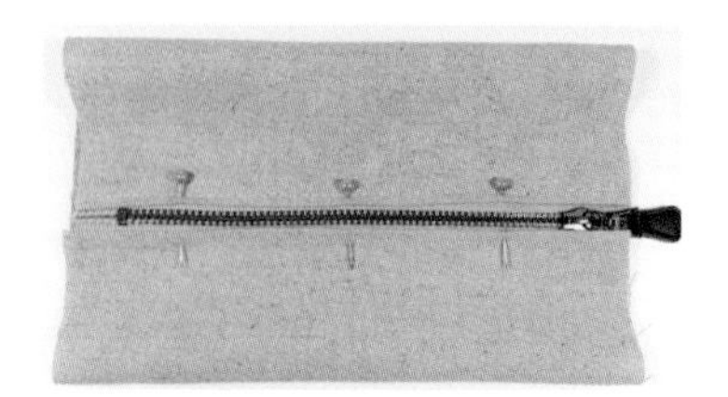

03 한쪽의 연결이 끝나면 반대쪽도 시접을 안쪽으로 접은 후 지퍼에 시침핀으로 고정합니다.

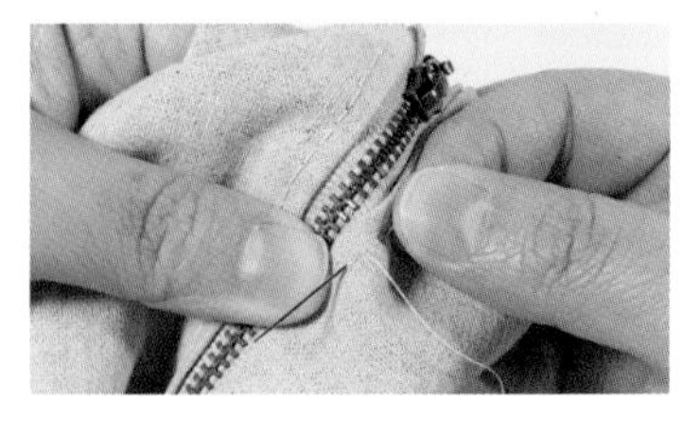

04 박음질로 연결합니다.

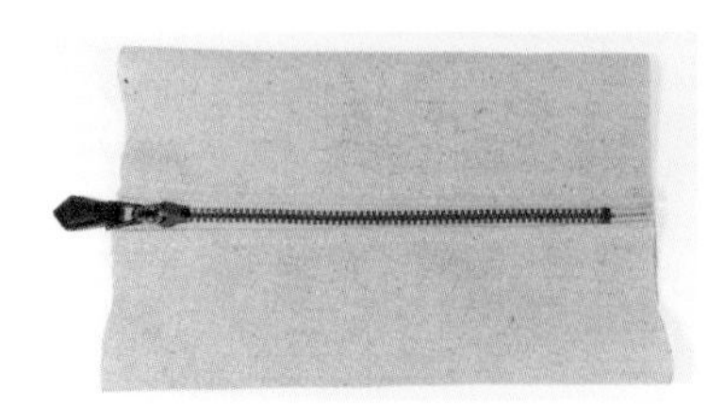

05 지퍼가 연결되었습니다.

지퍼머리 없는 지퍼 연결하기

지퍼머리 없는 지퍼는 작품에 따라 원하는 길이만큼 잘라서 사용할 수 있습니다.

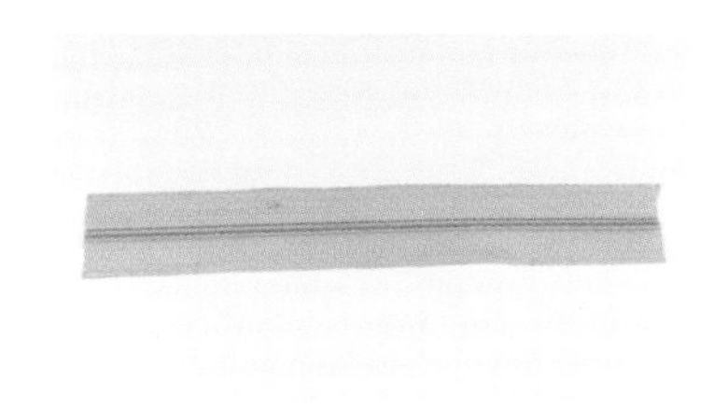

01 지퍼를 연결한 원단 폭의 길이만큼 자릅니다.

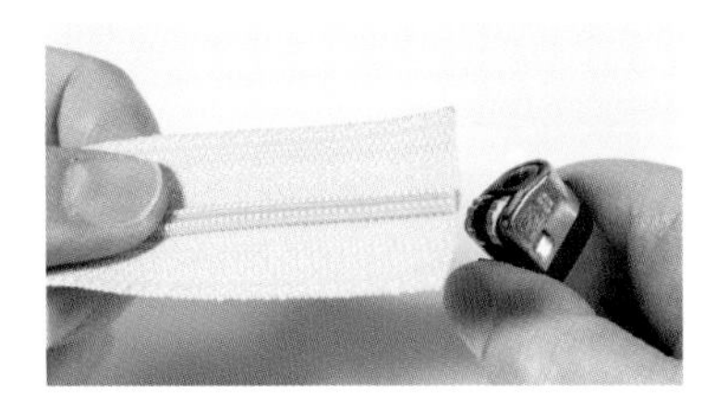

02 자른 부위를 열처리해줍니다.

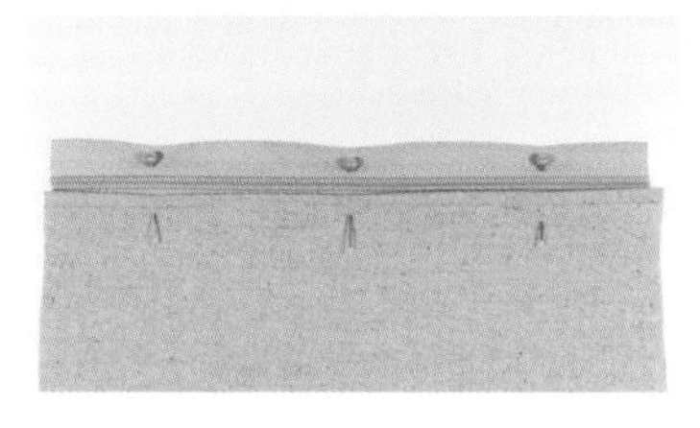

03 원단 겉면 시접을 안으로 접어주고 시침핀으로 고정시킵니다.

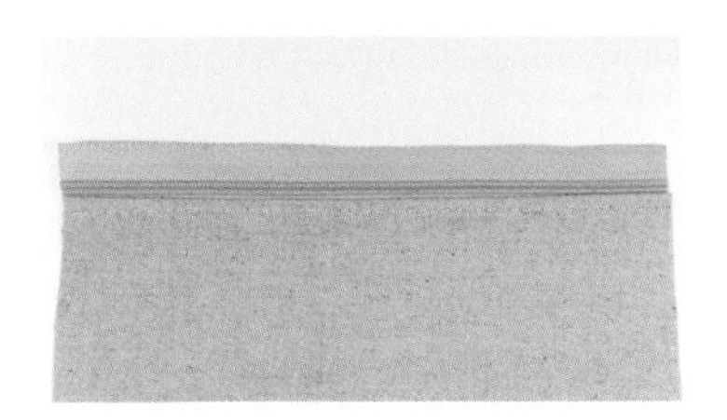

04 박음질로 연결합니다.

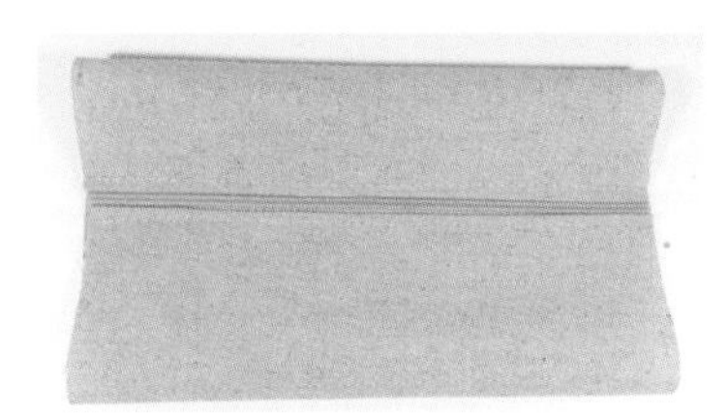

05 반대쪽도 마찬가지로 원단 겉면을 시침핀으로 고정하고 박음질로 연결합니다.

지퍼머리 끼우기

지퍼머리 없는 지퍼를 연결했을 때 지퍼머리를 끼우는 방법입니다.

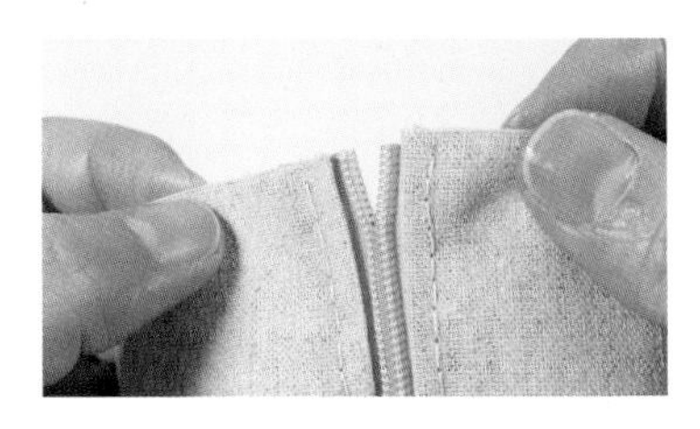

01 지퍼 끝부분을 살짝 벌립니다.

02 지퍼머리의 볼록한 부분 구멍에 지퍼 끝을 한쪽씩 끼워 넣습니다.

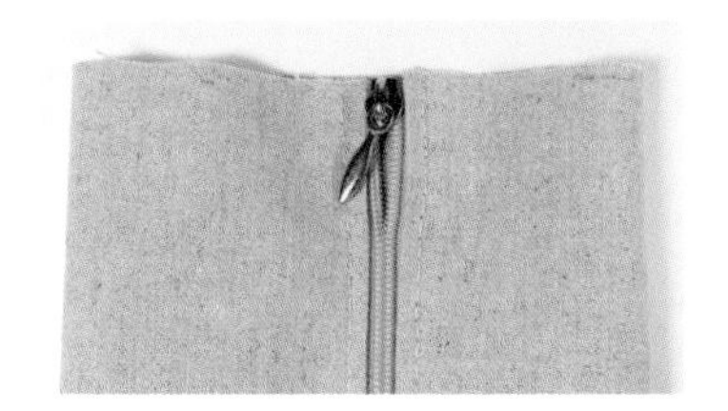

03 지퍼머리에 지퍼 끝을 끼운 모습입니다.

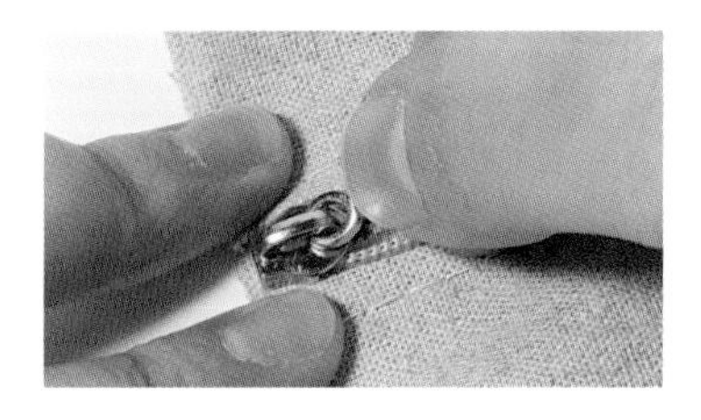

04 손가락으로 지퍼 양옆을 눌러 고정해줍니다.

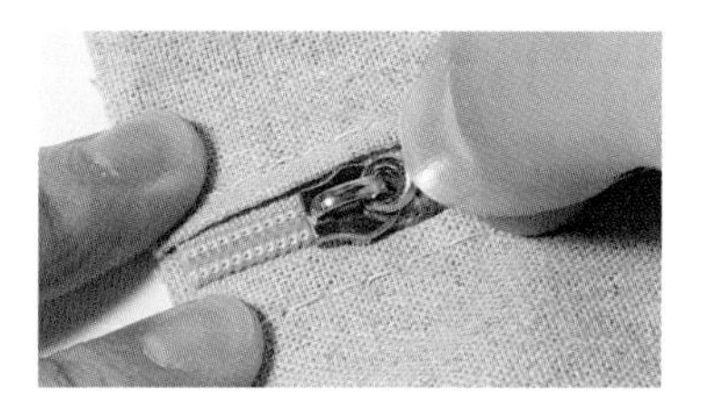

05 지퍼 머리를 아래로 당겨 완전히 지퍼에 끼워줍니다. 이때 지퍼 끝이 어긋나지 않고 가지런해야 합니다. 어긋났을 경우 다시 끼웁니다.

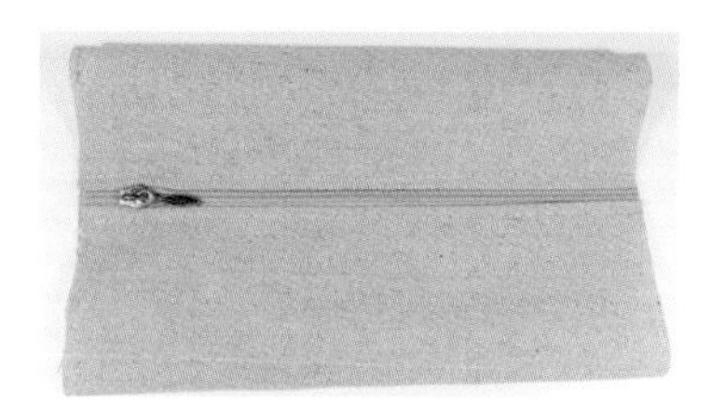

06 지퍼머리를 끼운 사진입니다.

07 지퍼머리를 처음 끼우면 지퍼가 닫힌 상태이고

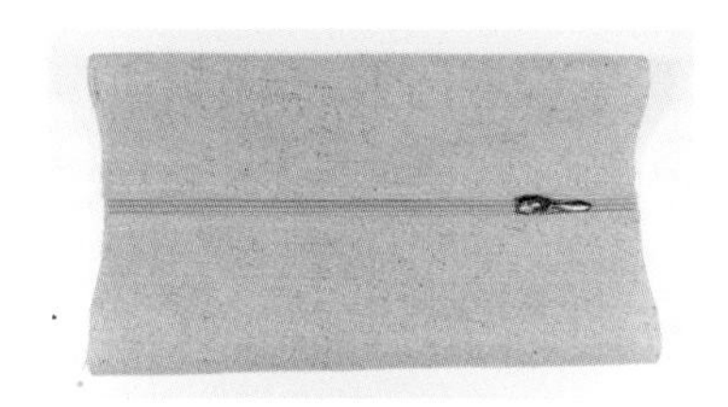

08 지퍼머리를 오른쪽으로 조금 더 당겼다가(지퍼머리는 너무 끝까지 당기지 않도록 합니다).

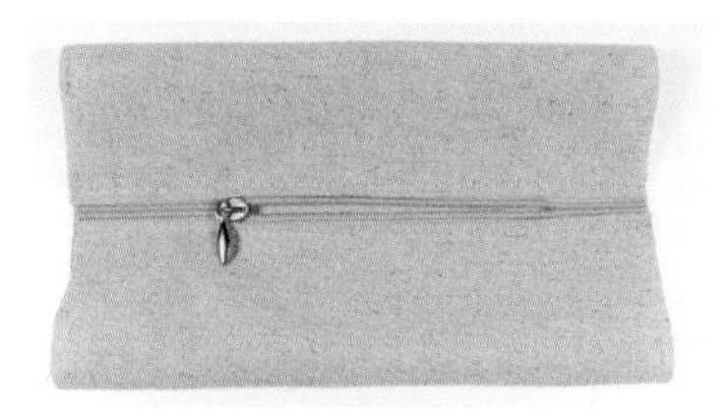

09 왼쪽으로 당기면 지퍼가 열립니다. 파우치를 만들 때는 지퍼머리를 중간쯤에 위치시키고 양옆을 바느질해서 파우치를 만들면 됩니다.

파우치 겉감 만들기

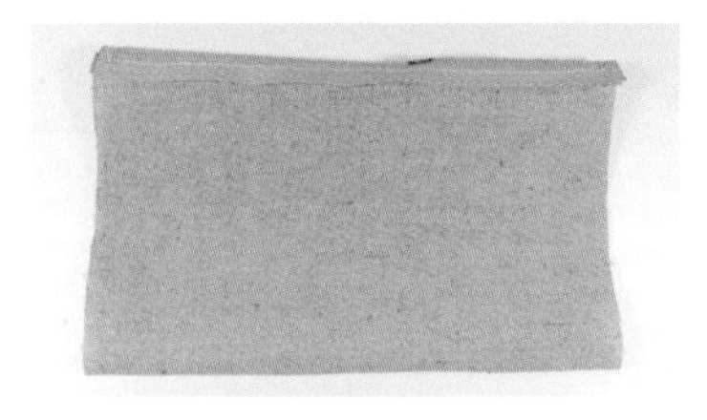

01 지퍼를 연결한 후 원단을 뒤집어줍니다.

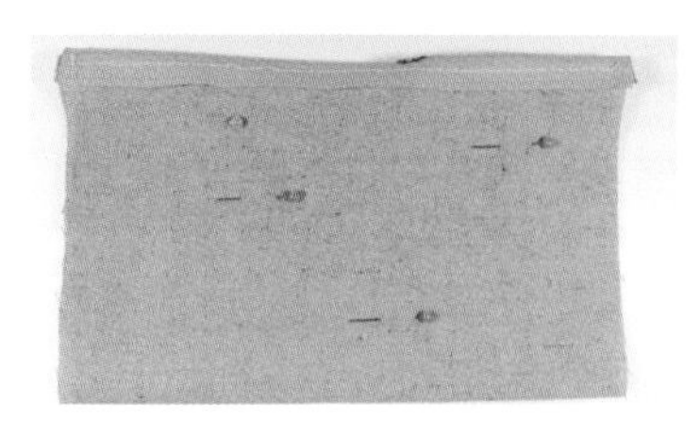

02 원단이 움직이지 않도록 시침핀으로 고정시키고 양옆에 바느질할 선을 수성펜으로 그려줍니다.

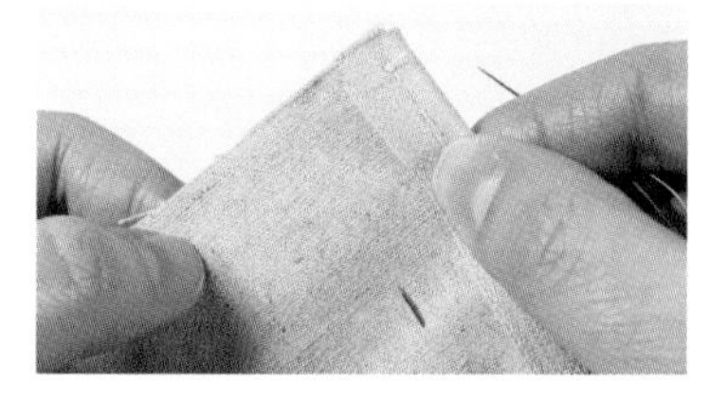

03 퀼팅실로 옆면을 박음질해주는데 지퍼가 있는 부분은 좀 더 단단히 박음질하기 위해서

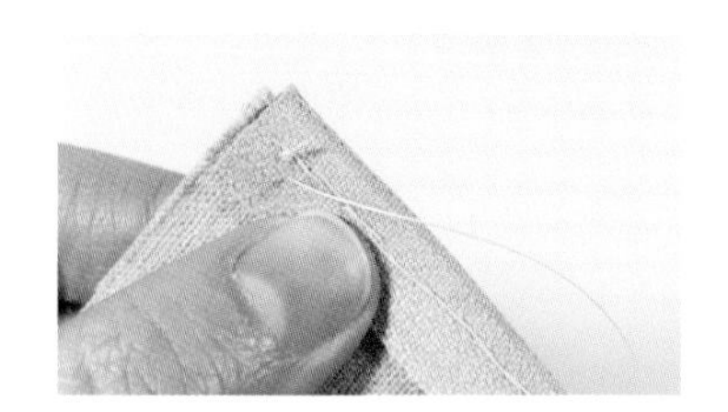

04 시작점에서 바늘을 빼준 다음

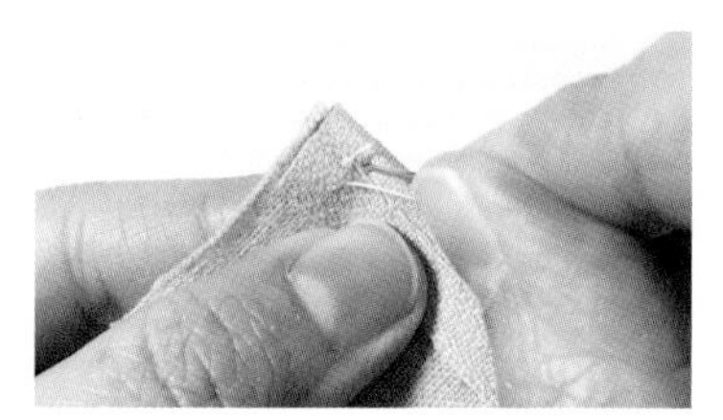

05 한 땀 뒤로 바늘을 꽂고

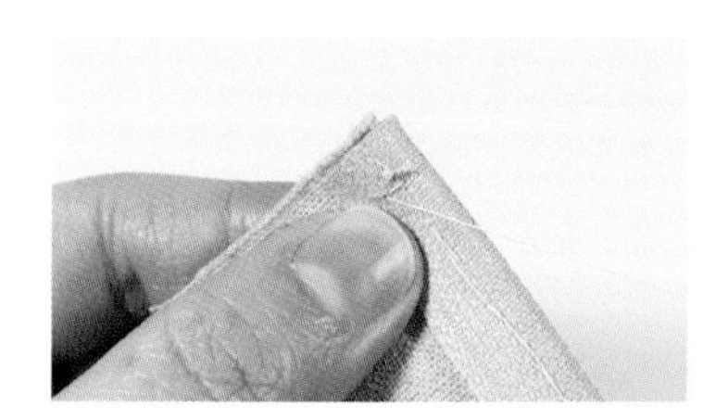

06 시작 지점으로 다시 바늘을 빼준 후

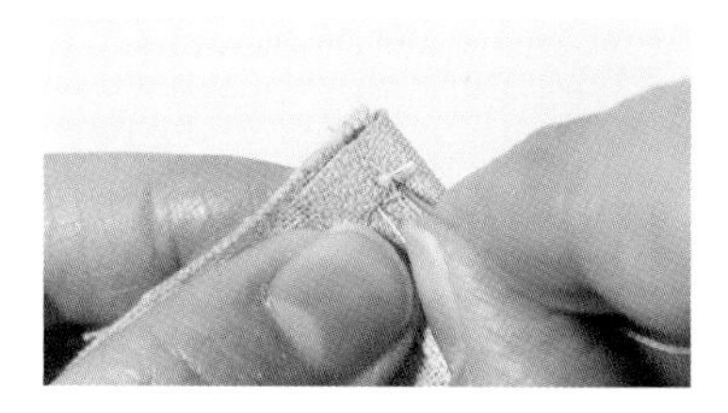

07 다시 한 땀 뒤로 바늘을 꽂아줍니다.

08 뒤에서 실을 빼주고

09 앞에서 뒤로 바늘을 꽂아 실 고리를 만든 후

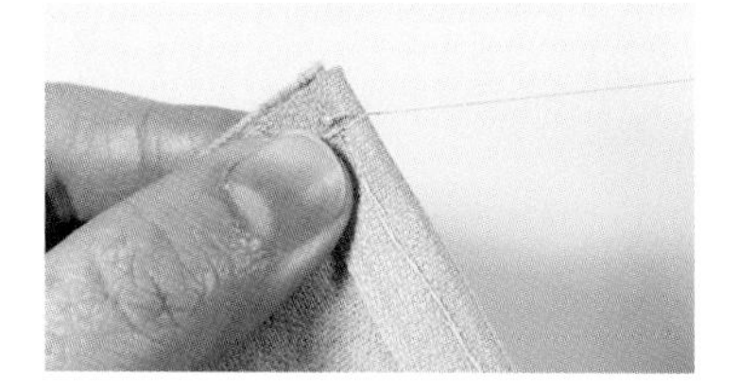

10 실 고리에 바늘을 끼워 당겨줍니다.

11 다시 실 고리를 만들어 바늘을 끼우고

12 당겨줍니다. 이렇게 실 고리를 만들어 두 번 당겨준 후 박음질을 하면 지퍼가 있는 부분을 단단하게 연결할 수 있습니다.

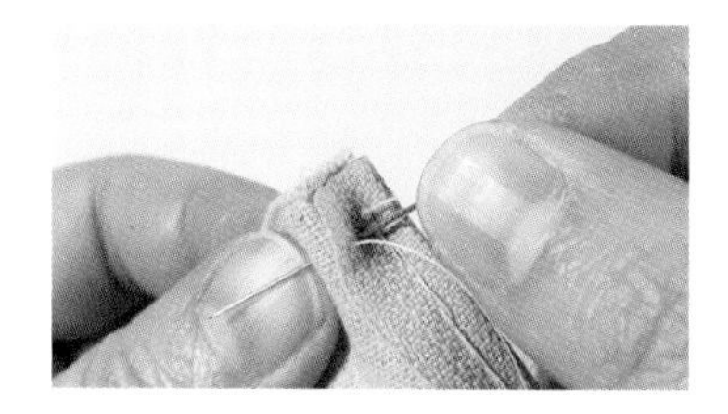

13 바늘을 원단 시작 지점에서 한 땀 뒤에 꽂아주고 두 땀 앞으로 빼준 후

14 이어서 박음질합니다.

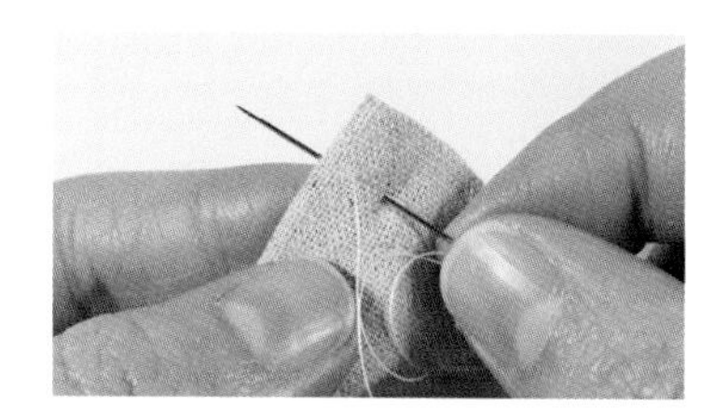

15 끝 지점 한 땀 전까지 박음질하고

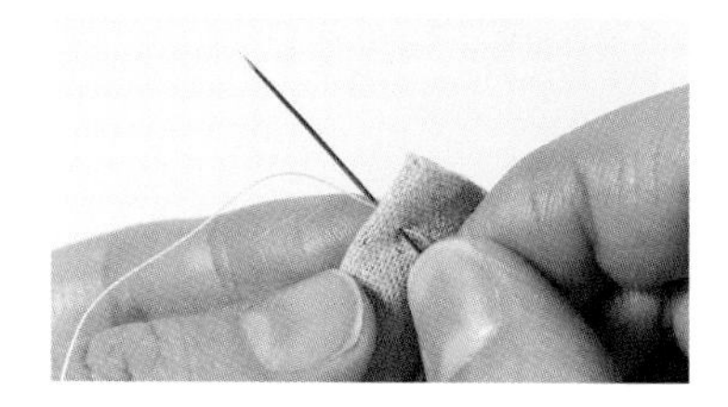

16 마지막 한 땀에 실 고리를 만들어 바늘을 끼워 당긴 후 매듭을 한 번 짓습니다.

17 실을 감아 한 번 더 매듭지은 후 실을 잘라 마무리합니다.

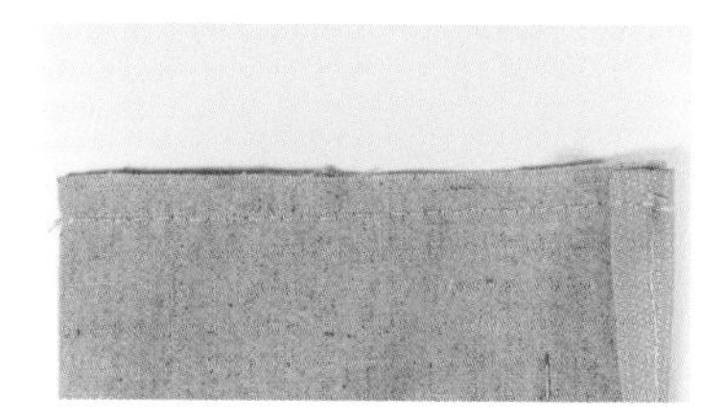

18 파우치 옆면을 박음질한 사진입니다.

19 반대쪽 옆면도 같은 방법으로 박음질합니다.

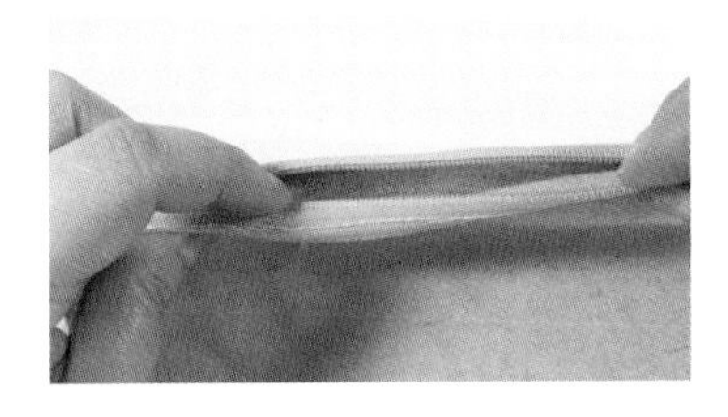

20 원단을 뒤집기 위해 지퍼를 엽니다.

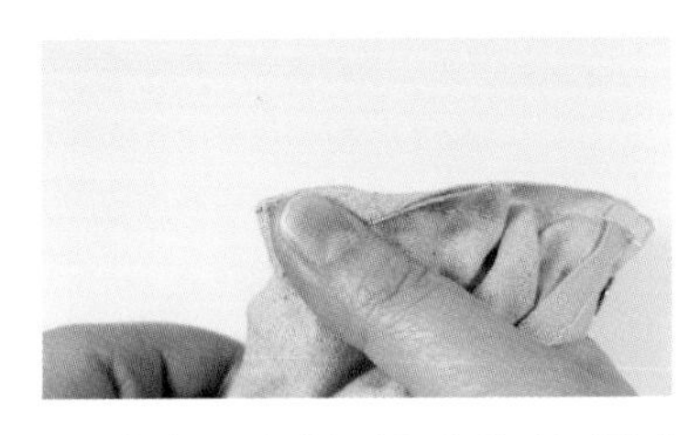

21 원단 옆 시접을 접은 후 엄지손가락과 집게손가락으로 잡고 뒤집어줍니다.

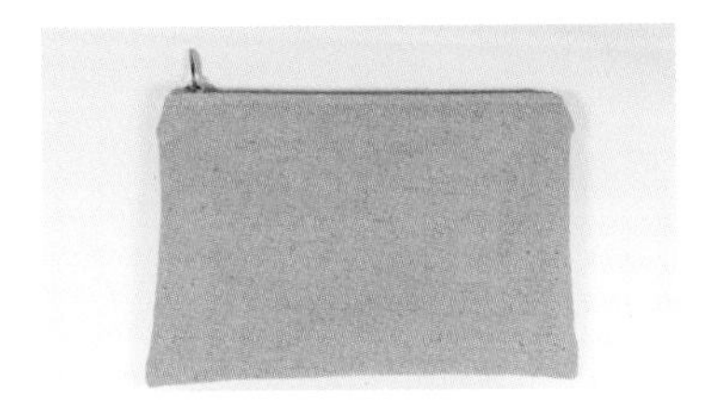

22 파우치 겉감을 완성했습니다.

파우치 안감 연결하기

01 안감은 겉감보다 가로 길이를 1cm 정도 작게 만들어 반으로 접어줍니다.

02 원단이 움직이지 않도록 시침핀으로 고정합니다.

03 양옆을 박음질해줍니다.

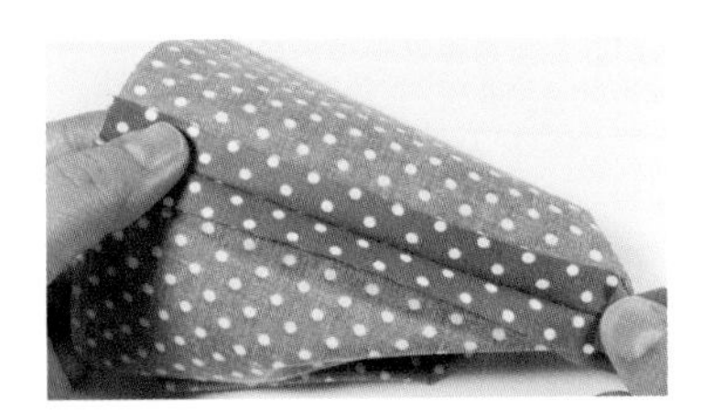

04 안감 양옆의 시접은 가름솔로 정리합니다.

05 윗부분 시접은 바깥쪽으로 접어줍니다.

06 겉감 안쪽에 안감을 그대로 집어넣은 후 겉 안감의 옆선이 만나는 부분을 맞춰 줍니다.

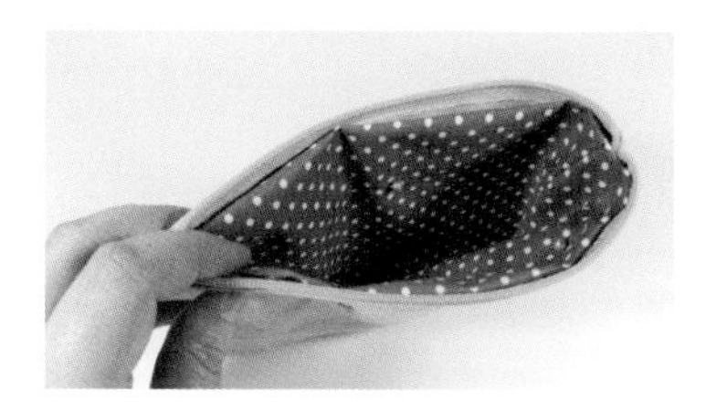

07 옆선을 기준으로 안감을 자리 잡아주고, 시침핀을 꽂아서 고정합니다.

08 바늘을 지퍼 면과 겉감 사이로 넣어 지퍼 연결선 위로 빼냅니다.

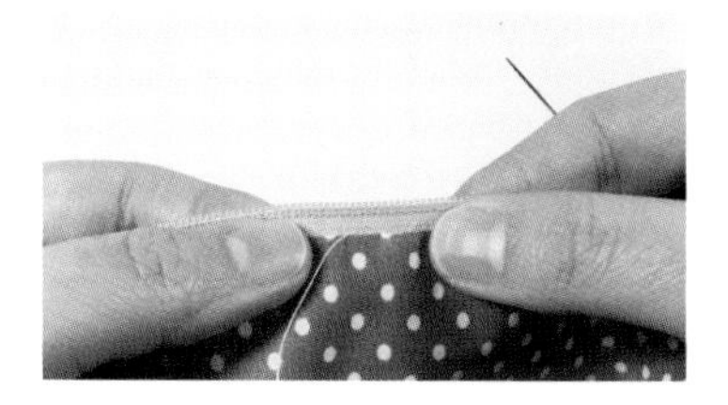

09 지퍼 연결선이 숨겨지도록 바로 위에 공그르기를 해줍니다.

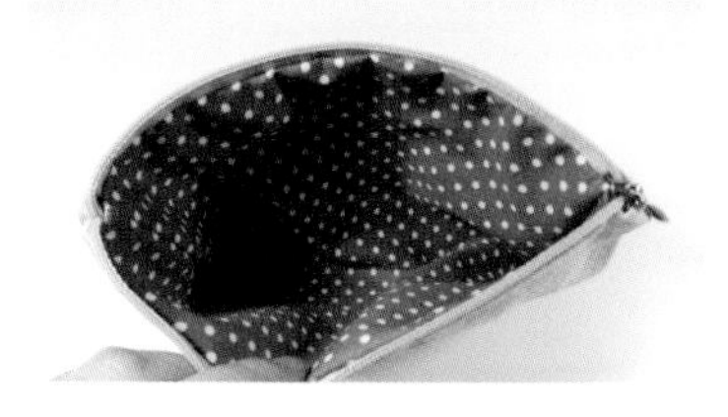

10 안감이 너무 올라가면 지퍼를 열고 닫을 때 낄 수 있으니 적당히 여유를 두고 연결합니다.

• Chou Chou Aile •

Work

작품

• Earring •

볼륨 장미 귀걸이

준비

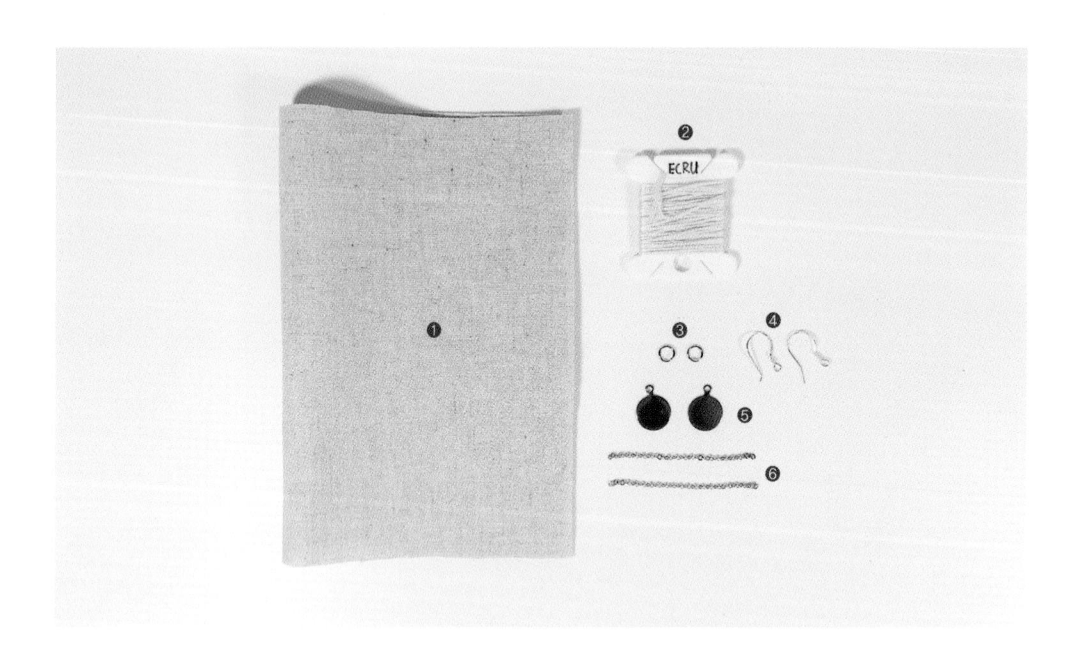

사용한 원단 ❶ 린넨

사용한 실 ❷ DMC 25번사 : ECRU

사용한 재료 ❸ 오링(4mm) 2개, ❹ 귀걸이 훅 2개, ❺ 원판 금속 모티브(12mm) 2개,
❻ 동체인 화이트(폭 약 1.4mm, 길이 5cm) 2개

사용한 도구 수틀, 손바늘, 퀼팅실(내추럴), 쪽가위 또는 자수 가위, 일반 가위, 자수용 수성펜,
오링반지, 글루건, 롱로우즈

도안

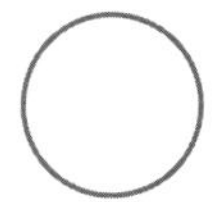

How to make

01 ECRU 실을 1m 65cm 길이로 잘라서 반으로 접고, 한 번 더 반으로 접어줍니다.

02 겹쳐준 실의 끝부분을 왼손으로 잡고 반대쪽 고리 부분을 오른손 집게손가락에 걸어줍니다(P. 58, 트위스트 롤 기법 참조).

03 왼손은 움직이지 않고, 오른손 집게손가락을 한 방향으로 돌려 감습니다.

04 손가락이 쉽게 빠지지 않을 때까지 감아줍니다.

05 꼬임이 풀리지 않도록 주의하면서 왼쪽 끝부분에 맞대어 잡아줍니다.

06 실을 잡고 있던 오른손을 놓으면 실이 꼬아집니다.

07 왼손으로 잡고 있던 부분을 매듭지어 줍니다.

08 꼬임을 정돈합니다.

09 매듭 부분을 5mm 정도 남기고 실을 자릅니다.

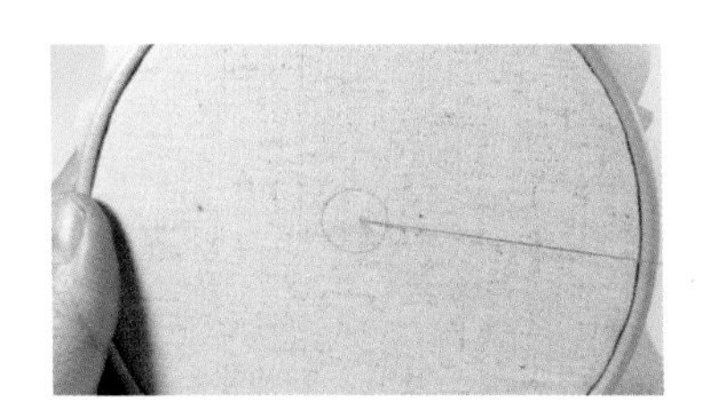

10 원단을 수틀에 끼우고 동그랗게 도안을 그린 뒤 바늘에 퀼팅실을 끼우고 한 땀 수놓아줍니다.

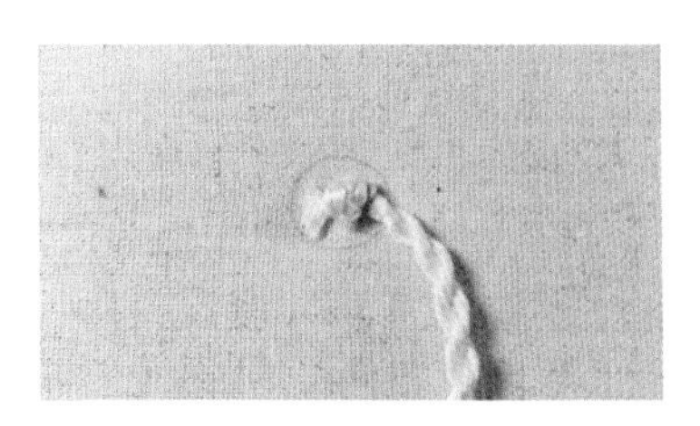

11 도안 중심에 매듭 부분을 꿰매서 고정합니다.

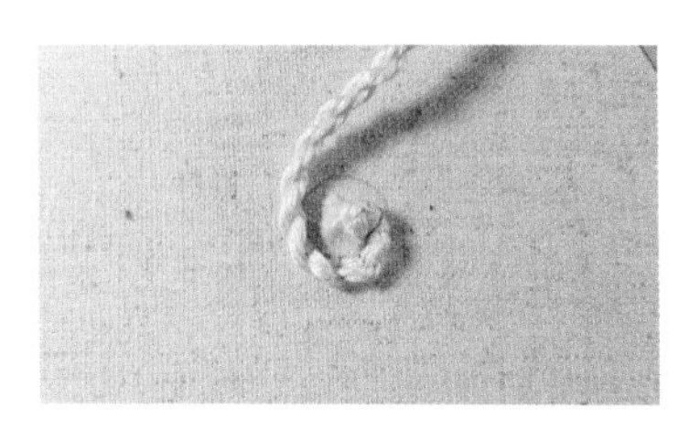

12 도안선을 따라 꼰실을 동그랗게 말아주고 꼬임 사이에 바늘을 통과시켜 원단에 꿰매어 고정합니다.

How to make

13 두 바퀴째부터 점차 봉긋하게 위로 올라오게 하여 쾌매어 고정시킵니다.

14 마지막 고리 부분으로 실을 뺀 후 원단 뒷면에서 매듭지어 마무리합니다(P. 58, 트위스트 롤 기법 참조).

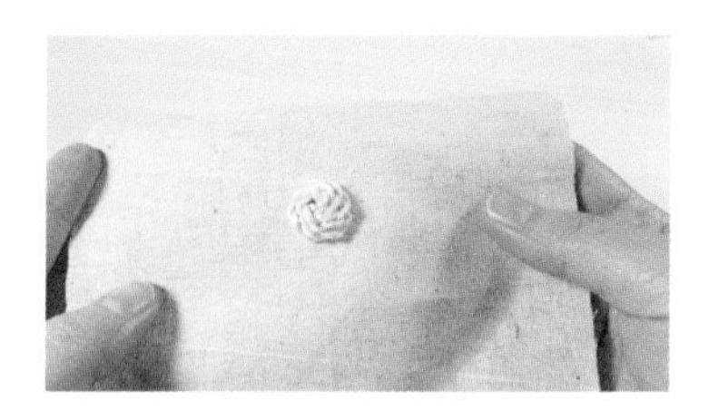

15 원단을 수틀에서 분리합니다.

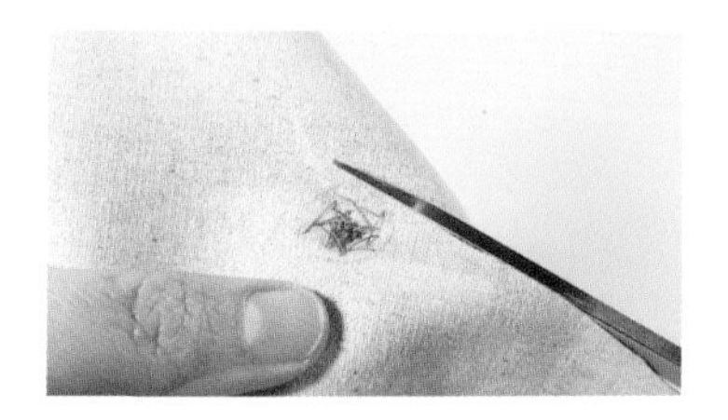

16 뒷면에 수성펜으로 동그랗게 원을 그리고 가위로 잘라주는데, 이때 수놓은 실이 잘리지 않도록 조심해서 자릅니다.

17 수놓은 뒷면 원단을 조심스레 잘라서 수놓은 부분을 분리합니다.

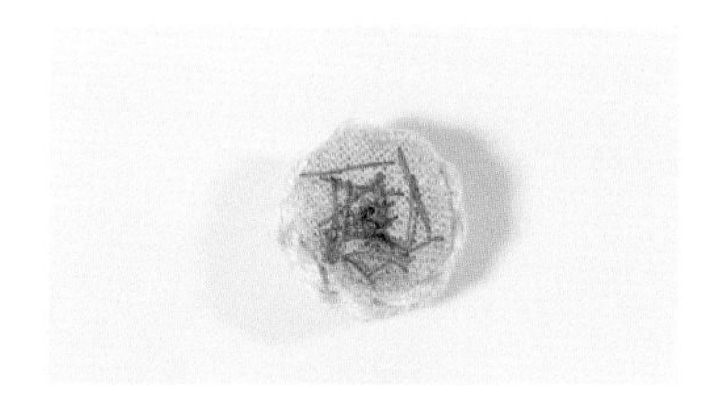

18 자른 뒷면의 모습입니다.

19 뒷면에 글루건을 쏘아줍니다.

20 글루건을 바른 곳에 원판 금속 모티브를 붙여줍니다.

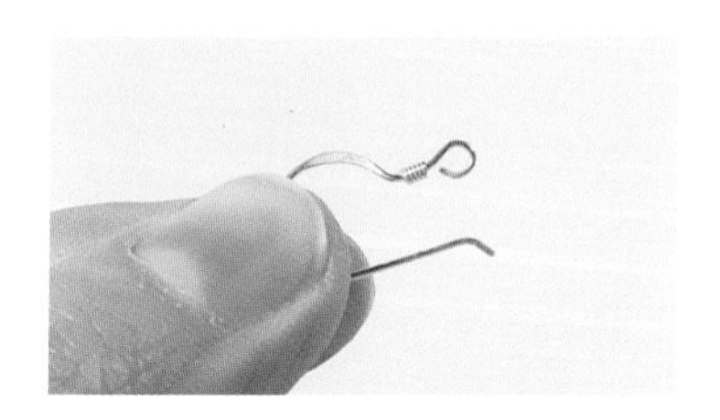

21 귀걸이 훅을 준비합니다.

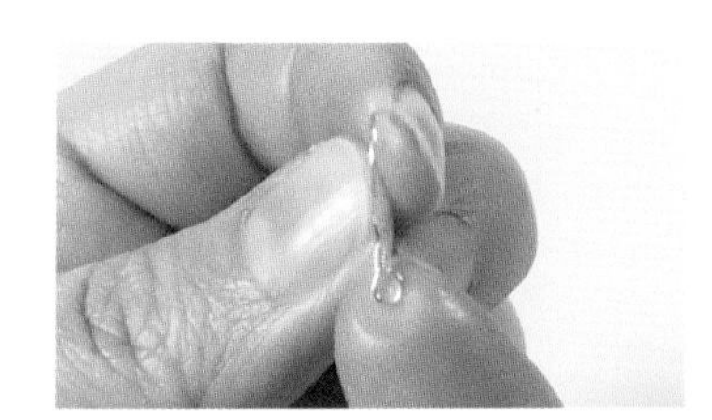

22 귀걸이 훅의 연결 구멍을 정면을 바라보게 민자집게나 롱로우즈로 잡고 돌려줍니다.

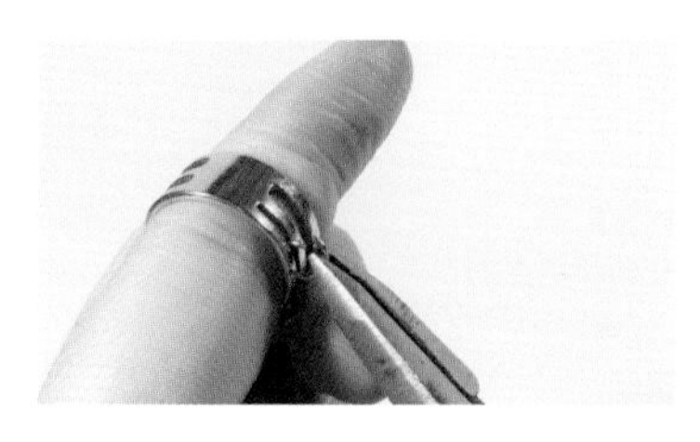

23 오링을 오링반지 홈에 끼워 벌려줍니다(사용할 오링의 두께에 맞는 홈에 끼워서 벌립니다).

24 오링에 체인을 걸어줍니다.

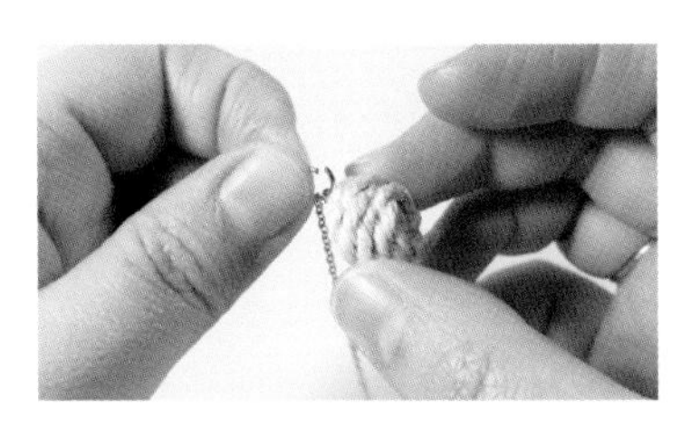

25 볼륨 장미를 걸어줍니다.

26 귀걸이 훅의 연결 구멍에 오링을 걸어줍니다.

27 오링반지에 오링을 끼워 벌어진 부분을 닫아줍니다.

28 귀걸이 한쪽이 완성되었습니다.

29 나머지 한쪽도 완성하여 볼륨장미 귀걸이 한 쌍을 완성해주세요.

• Earring •

꽃 귀걸이

준비

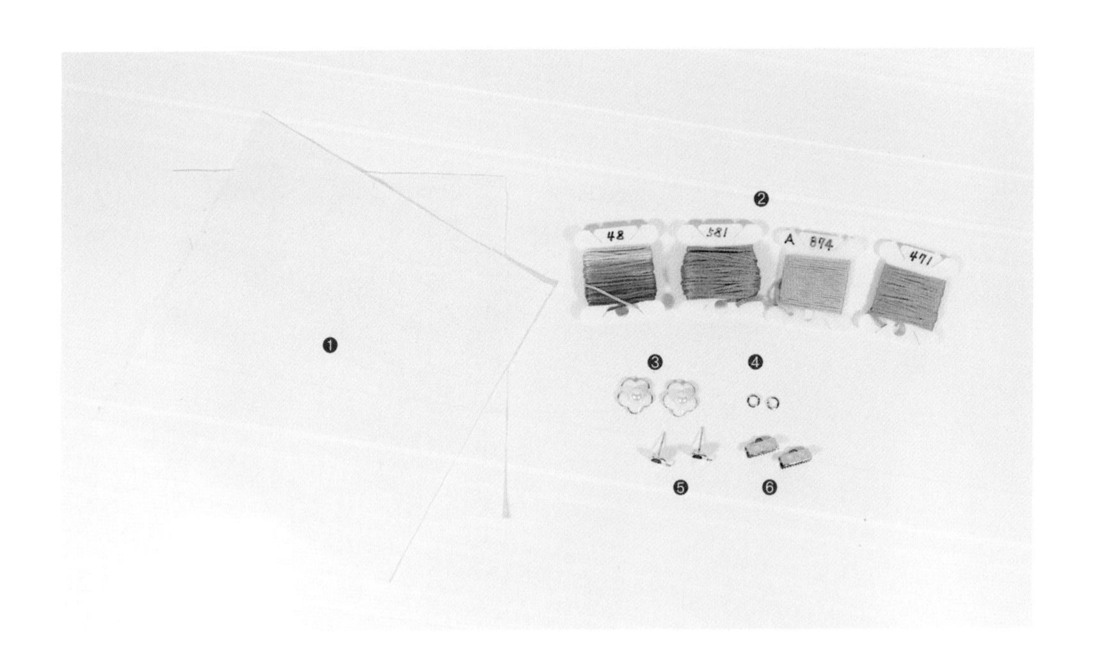

사용한 원단 ❶ 백아이보리 11수 린넨(15×15cm) 2장

사용한 실 ❷ DMC 25번사 : 48, 581, 471
앵커 25번사 : 874

사용한 재료 ❸ 꽃 모양 금속 파츠(약 1.5cm) 2개, ❹ 오링(4mm) 2개, ❺ 한고리 컵 포스트(8mm) 2개, ❻ 레이스캡(약 13mm) 2개

사용한 도구 수틀, 자수 바늘, 트레이싱지, 수용성 먹지, 셀로판 종이, 자수용 수성펜, 도안펜, 자수 가위 또는 쪽가위, 일반 가위, 글루건, 오링반지, 민자 집게, 면봉

도안

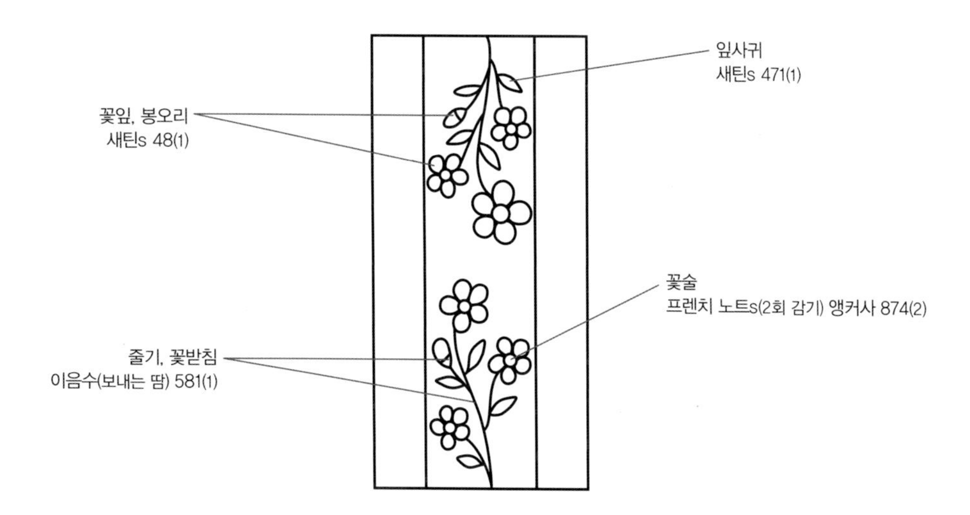

도안 설명은 스티치→실 번호→(실의 가닥 수)로 표기했습니다.
예) 불리온 로즈s 349(3) : 349번 실 3가닥으로 불리온 로즈 스티치를 합니다.

How to make

01 원단에 도안을 그리고 수틀에 끼웁니다.

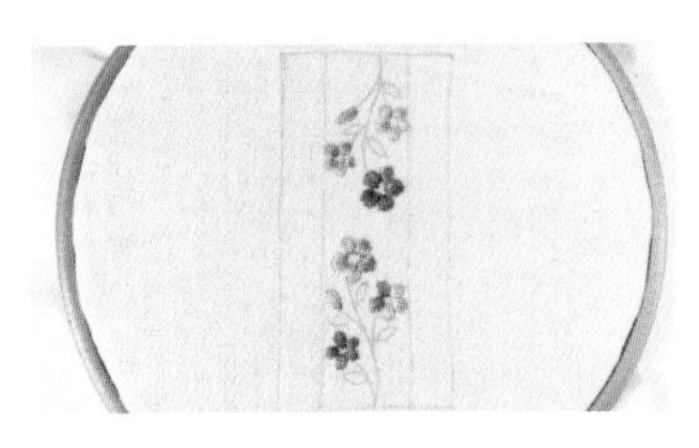

02 48번 실 1가닥으로 꽃잎을 전부 새틴 스티치로 수놓아줍니다.

03 581번 실 1가닥으로 줄기를 이음수(보내는 땀)로 수놓습니다(P. 34, 이음수 보내는 땀 기법 설명 참조).

04 581번 실 1가닥으로 봉오리 아래 3땀을 스트레이트 스티치로 수놓아 꽃받침을 수놓고

05 581번 실 1가닥으로 줄기를 모두 이음수(보내는 땀)로 수놓아줍니다.

06 471번 실 1가닥으로 잎사귀를 새틴 스티치로 수놓습니다(P. 43, 잎사귀 수놓는 방법 1 참조).

07 874번 실 2가닥으로 프렌치 노트 스티치(2회 감기)로 꽃술을 모두 수놓아줍니다.

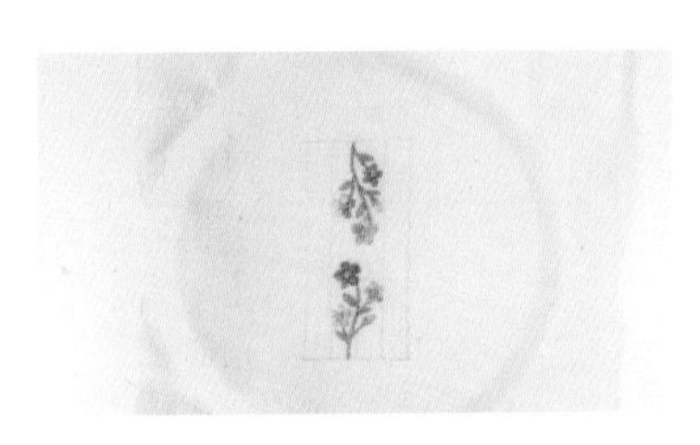

08 수틀에서 원단을 분리합니다.

09 가위로 테두리를 자릅니다.

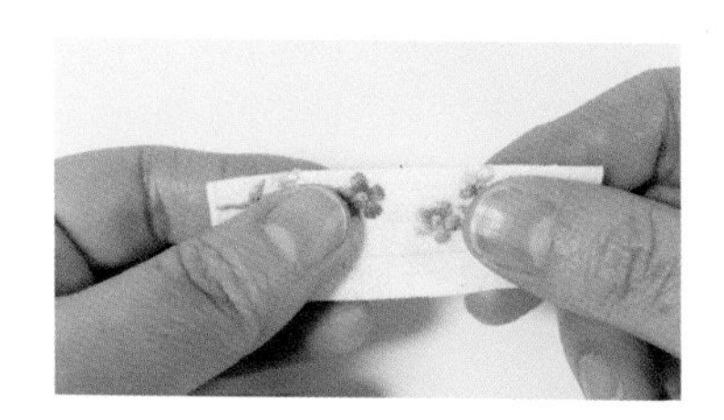

10 테두리 안쪽 선을 접은 후 손톱으로 눌러 손다림질을 해줍니다.

11 양쪽 모두를 손다림질로 접어주세요.

12 반을 접어줍니다.

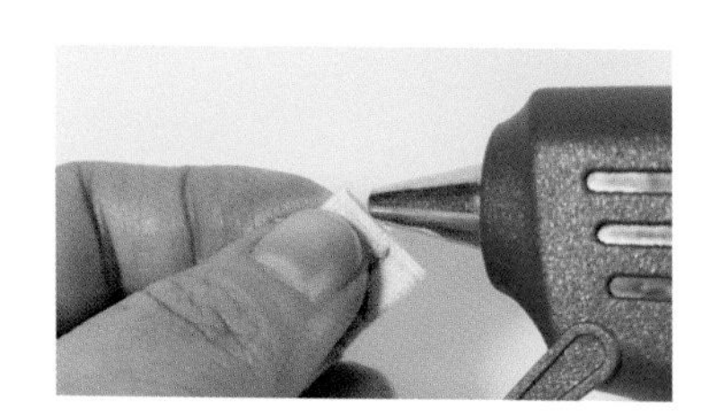

13 끝부분에 글루건을 쏘아주고

14 그 위에 레이스캡을 씌운 후

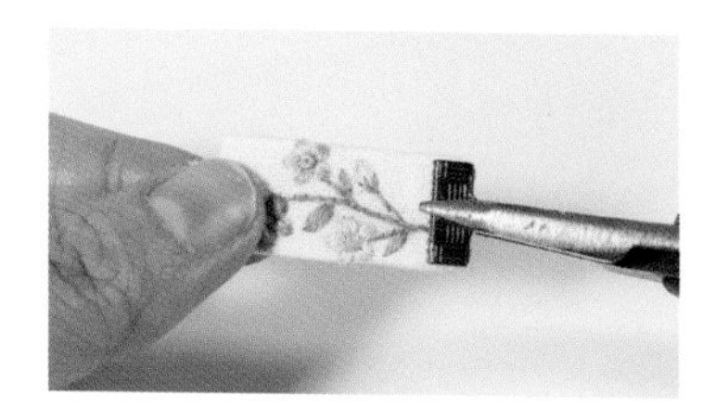

15 민자집게로 레이스캡을 눌러 단단하게 고정시킵니다.

16 수를 놓고 레이스캡을 씌운 모습입니다.

17 꽃 모양 금속 파츠 뒷면에 글루건을 쏘아줍니다.

18 글루 위에 한고리 컵 포스트 귀걸이 침을 붙여 고정합니다.

How to make

19 금속 파츠 아래로 고리가 생겼습니다.

20 오링을 오링반지에 끼워서 열어줍니다.

21 금속 파츠 고리에 오링을 걸어주고

22 오링에 캡을 씌운 꽃 자수 장식을 걸어줍니다.

23 오링반지를 이용해 오링을 닫아줍니다.

24 면봉에 물을 묻혀 도안선을 지웁니다.

25 꽃 귀걸이 한쪽이 완성되었습니다.

26 나머지 한쪽도 완성해주세요.

• Bangle •

장미 넝쿨 팔찌

준비

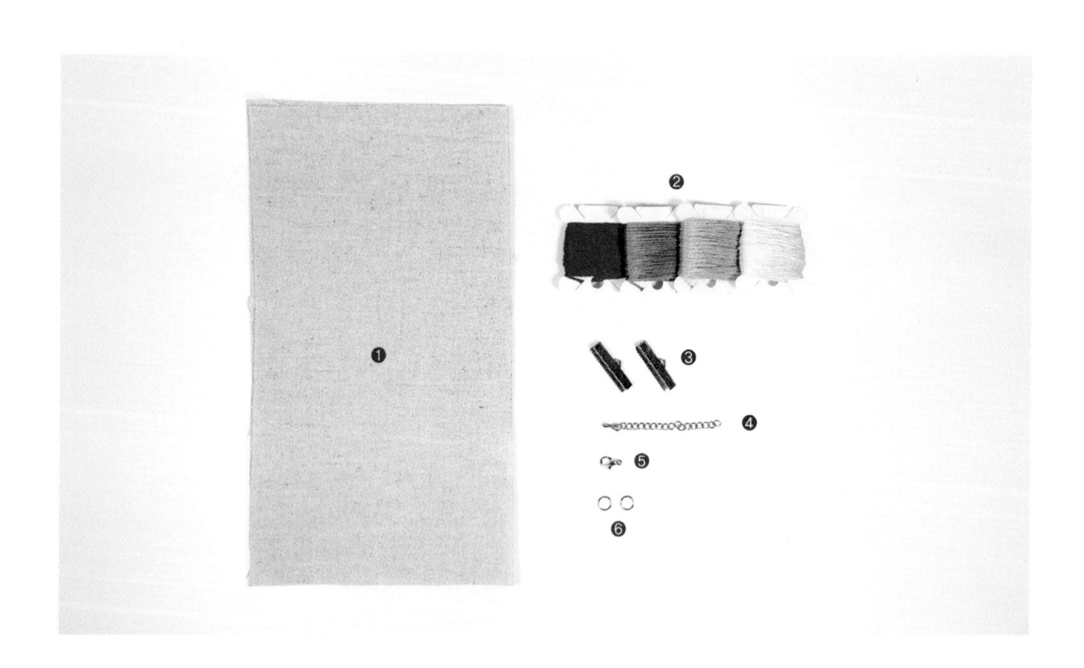

사용한 원단 ❶ 내추럴 11수 린넨(12×21cm) 2장

사용한 실 ❷ DMC 25번사 : 349, 581, 712, 3348

사용한 재료 ❸ 레이스캡(2.5cm) 2개, ❹ 연결장식 체인 1개, ❺ 연결장식 고리(랍스터 연결장식) 1개, ❻ 오링(6mm) 2개

사용한 도구 수틀, 자수 바늘, 손바늘, 불리온 자수 바늘, 퀼팅실(내추럴), 도안펜, 수용성 먹지, 트레이싱지, 셀로판 종이, 자수용 수성펜, 쪽가위 또는 자수 가위, 일반 가위 또는 재단 가위, 겸자 가위, 오링반지, 글루건, 민자 집게, 면봉

도안

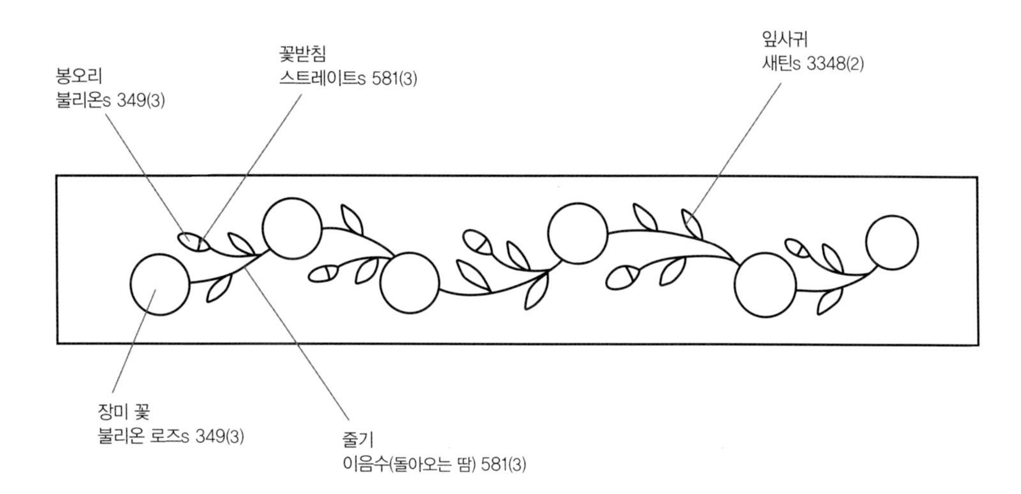

도안 설명은 스티치→실 번호→(실의 가닥 수)로 표기했습니다.
예) 불리온 로즈s 349(3) : 349번 실 3가닥으로 불리온 로즈 스티치를 합니다.

How to make

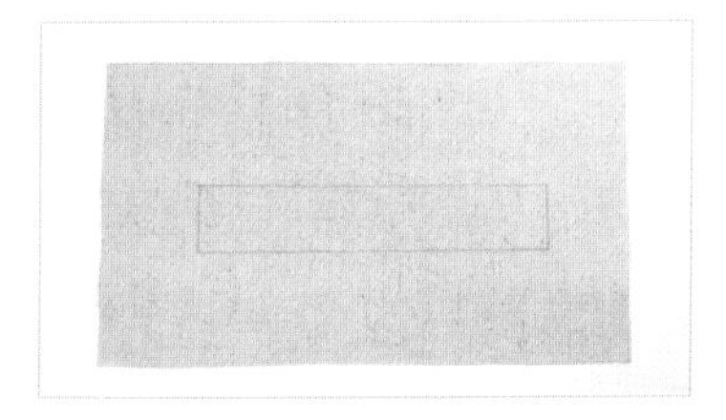

01 원단 위에 테두리를 그려줍니다.

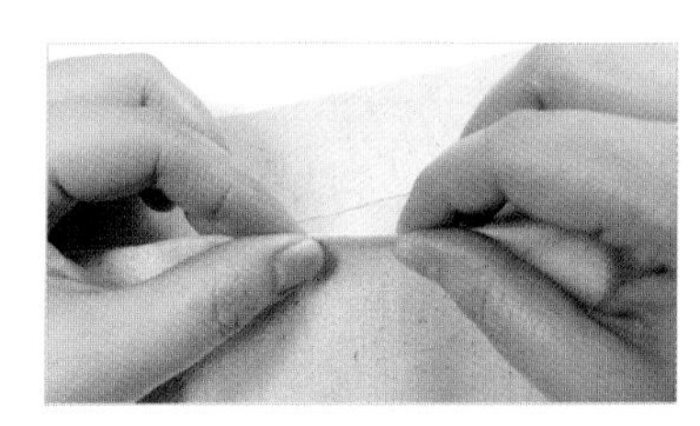

02 테두리 선을 따라 접은 후 손톱으로 눌러 손다림질을 해줍니다.

03 원단을 뒤집으면 손다림질 선이 보입니다.

04 손다림질 선 안쪽에 장미 넝쿨 도안을 그려주고

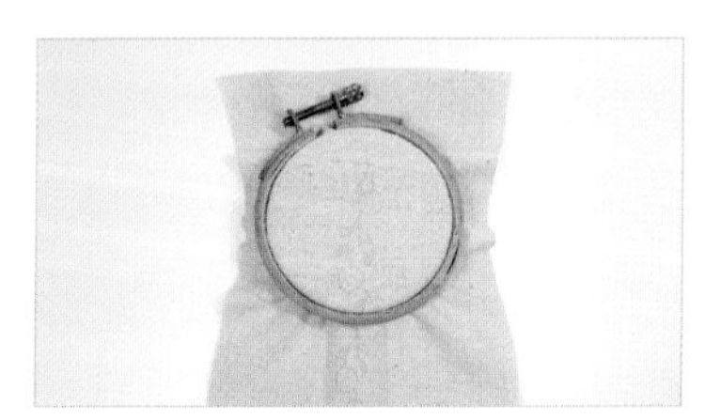

05 수틀에 원단을 끼웁니다.

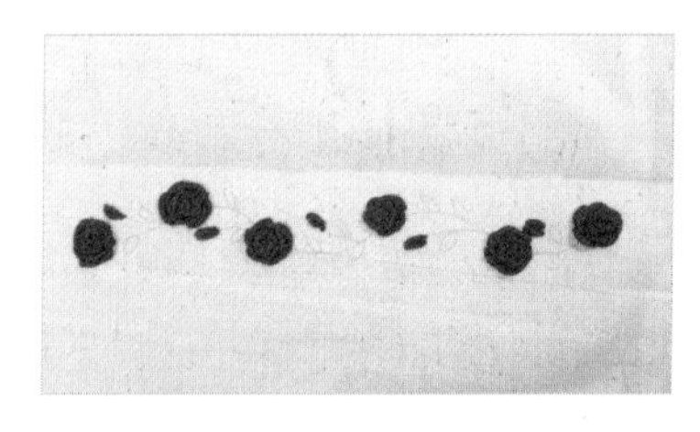

06 349번 실 3가닥으로 장미꽃을 불리온 로즈 스티치로 수놓고, 봉오리는 불리온 스티치로 2개씩 수놓습니다.

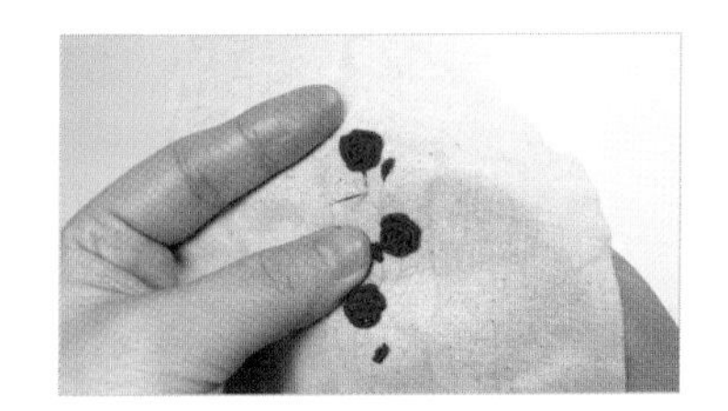

07 581번 실 3가닥으로 줄기를 이음수(돌아오는 땀)로 수놓아줍니다(P. 34, 이음수 기법 설명 참조).

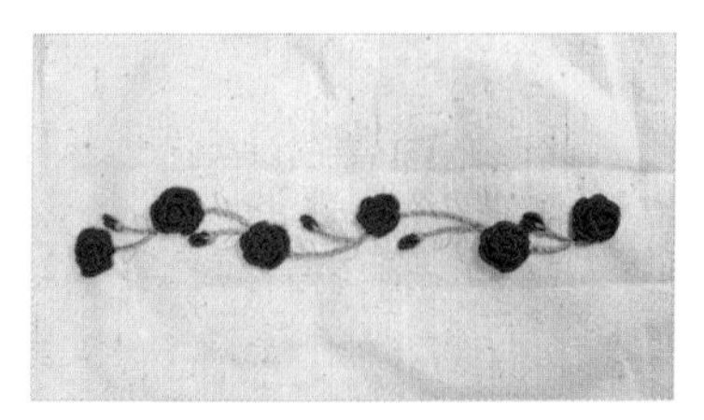

08 581번 실 3가닥으로 봉오리 아랫부분에 스트레이트 스티치를 3땀 놓아 꽃받침을 수놓아주고, 이음수(돌아오는 땀)로 줄기를 수놓아주세요.

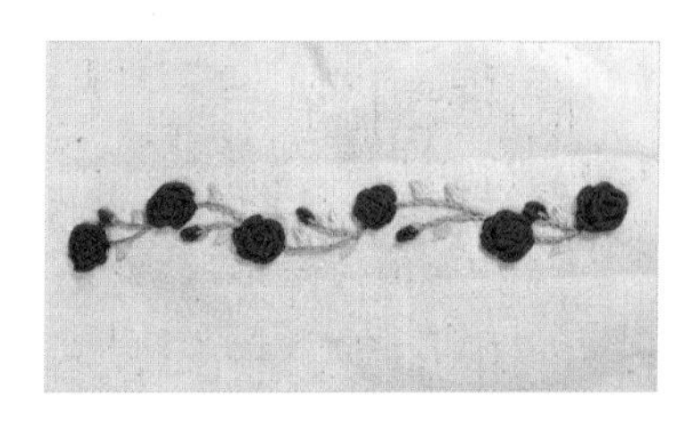

09 3348번 실 2가닥으로 잎사귀를 새틴 스티치로 수놓습니다(P. 43, 잎사귀 수놓는 방법 1 참조).

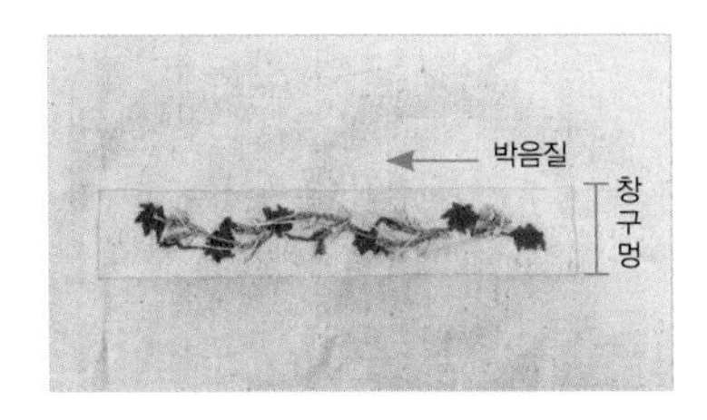

10 수놓은 뒷면을 위로 하고 나머지 원단 한 장과 겹쳐준 후 사진에 표시한 부분을 창구멍으로 남겨두고 화살표 방향으로 테두리를 박음질합니다.

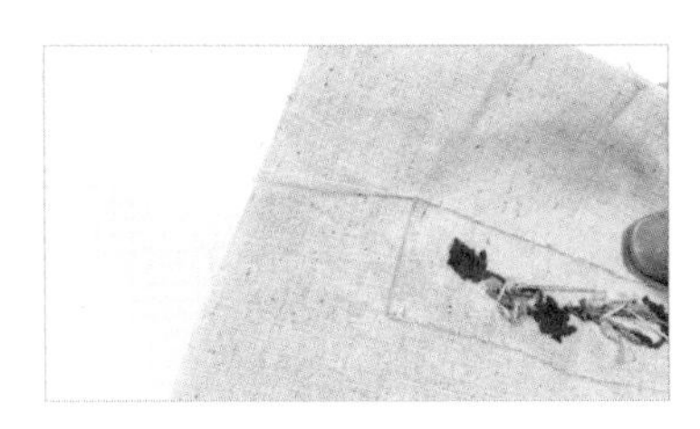

11 박음질이 끝나면 실을 매듭짓거나 자르지 않고 그대로 둡니다.

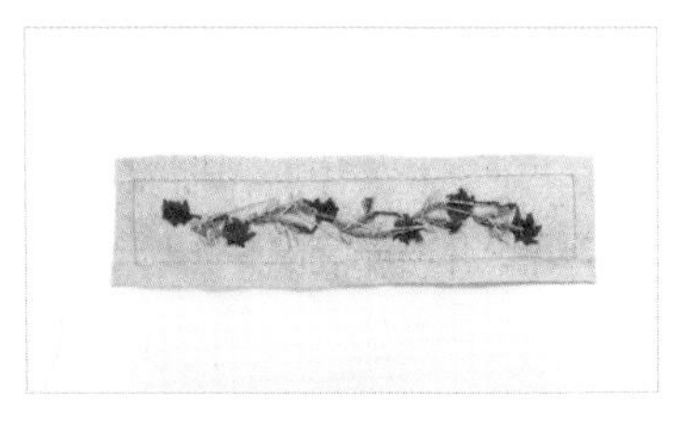

12 5~7mm 정도 시접을 남기고 테두리를 자릅니다. 박음질하고 남겨놓은 실이 잘리지 않도록 조심해서 자릅니다.

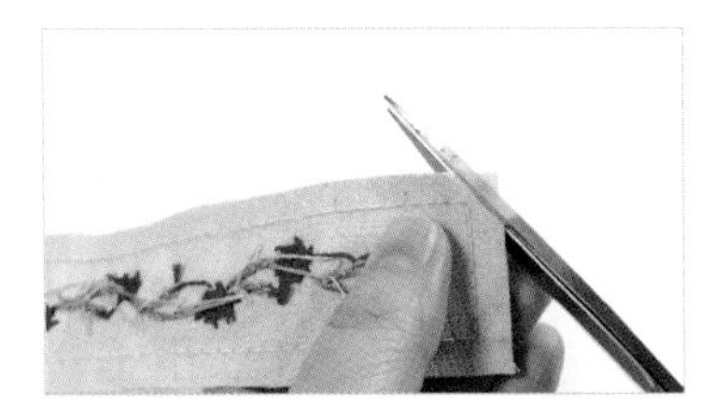

13 모서리 부분을 테두리 선에서 1mm 정도 띄우고 사선으로 자릅니다.

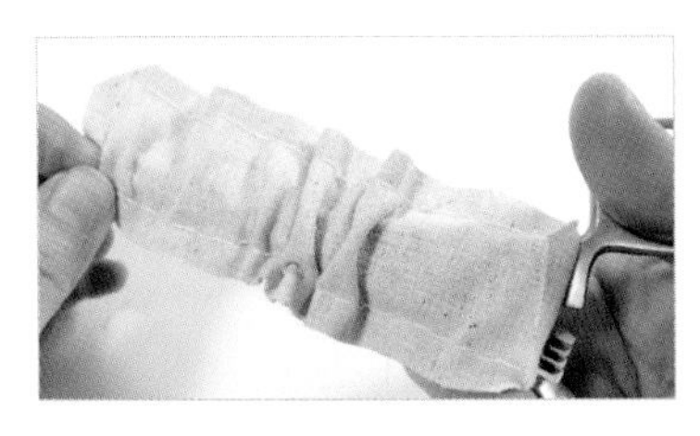

14 겸자 가위를 이용해 원단을 뒤집어줍니다.

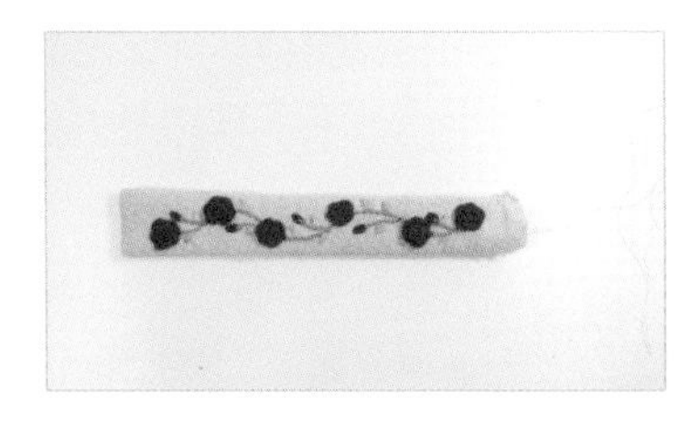

15 모서리 부분은 겸자 가위 끝이나 송곳 등과 같이 끝이 뾰족한 물건을 이용해 다듬습니다.

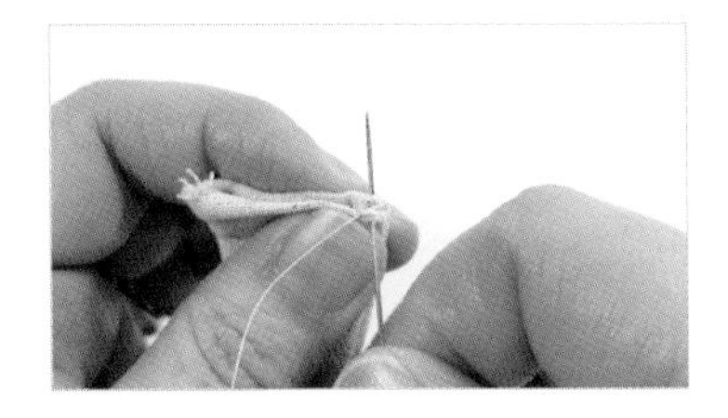

16 박음질하고 남겨놓았던 실에 바늘을 끼워 공그르기로 창구멍을 막아줍니다.

17 테두리 1mm 정도를 수성펜으로 선을 긋고 712번 실 2가닥으로 홈질(러닝 스티치)로 상침해줍니다.

18 상침이 끝나면 수성펜으로 그려놓은 도안선들을 면봉에 물을 묻혀 지워줍니다.

How to make

19 물기가 어느 정도 마르면 원단 끝에 글루건을 쏘아주고

20 레이스캡을 씌운 후 민자집게로 골고루 눌러서 고정해줍니다.

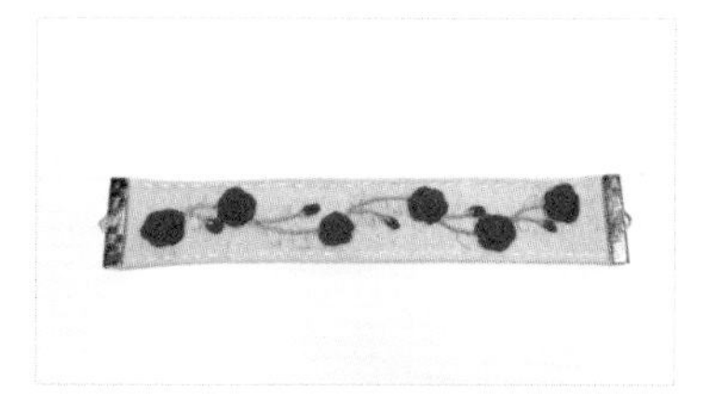

21 양쪽 끝 모두 레이스캡을 씌워서 고정합니다.

22 오링반지를 이용해 오링을 열어주고

23 레이스캡 고리에 오링을 끼운 후 연결 장식 체인을 끼워서 오링을 닫아줍니다.

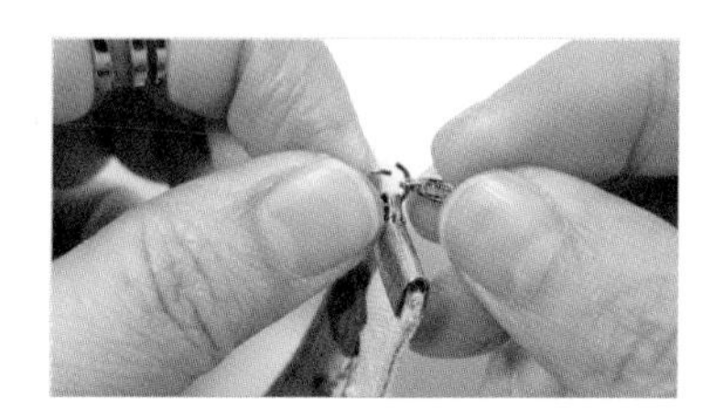

24 반대쪽에는 레이스캡에 오링과 연결 장식 고리를 끼우고 오링을 닫아줍니다.

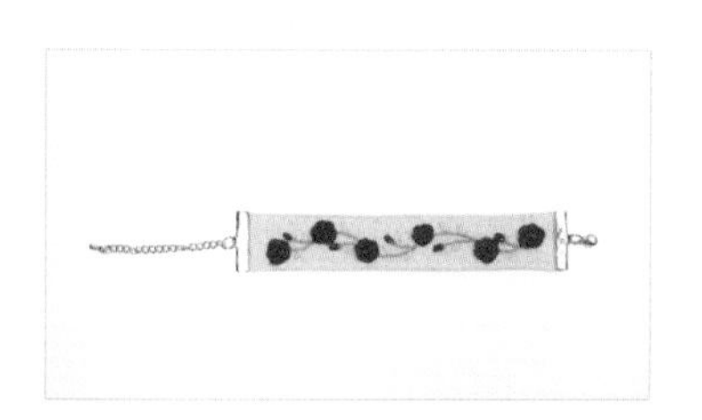

25 장미 넝쿨 팔찌가 완성되었습니다.

• **Bangle** •

비즈 잎사귀 팔찌

준비

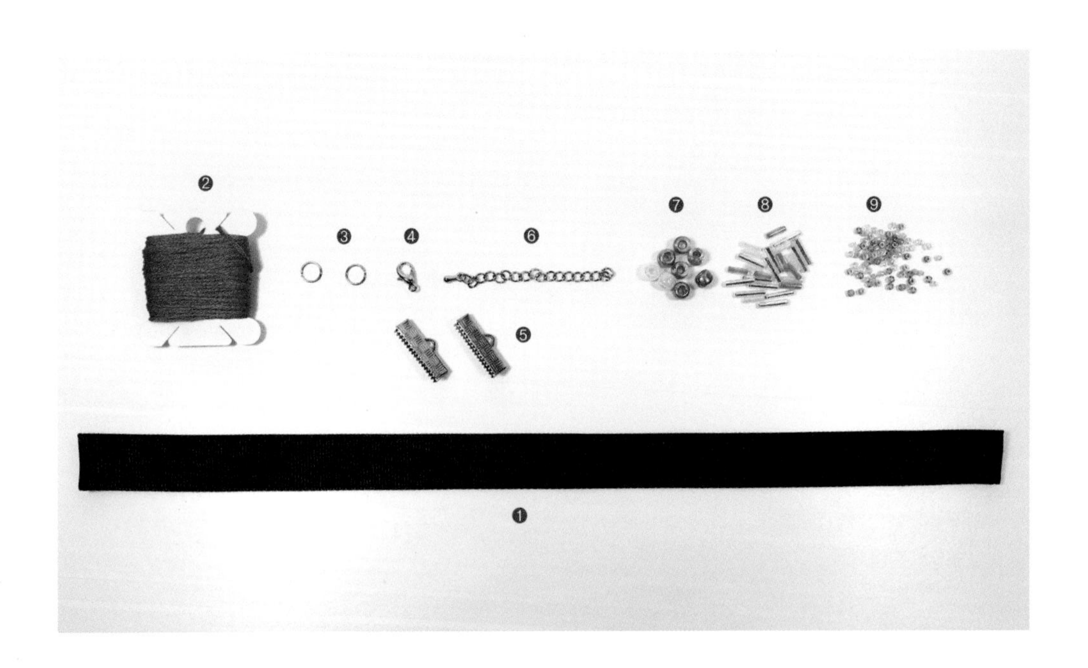

사용한 원단 ❶ 검은색 골지 리본(너비 1.5cm, 길이 28cm) 1개

사용한 실 ❷ DMC 25번사 : 602

사용한 재료 ❸ 오링(4mm) 2개, ❹ 연결장식 고리(랍스터 연결장식) 1개, ❺ 레이스캡(2cm) 2개, ❻ 연결장식 체인 1개, ❼ 비즈(약 5mm) 약간, ❽ 막대비즈 약간, ❾ 시드비즈(약 2mm) 약간

사용한 도구 자수 바늘, 비즈 바늘, 시침핀, 퀼팅실(검은색), 오링반지, 민자 집게, 흰색 초크펜이나 열펜, 글루건

How to make

01 너비 1.5cm 검은색 골지 리본을 28cm로 자른 후 양쪽 끝부분을 라이터로 열처리한 후 반으로 접어줍니다.

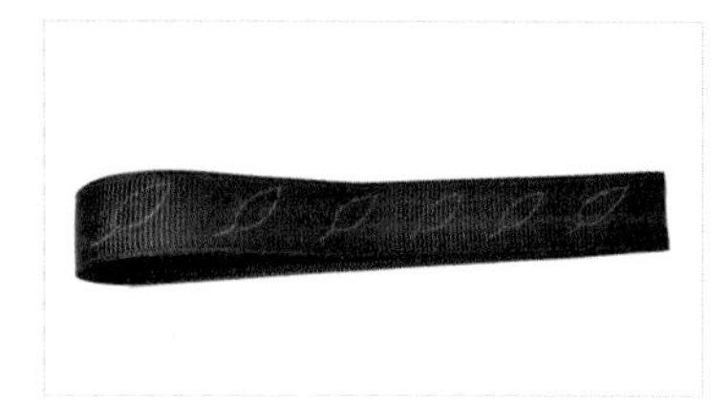

02 접은 리본 반쪽에 흰색 초크펜이나 열펜으로 나뭇잎을 그립니다. 도안이 따로 없으므로 직접 나뭇잎을 간단하게 그려주세요. 나뭇잎이 반듯하거나 간격이 일정하지 않아도 됩니다.

03 602번 실 2가닥으로 잎사귀를 피시본 스티치로 수놓습니다. 줄기는 이음수(P. 35, 돌아오는 땀)로 수놓아주세요.

04 잎사귀 6개를 전부 수놓아줍니다.

05 리본을 시침핀으로 고정합니다.

06 비즈 바늘에 퀼팅실을 1m 길이로 잘라 끼워 매듭지은 후 접은 리본 테두리 안쪽에 바늘을 찔러 넣어 매듭이 보이지 않게 합니다.

07 리본 뒤쪽에서 앞으로 바늘을 찔러 넣습니다.

08 실을 끝까지 당기지 말고 실 고리를 만들어 바늘을 끼운 후 당겨줍니다.

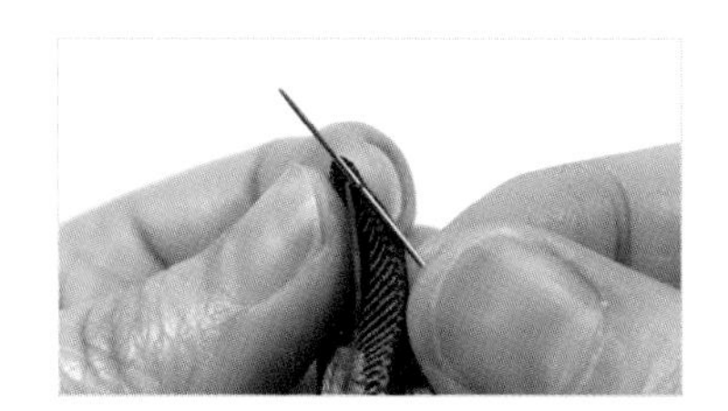

09 바늘을 실 사이에 끼우고

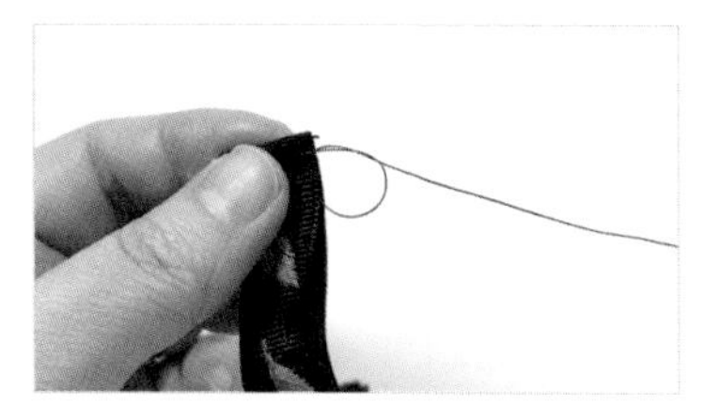

10 한 번 더 실 고리를 만들어 바늘을 끼워 당겨줍니다.

11 리본 끝에서 5mm 정도 떨어진 지점부터 블랭킷 스티치를 시작합니다(P. 42, 블랭킷 스티치 참조).

How to make

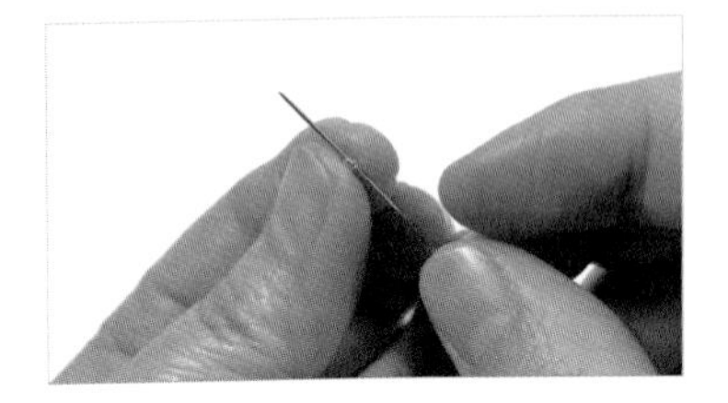

12 시드비즈나 막대비즈 등 원하는 비즈를 바늘에 끼웁니다.

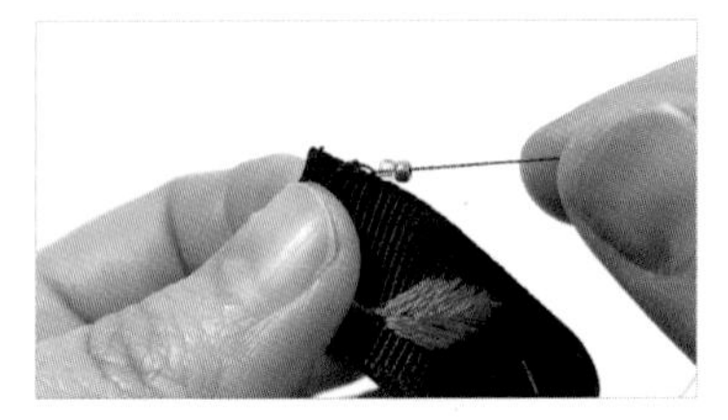

13 비즈를 실 끝까지 끼웁니다. 1개만 끼워도 되고 2~3개 더 끼워도 됩니다.

14 바늘을 리본 앞에서 뒤로 찔러 넣고 비즈가 연결된 실을 바늘 뒤로 걸어준 후 바늘을 잡아당겨 블랭킷 스티치를 합니다.

15 비즈가 연결되었습니다.

16 바로 옆으로 비즈를 끼우지 않고 블랭킷 스티치를 해줍니다. 비즈를 끼울 때 특별한 규칙은 없습니다. 비즈를 계속해서 끼우면서 스티치해도 되고, 한두 칸씩 블랭킷 스티치만 해준 뒤 비즈를 연결해도 됩니다.

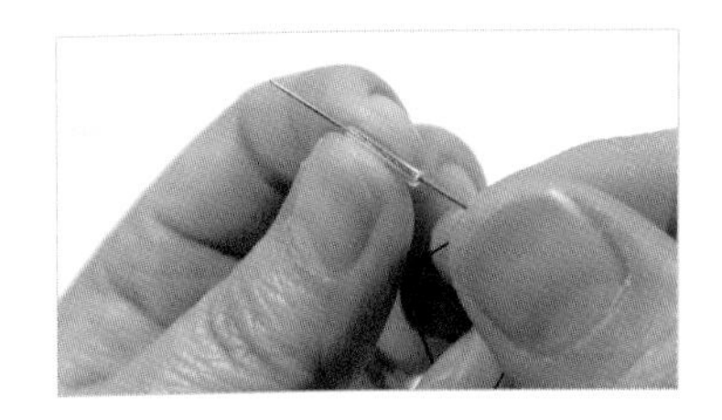

17 이번에는 막대비즈를 바늘에 끼우고

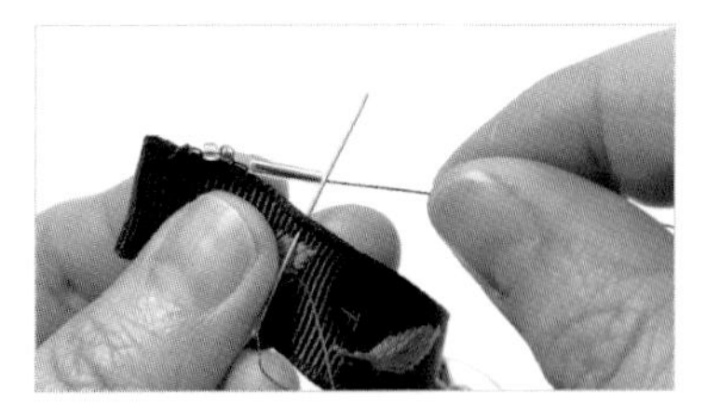

18 실 끝에 막대비즈를 놓고 블랭킷 스티치를 합니다.

19 자유롭게 원하는 비즈를 연결해줍니다.

20 비즈는 끝부분 0.5~1cm 전까지만 연결해주세요. 나머지는 블랭킷 스티치만 해주다가 끝부분을 3mm 정도 남기고 홈질합니다.

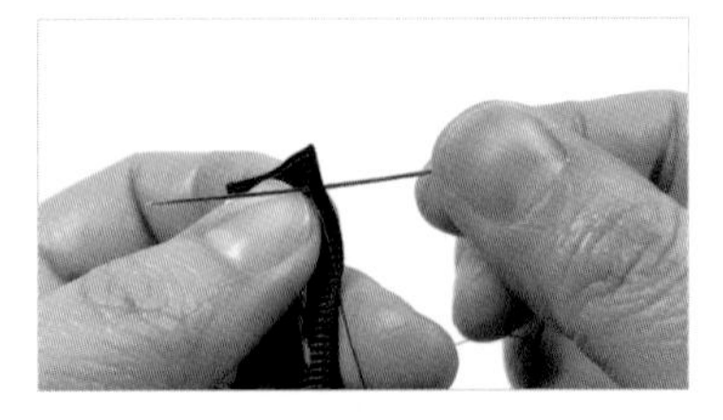

21 반대쪽도 처음 시작할 때와 마찬가지로 리본 뒤쪽에서 앞으로 바늘을 찔러 넣어 블랭킷 스티치해주며 비즈를 연결합니다.

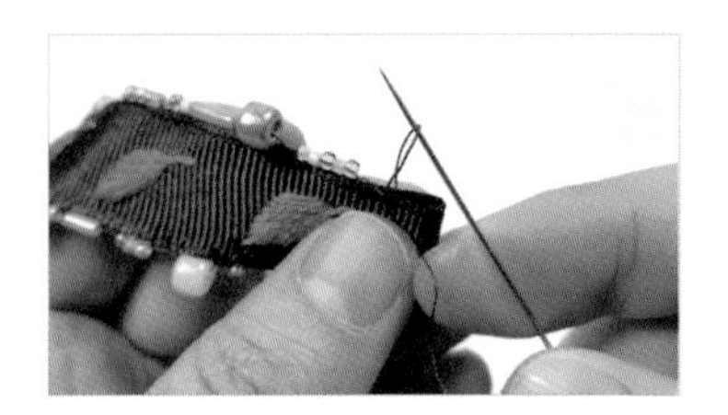

22 마지막 스티치한 윗면의 실에 바늘을 끼우고 실을 끝까지 당기지 말고 실 고리를 만들어 바늘을 끼운 후

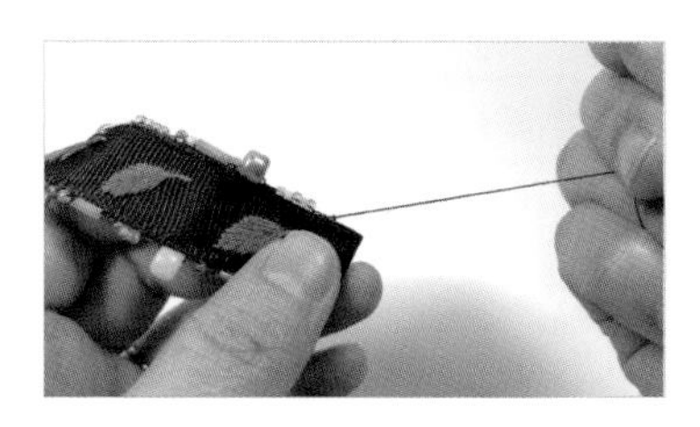

23 실을 당겨 매듭짓습니다.

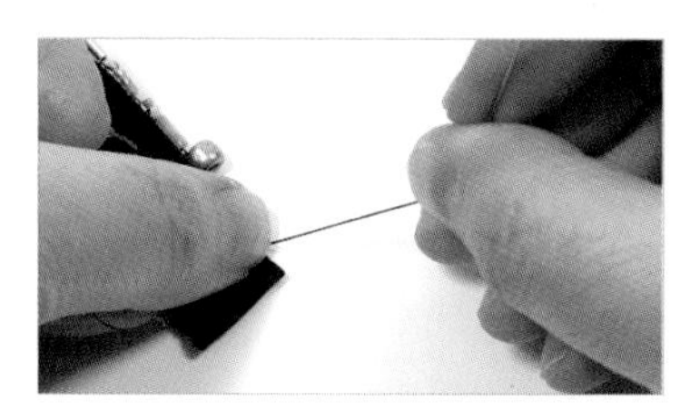

24 한 번 더 매듭지어 마무리합니다.

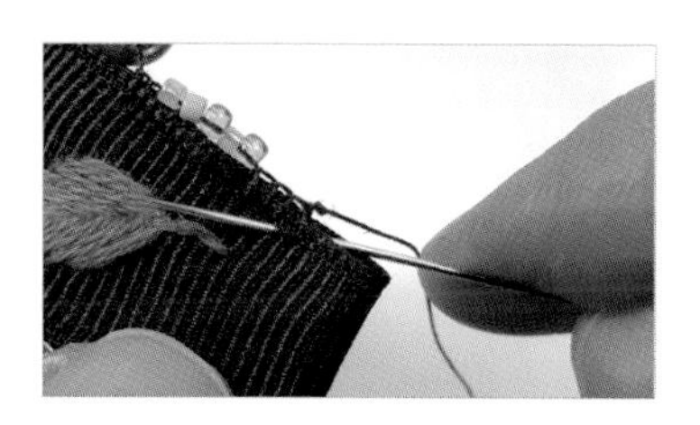

25 매듭 근처 리본 사이로 바늘을 넣어서 빼주고

26 실을 바짝 당겨 잘라서 마무리합니다.

27 리본에 비즈를 연결한 사진입니다.

28 리본 끝에 글루건을 쏘아주고

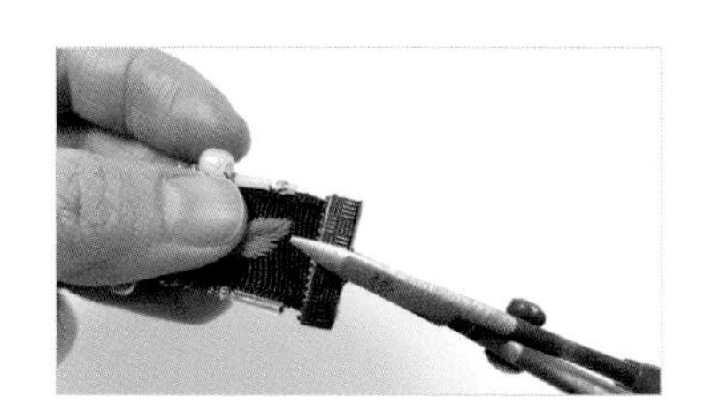

29 레이스캡을 씌운 후 민자 집게로 눌러서 고정합니다.

30 리본 양쪽에 레이스캡을 씌워줍니다.

31 오링을 레이스캡에 끼우고 연결장식 체인을 연결합니다.

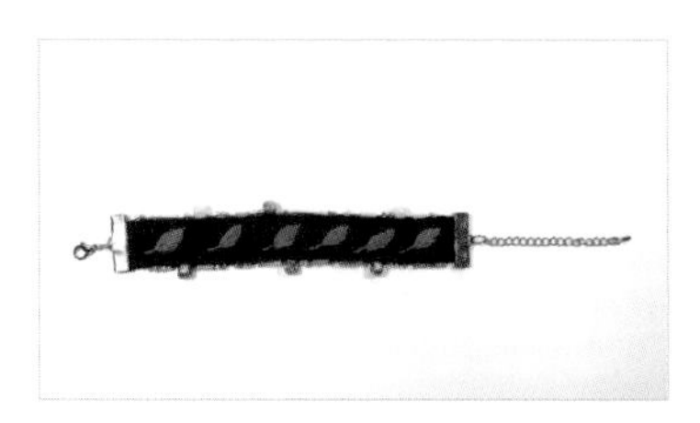

32 반대쪽 레이스캡에는 오링과 연결장식 고리를 연결하여 완성합니다.

• Bangle •

들꽃 체인 팔찌

준비

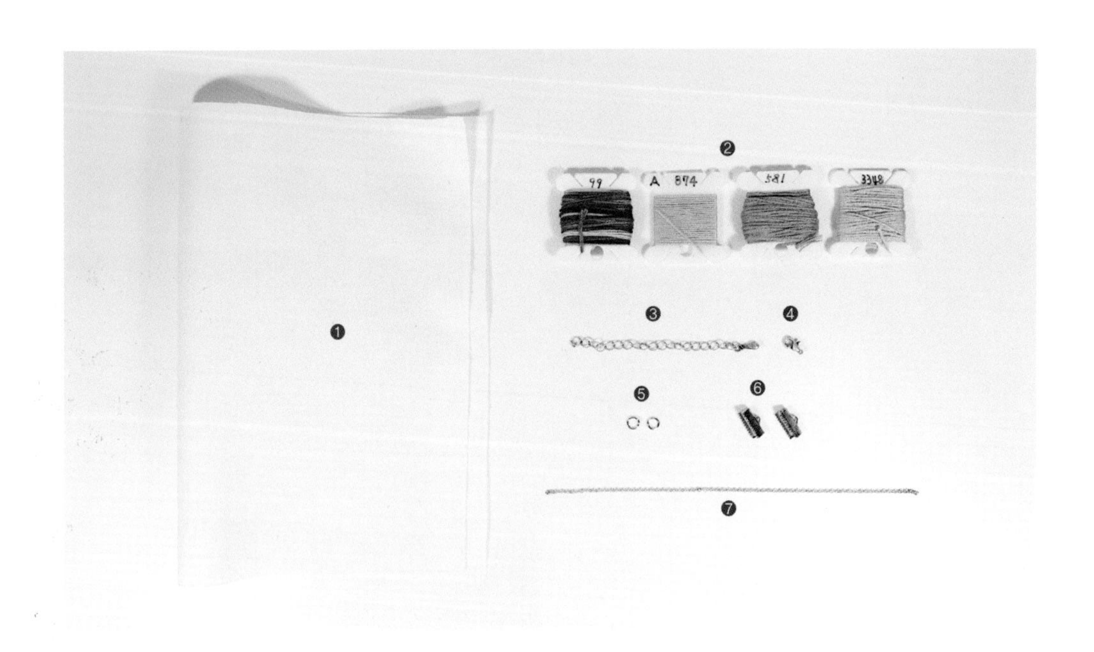

사용한 원단 ❶ 11수 린넨 백아이보리(20×25cm) 1장

사용한 실 ❷ DMC 25번사 : 99, 581, 3348
앵커 25번사 : 874

사용한 재료 ❸ 연결장식 체인 1개, ❹ 연결장식 고리(랍스터 연결장식) 1개, ❺ 오링(4mm) 2개,
❻ 레이스캡(13mm) 2개, ❼ 동체인 화이트(폭 약 1.4mm, 16cm) 1개

사용한 도구 수틀, 자수 바늘, 손바늘, 퀼팅실(내추럴), 도안펜, 자수용 수성펜, 트레이싱지,
수용성 먹지, 셀로판 종이, 쪽가위 또는 자수 가위, 재단 가위 또는 일반 가위, 글루건,
오링반지, 롱로우즈, 면봉

도안

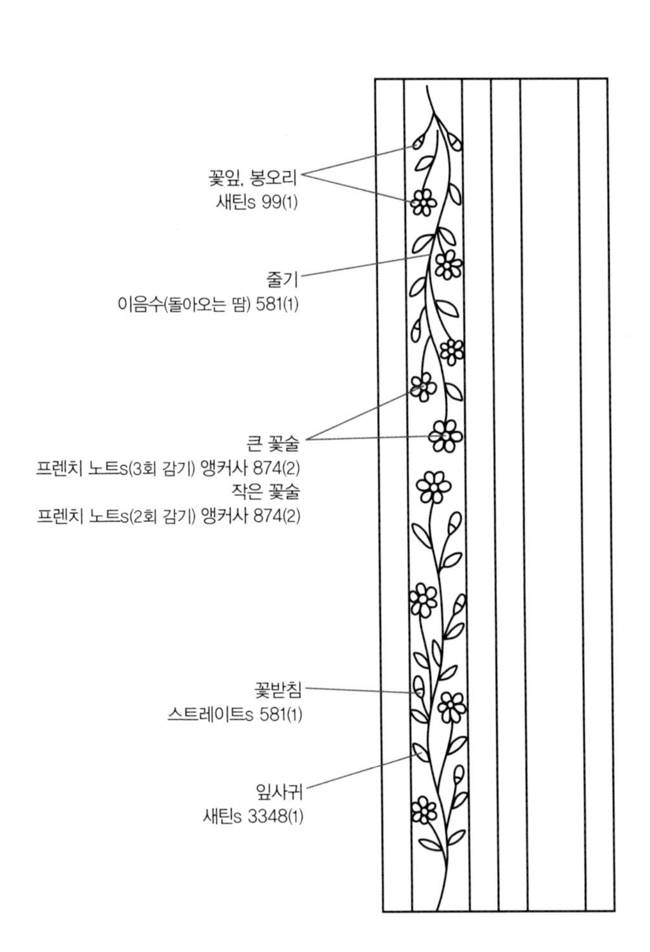

도안 설명은 스티치→실 번호→(실의 가닥 수)로 표기했습니다.
예) 불리온 로즈s 349(3) : 349번 실 3가닥으로 불리온 로즈 스티치를 합니다.

How to make

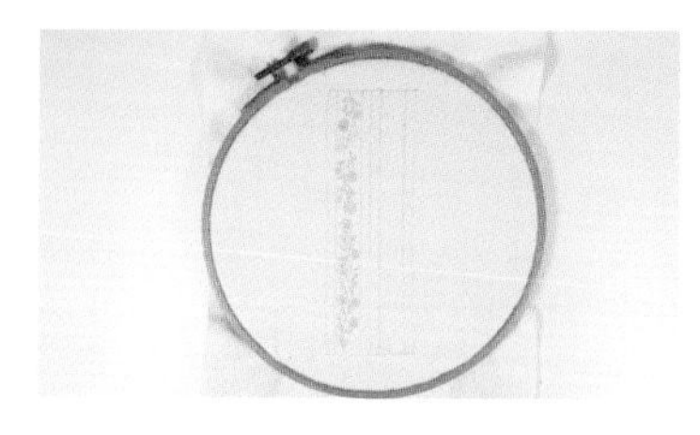

01 원단에 도안을 그리고 수틀에 끼웁니다.

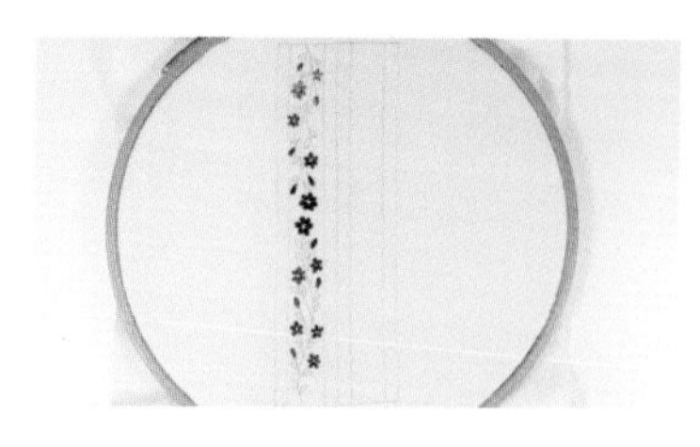

02 99번 실 1가닥으로 꽃잎과 꽃봉오리를 모두 새틴 스티치로 수놓아주세요.

03 581번 실 1가닥으로 줄기와 꽃받침을 모두 이음수(돌아오는 땀)와 스트레이트 스티치로 수놓습니다.

04 3348번 실 1가닥으로 잎사귀를 모두 새틴 스티치로 수놓아줍니다.

05 874번 실 2가닥으로 프렌치 노트 스티치로 꽃술을 모두 수놓아줍니다. 이때 큰 꽃은 3회 감고, 작은 꽃들은 2회 감습니다.

06 수를 다 놓았으면 수틀에서 원단을 분리하고 테두리를 자릅니다.

07 끝부분을 자를 때는 1mm 정도 간격을 두고 자릅니다.

08 가운데 선을 잘라서

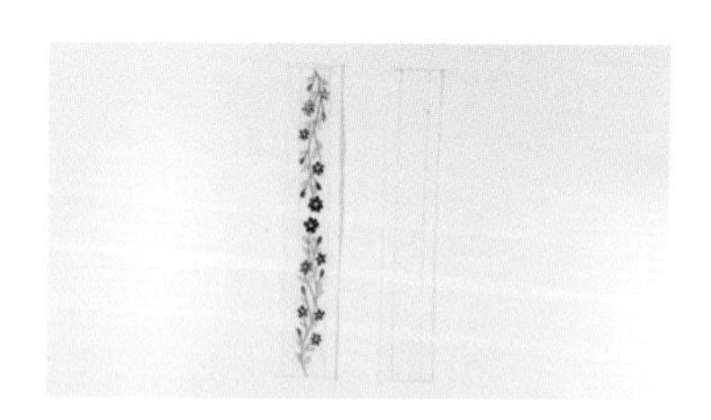

09 두 개의 도안으로 분리해주세요.

10 테두리 안쪽 선을 손끝으로 눌러서 접어줍니다.

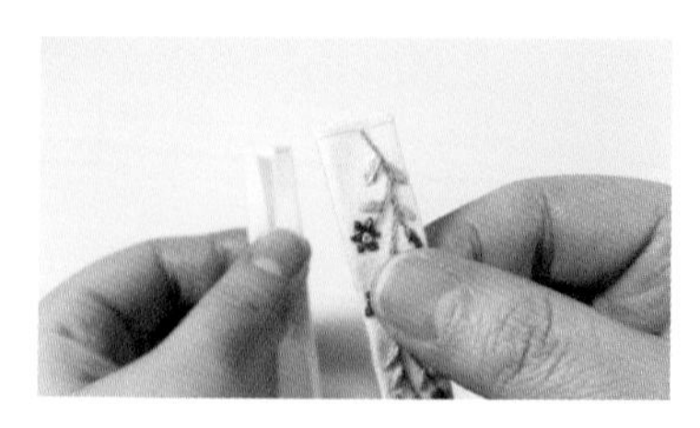

11 접어놓은 원단 두 개를 안쪽이 마주보게 하여

12 겹쳐주고 테두리를 공그르기로 연결해서

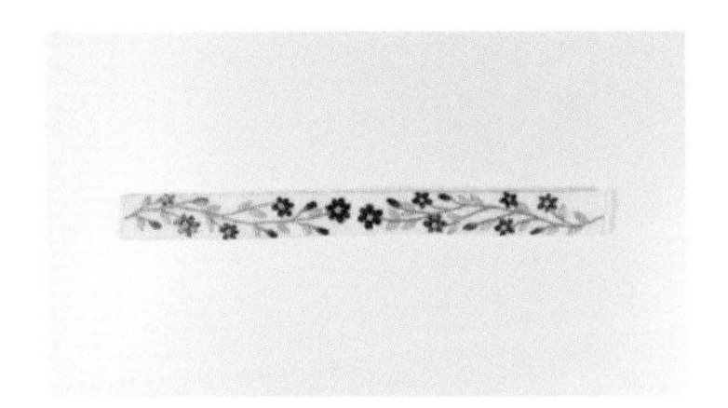

13 원단 두 개를 맞붙입니다.

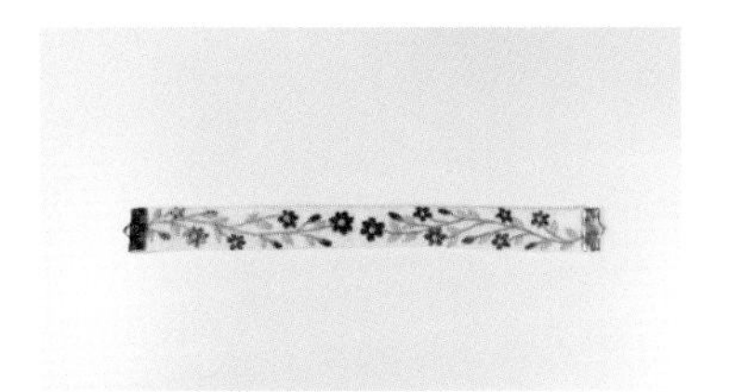

14 끝부분 모두 글루건을 쏘아 레이스캡을 씌웁니다.

15 오링을 레이스캡에 끼우고 16cm로 잘라둔 체인을 걸어준 후

16 연결장식 체인을 걸어주고 오링을 달아줍니다.

17 반대편 레이스캡에도 오링을 끼우고 체인을 걸어준 뒤 연결장식 고리를 걸고 오링을 닫아서 마무리합니다.

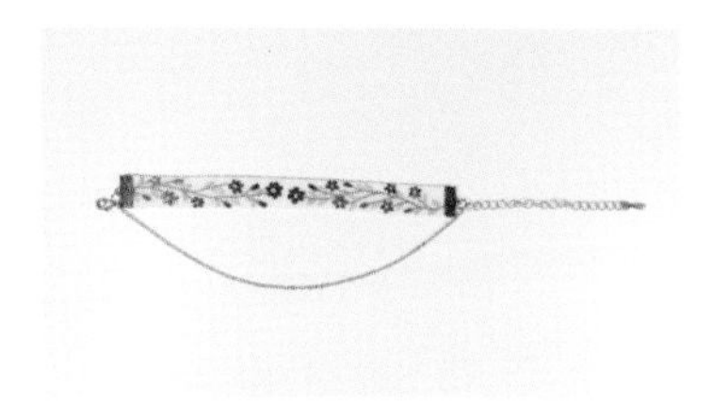

18 면봉에 물을 묻혀 도안선을 지우고 들꽃 체인 팔찌를 완성합니다.

• Hairpin •

입체 꽃 머리핀

준비

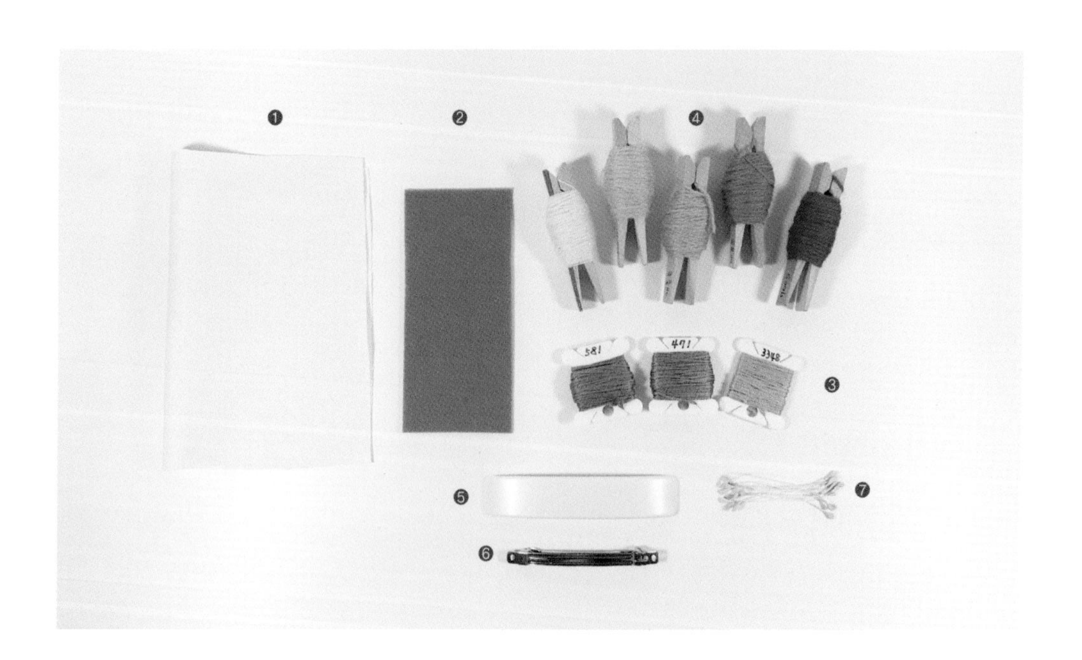

사용한 원단

❶ 백아이보리 11수 린넨(21×15cm) 1장
❷ 펠트(폭 2mm, 12×6cm) 1장

사용한 실

❸ DMC 25번사 : 471, 581, 3348
❹ DMC 울사 : 7005
애플톤 울사 : 222, 621, 708, 882

사용한 재료

❺ 플라스틱 사각판(10×2cm) 1개, ❻ 니켈 자동핀(가로 길이 8cm) 1개,
❼ 무광 깨씨 수술 장식 핑크(약 2mm) 9~10개

사용한 도구

수틀, 다너 바늘(입체자수 바늘), 리본자수 바늘(두꺼운 울사나 수술 장식을 끼울 때 사용), 자수 바늘, 손바늘, 퀼팅실(내추럴), 자수용 수성펜, 트레이싱지, 수용성 먹지, 셀로판 종이, 도안펜, 시침핀, 양면테이프, 재단 가위 또는 일반 가위, 쪽가위 또는 자수 가위, 글루건, 민자 집게, 면봉

도안

※애플톤 울사 70cm 2줄을 사용하여 우븐 피콧 스티치로
꽃잎을 2개씩 수놓을 수 있습니다.

A1~A4 : 우븐 피콧s 애플톤 울사 882(2)
B1~B4 : 우븐 피콧s 애플톤 울사 708(2)
C1~C4 : 우븐 피콧s 애플톤 울사 621(2)
D1~D4 : 우븐 피콧s 애플톤 울사 222(2)

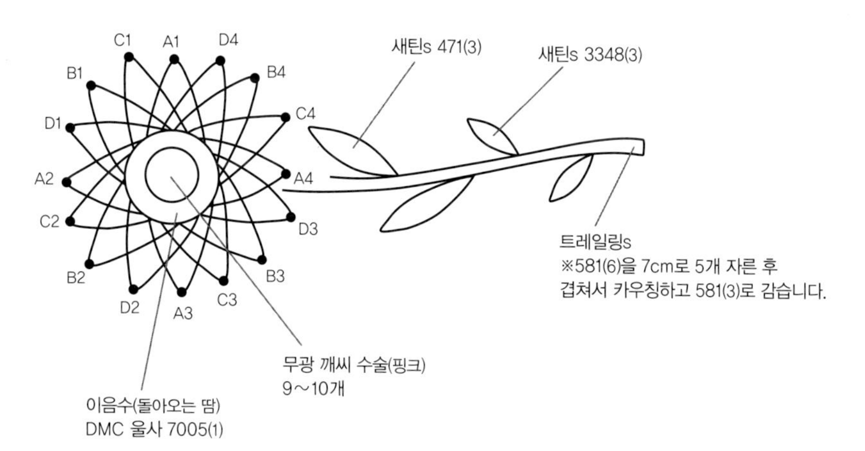

도안 설명은 스티치→실 번호→(실의 가닥 수)로 표기했습니다.
예) 불리온 로즈s 349(3) : 349번 실 3가닥으로 불리온 로즈 스티치를 합니다.

How to make

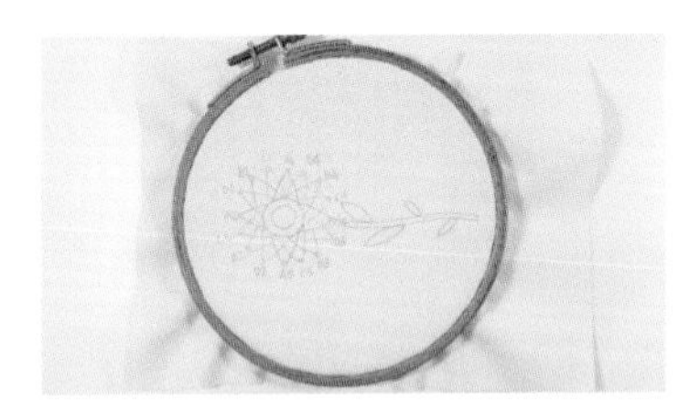

01 원단에 도안을 그리고 수틀에 끼웁니다.

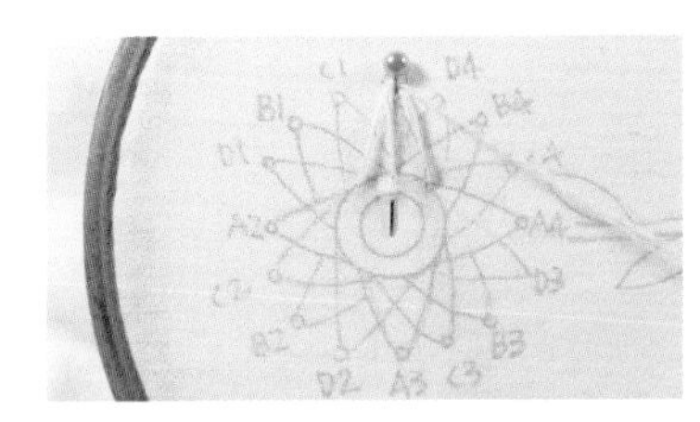

02 882번 실 2가닥을 70cm로 자른 후 바늘에 끼우고 A1 지점에 시침핀을 꽂은 후 우븐 피콧 스티치를 해줍니다.(P. 54, 우븐 피콧 스티치 기법 참조) *Tip* 70cm 길이로 꽃잎 두 장을 수놓을 수 있습니다.

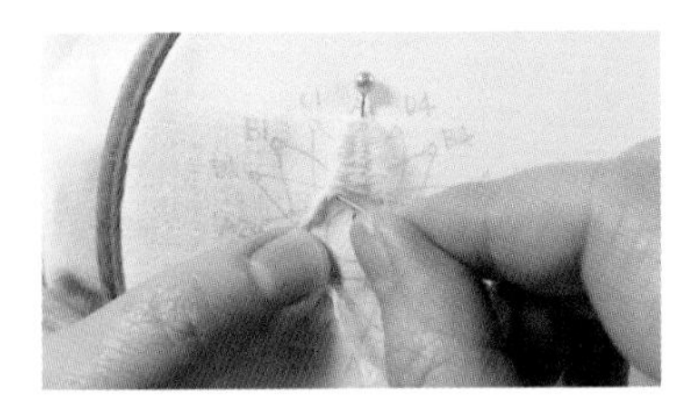

03 촘촘하게 수놓고, 바늘을 왼편 기둥에 감아 뒤쪽으로 빼서 꽃잎 한 장을 마무리합니다.

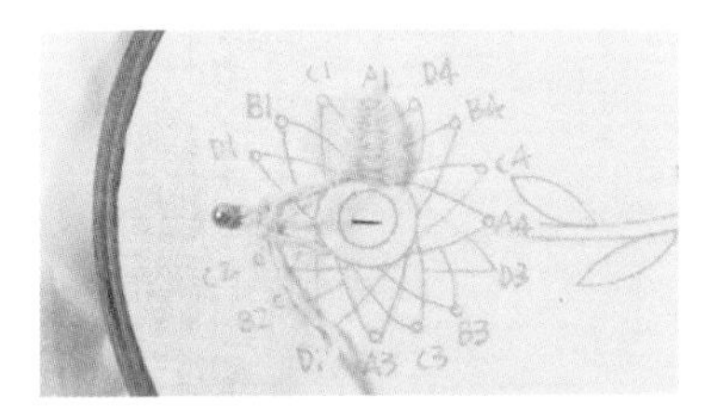

04 뒤쪽에 매듭짓지 않고 이어서 A2 지점에 시침핀을 꽂고 두 번째 꽃잎을 수놓아줍니다.

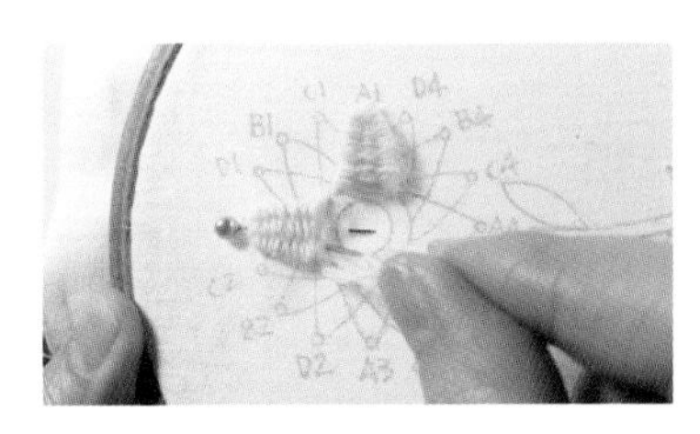

05 수를 다 놓으면 왼편 기둥에 바늘을 꽂아 원단 뒤에서 매듭짓습니다.

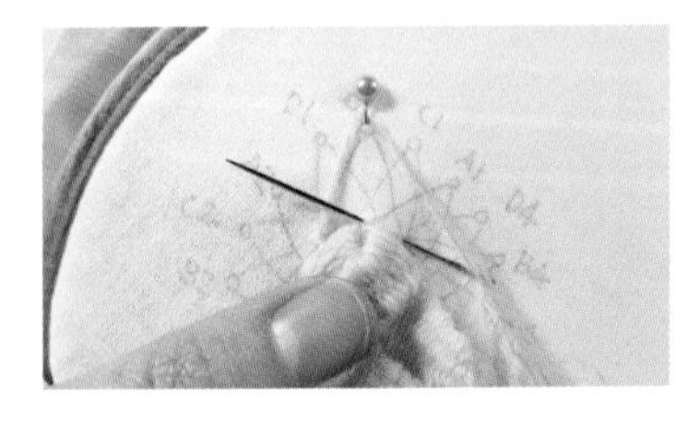

06 A1~A4까지 꽃잎을 완성하고 B1 지점에 시침핀을 꽂은 후 708번사 2가닥을 70cm 길이로 자른 후 바늘에 끼우고 우븐 피콧 스티치해줍니다.

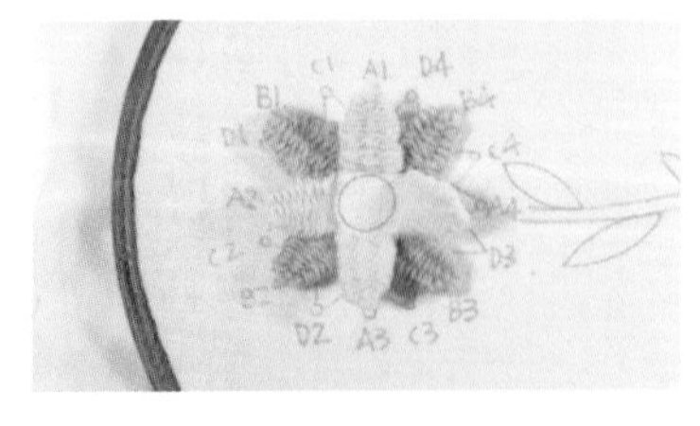

07 B1~B4까지 꽃잎이 완성되었습니다.

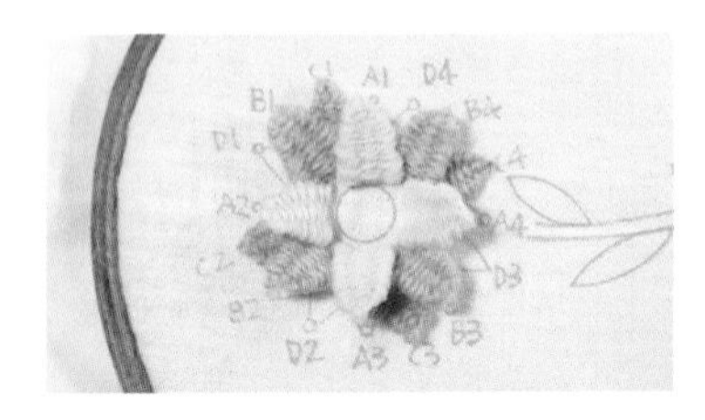

08 621번 실 2가닥을 C1~C4까지 수놓아줍니다.

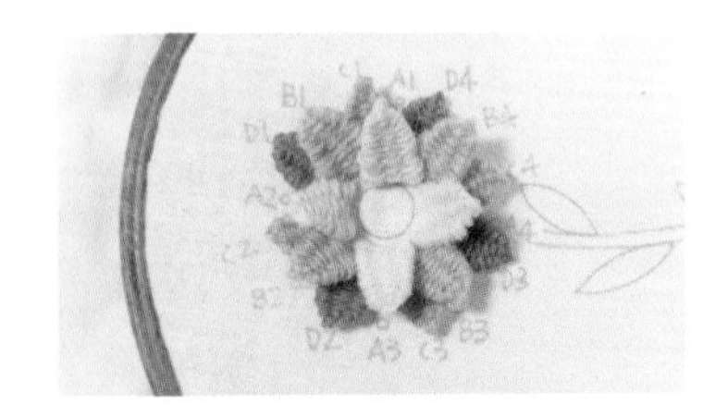

09 222번 실 2가닥으로 D1~D4까지 수놓아줍니다.

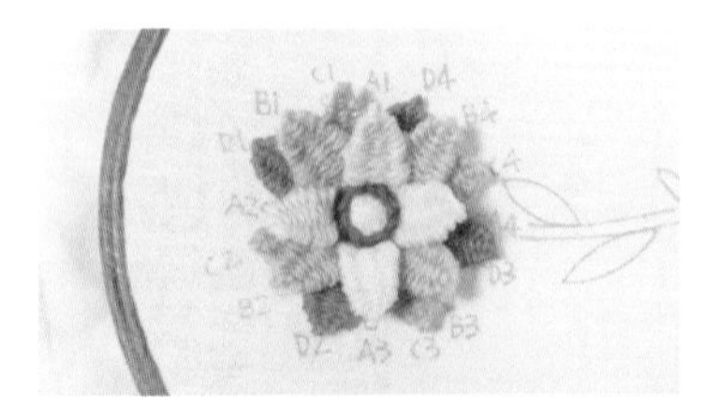

10 7005번 실 1가닥으로 꽃잎 중심에 이음수(돌아오는 땀)를 한 바퀴 수놓아줍니다.

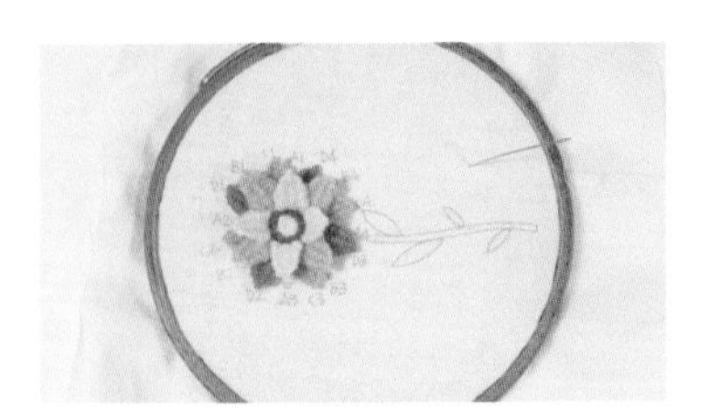

11 손바늘에 퀼팅실을 끼우고 꽃 중심에 한 땀 수놓고 바늘에 실을 끼운 채로 놔둡니다.

12 수술 장식 한 개를 반으로 접어 리본 자수 바늘에 끼웁니다.

13 꽃 중심에 바늘을 끼워서 수술 장식을 천에 끼워 넣습니다.

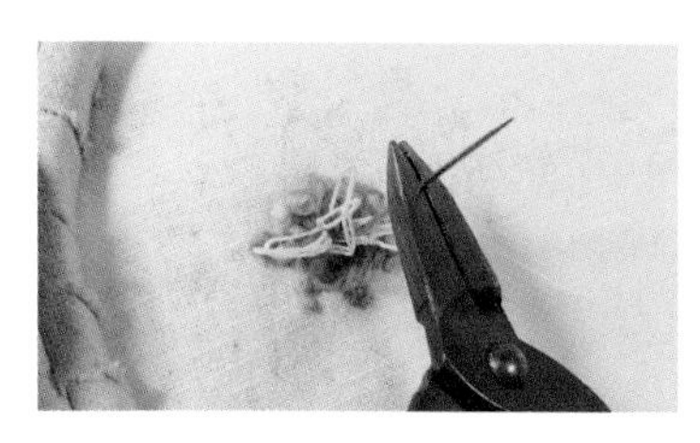

14 수술 장식 철심이 두꺼워 원단 뒤로 빼기 어렵다면 민자 집게로 바늘을 잡은 후 약간씩 당겨주면 쉽게 뺄 수 있습니다.

15 수술 장식 9~10개를 원단 뒤로 꽂아 줍니다.

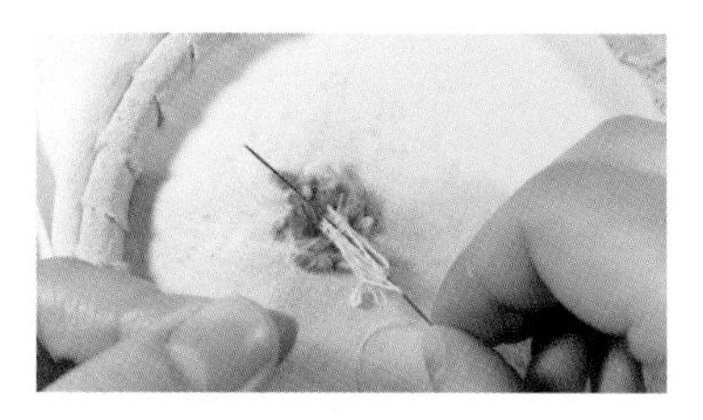

16 바늘에 미리 끼워두었던 퀼팅실로 여러 번 철심 뭉치를 원단과 함께 떠서 감아 매듭지어 고정해줍니다.

17 카우칭할 퀼팅실을 바늘에 끼우고 줄기에 한 땀 수놓고 그대로 둡니다.

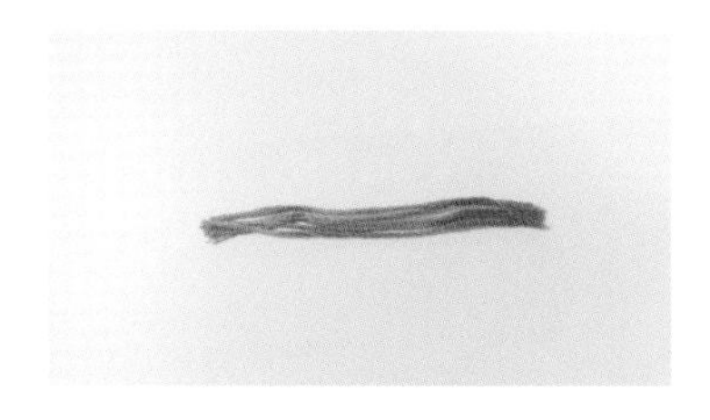

18 581번 실 6가닥을 7cm로 5개 잘라서 겹쳐놓습니다.

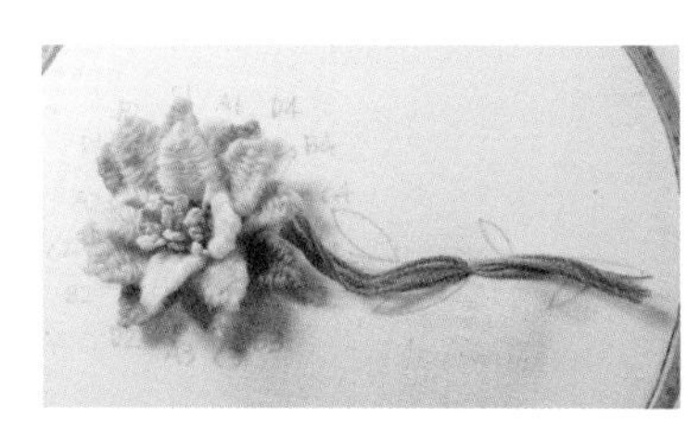

19 줄기 라인을 따라 겹쳐놓은 581번 실을 올리고 미리 연결해둔 퀼팅실로 가운데를 카우칭합니다(P. 56, 트레일링 스티치 기법 참조).

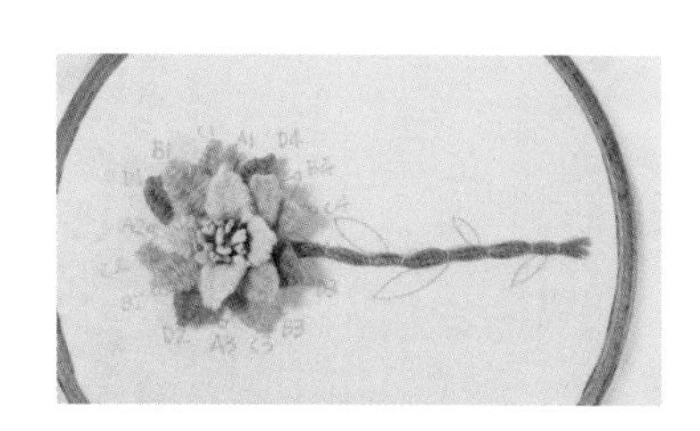

20 줄기 위에 올려진 581번 실 5가닥을 전부 카우칭해줍니다.

21 581번 실 3가닥으로 줄기를 촘촘히 감아줍니다.

22 471번 실 3가닥으로 큰 잎사귀를 새틴 스티치로 사선 방향으로 수놓습니다.

23 3348번 실 3가닥으로 작은 잎사귀를 새틴 스티치로 사선으로 수놓아줍니다.

How to make

24 면봉에 물을 묻혀 도안선을 지워줍니다.

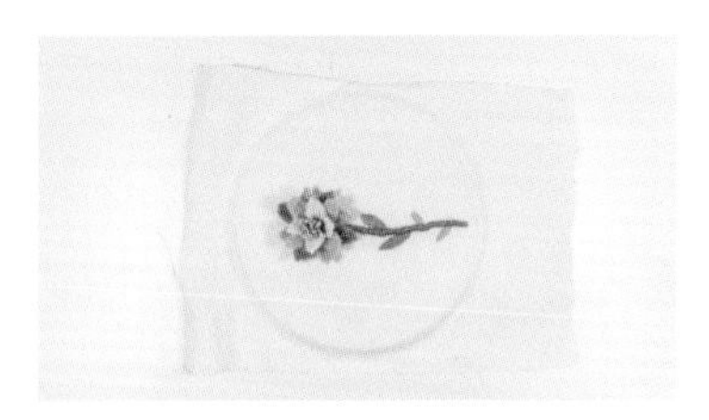

25 수틀에서 원단을 분리합니다.

26 플라스틱 사각판을 원단 속에 넣어 입체 꽃과 사각판 위치를 맞춥니다.

27 위치가 맞았으면 원단 테두리를 눌러 사각판 자국을 내주고 사각판을 뺍니다.

28 테두리 자국에서 1cm 여유를 남기고 자릅니다.

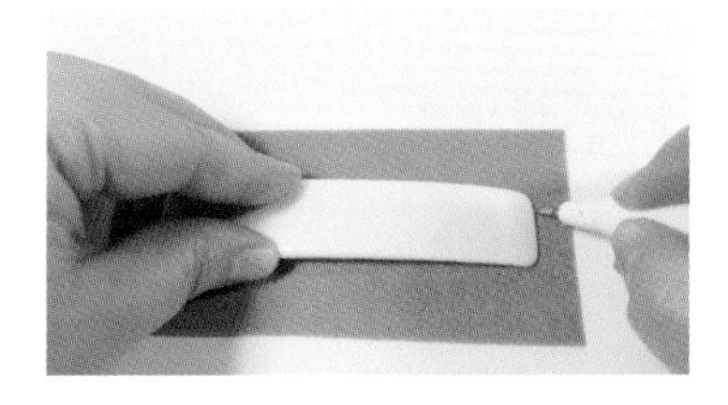

29 사각판을 펠트에 대고 수성펜으로 테두리를 그린 후 1mm 안쪽으로 들여서 잘라둡니다.

30 사각판 안쪽에 양면테이프를 붙여둡니다.

31 입체 꽃 안쪽에 사각판을 넣고 위치를 맞춰준 후

32 뒤집어서 양면테이프를 떼어내고 원단을 붙입니다.

33 양쪽 끝은 글루건을 쏘아 붙여줍니다.

34 잘라놓은 펠트를 사각판 안쪽에 놓아 위치를 맞추고

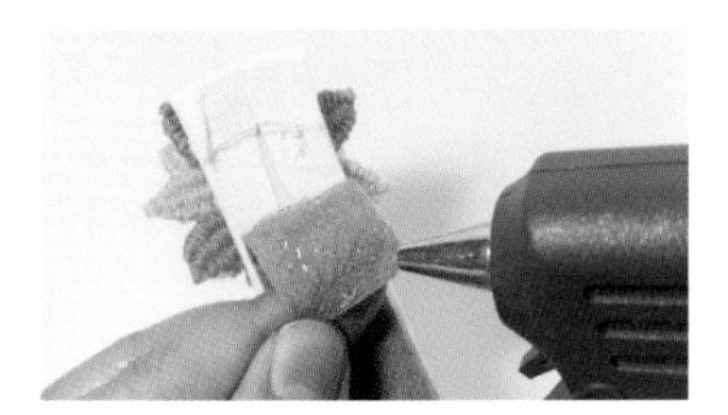

35 펠트 끝부분을 젖혀서 글루건을 쏘아 붙여줍니다.

36 나머지 부분도 글루건을 쏘아서 붙여 줍니다.

37 자동핀 윗면에 글루건을 길게 쏘아주고

38 누름쇠가 꽃잎 부분에 오도록 위치를 잡아서 붙여줍니다.

39 입체 꽃 머리핀이 완성되었습니다.

• Hairpin •

프린세스 플라워

준비

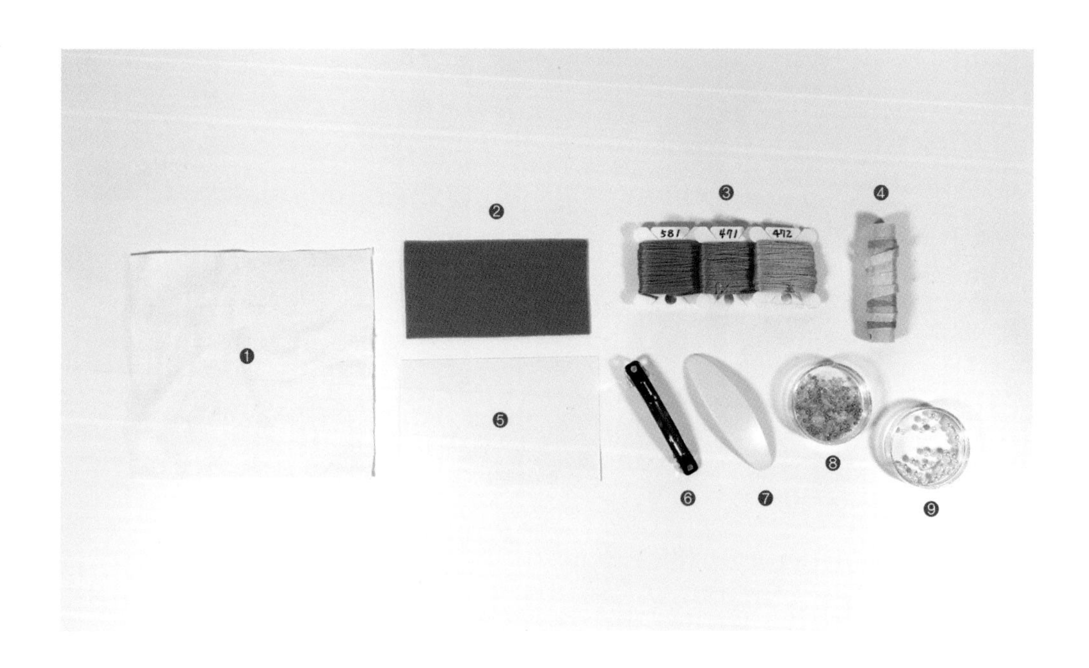

사용한 원단 ❶ 백아이보리 11수 린넨(14×13cm) 1장
❷ 펠트(폭 2mm, 9×5cm) 1장

사용한 실 ❸ DMC 25번사 : 471, 472, 581
❹ 리본자수용 베리어게이티드(Variegated) 너비 4mm 리본 V4_101

사용한 재료 ❺ 종이, ❻ 니켈 자동핀(6cm) 1개, ❼ 플라스틱 타원판(약 6.6cm×1.8cm) 1개,
❽ 시드비즈, ❾ 진주 구슬(3mm)

사용한 도구 수틀, 자수 바늘, 비즈 바늘, 리본자수 바늘, 트레이싱지, 수용성 먹지, 셀로판 종이,
도안펜, 자수용 수성펜, 이쑤시개, 퀼팅실(내추럴), 재단 가위 또는 일반 가위,
쪽가위 또는 자수 가위, 글루건, 양면테이프, 면봉

도안

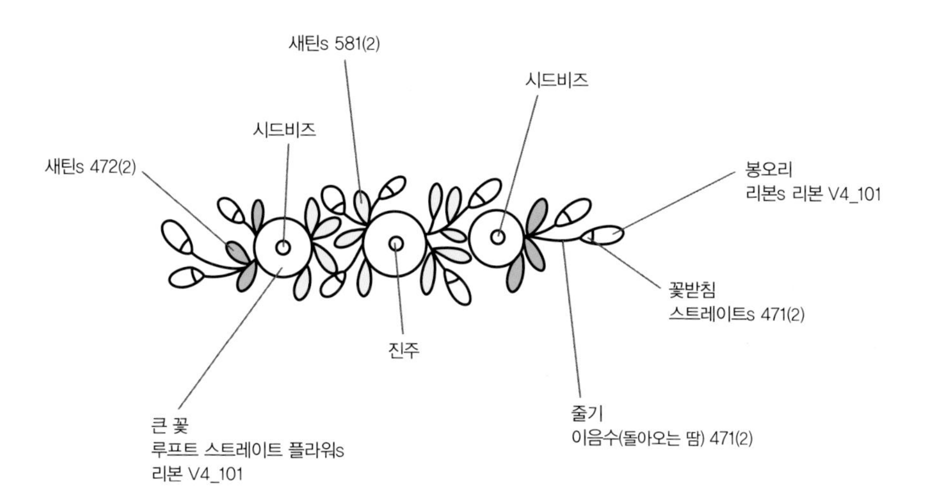

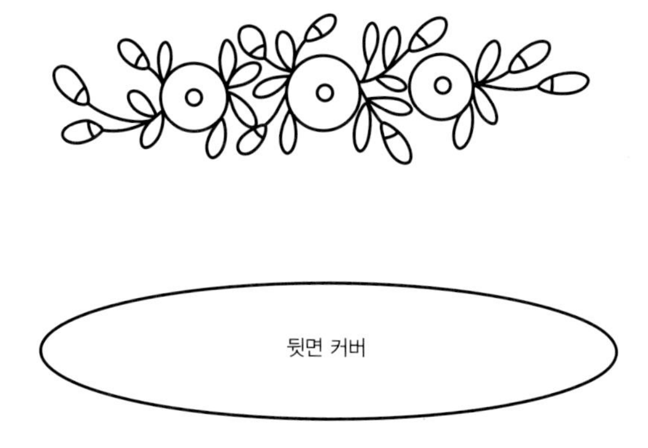

뒷면 커버

도안 설명은 스티치→실 번호→(실의 가닥 수)로 표기했습니다.
예) 불리온 로즈s 349(3) : 349번 실 3가닥으로 불리온 로즈 스티치를 합니다.

How to make

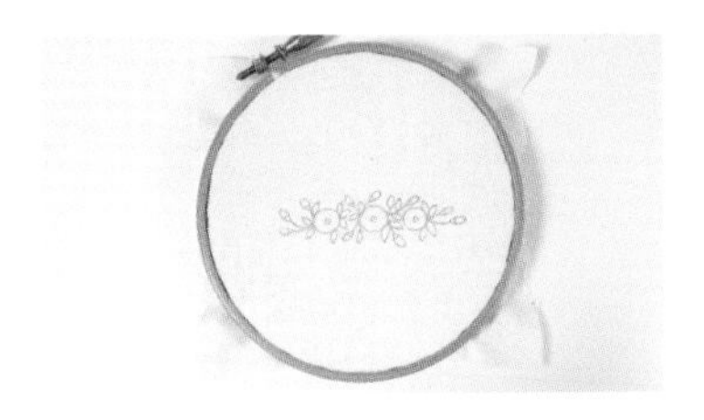

01 원단에 도안을 그리고 수틀에 끼웁니다.

02 V4_101 리본을 리본자수 바늘에 끼우고 루프트 스트레이트 스티치 플라워 기법(p. 62, 루프트 스트레이트 스티치 플라워 참조)으로 꽃을 수놓아 줍니다.

03 루프트 스트레이트 스티치 플라워로 꽃을 모두 수놓아줍니다.

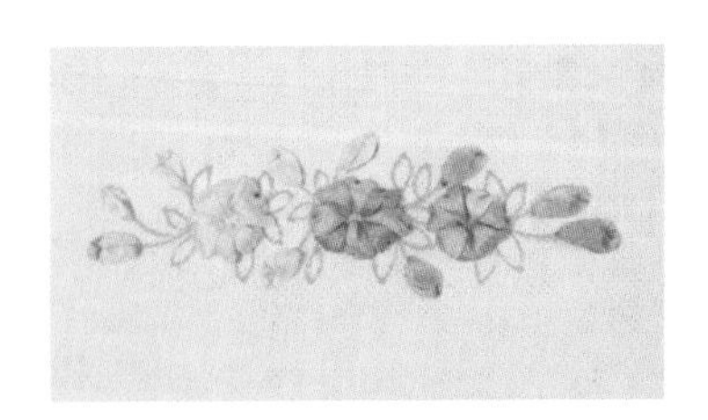

04 봉오리는 리본 스티치로 수놓아줍니다(P. 60, 리본 자수 기법 중 리본 스티치 참조).

05 471번 실 2가닥으로 꽃받침을 스트레이트 스티치로 수놓고, 이음수(돌아오는 땀)로 줄기를 모두 수놓아주세요.

06 비즈 바늘에 퀼팅실을 끼우고 진주 구슬과 시드비즈를 각각 하나씩 달아줍니다(P. 57, 입체자수 기법 중 구슬달기 참조).

07 472번 실과 581번 실 2가닥으로 잎사귀를 새틴 스티치를 이용해 수놓습니다. 잎사귀 바깥쪽에서 안쪽으로 바늘을 찔러 넣는 방법으로 리본에 바늘이 걸리지 않게 수놓아줍니다.

08 수를 다 놓은 모습입니다.

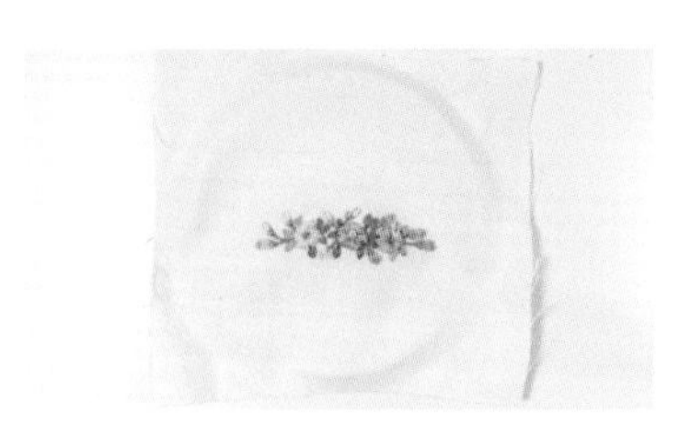

09 수틀에서 원단을 분리합니다.

10 종이에 뒷면 커버 도안을 옮겨 그려줍니다.

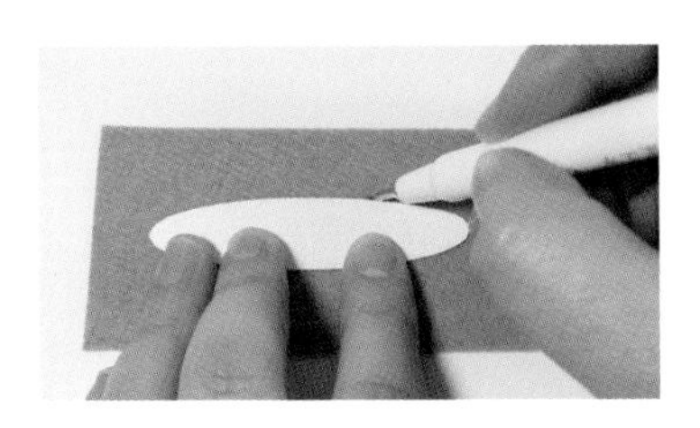

11 종이에 옮긴 도안을 잘라서 펠트 위에 대고 수성펜으로 테두리를 그려줍니다.

12 펠트 위에 그린 뒷면 커버 도안을 잘라둡니다.

13 원단 뒤에 플라스틱 타원판을 대고

14 위치를 잡아준 후, 원단을 한데 모아 손으로 꽉 잡아주어 자국을 내줍니다.

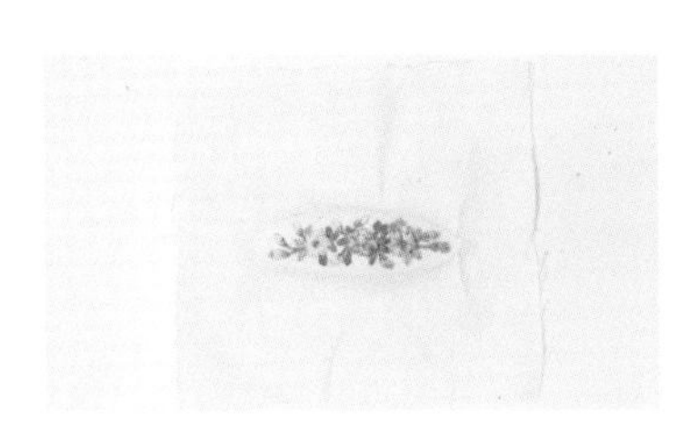

15 원단을 펼치면 자국이 선명하게 남습니다.

16 7mm 정도 여유를 두고 잘라둡니다.

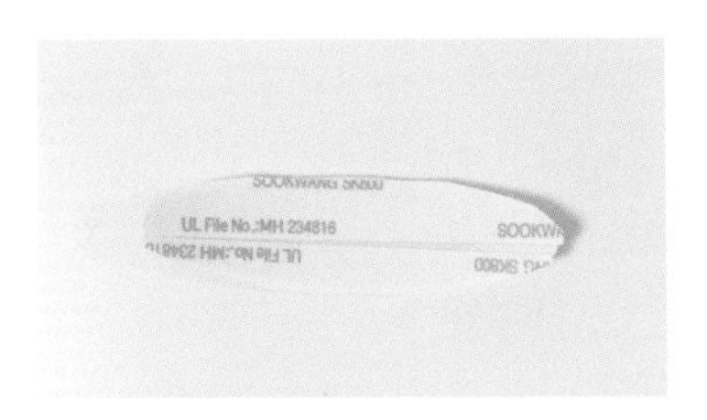

17 플라스틱 타원판 안쪽에 양면테이프를 붙이고

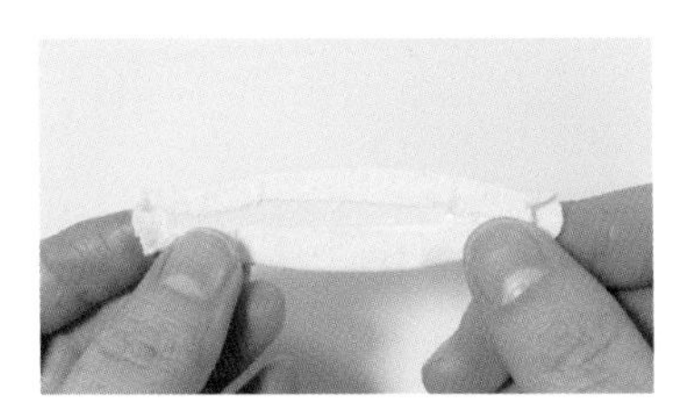

18 수놓은 원단을 플라스틱 타원판에 씌우고 테이프를 제거한 후 원단을 붙여줍니다.

How to make

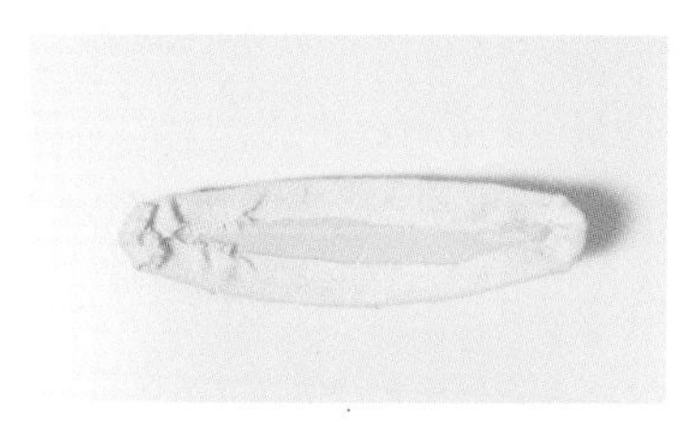

19 양끝은 가위집을 내주고 글루건을 쏘아서 붙여줍니다.

20 미리 잘라두었던 뒷면 커버를 올려놓고 위치를 잡아준 후

21 글루건을 쏘아 커버를 붙여줍니다.

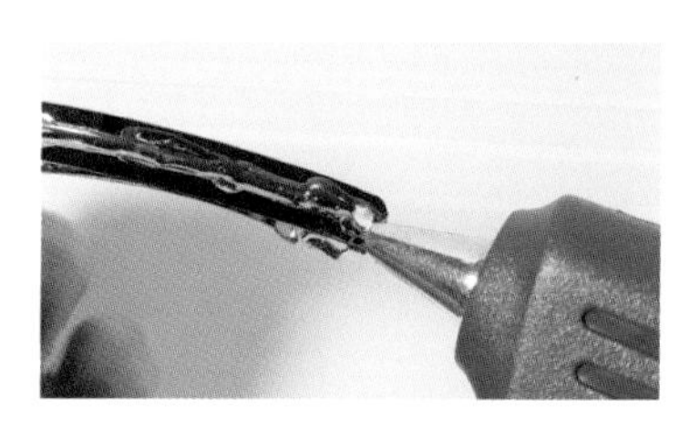

22 자동핀 윗면에 길게 글루건을 쏘아줍니다.

23 뒷면 커버에 자동핀을 붙여줍니다. 플라스틱 타원판이 살짝 굴곡이 져 있으므로 손으로 꼼꼼히 눌러가며 붙입니다.

24 면봉에 물을 묻혀 도안선을 지워줍니다.

25 프린세스 플라워 핀 완성입니다.

• Hairpin •

블루 플라워

준비

사용한 원단 ❶ 펠트(폭 2mm, 5×5cm) 3장

사용한 실 ❷ 애플톤 울사 : 322, 471, 522, 887

사용한 재료 ❸ 반달 집게핀 1개

사용한 도구 리본자수 바늘, 굵은 네임펜 또는 매직펜(기둥으로 사용), 자수용 수성펜, 쪽가위 또는 자수 가위, 일반 가위, 글루건

How to make

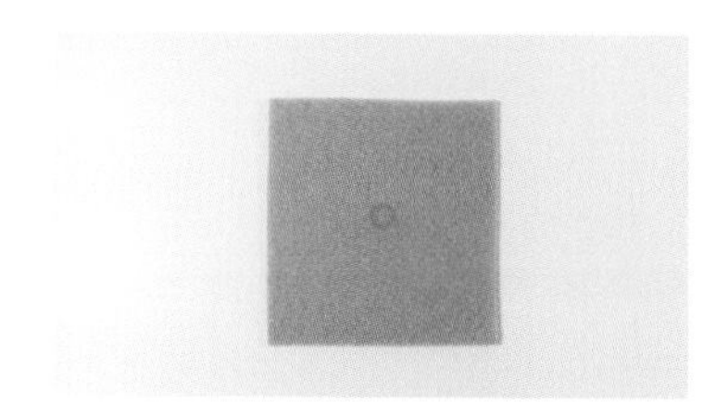

01 펠트에 지름 약 5mm 정도 되는 원을 그립니다.

02 887번 실을 70cm 길이로 3가닥을 잘라 겹친 후 바늘에 끼우고, 원의 절반을 가로질러 한 땀 뜹니다(P. 51, 롤 스티치 반 나눠 수놓는 기법 참조).

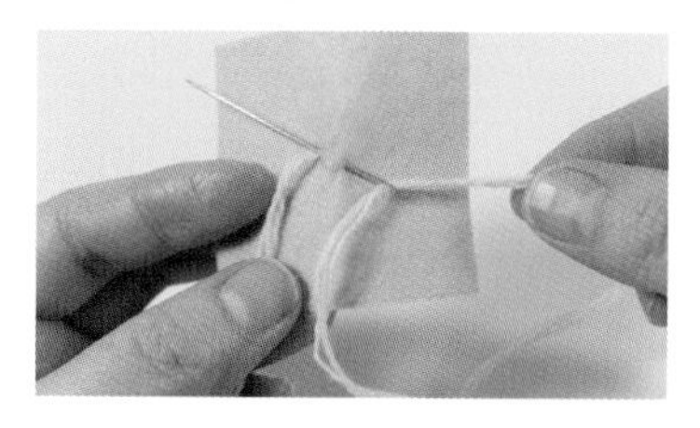

03 바늘귀에 걸린 실을 빠지지 않을 만큼만 짧게 남기고 실을 빼놓습니다(기둥에 실을 최대한 많이 감기 위해서입니다).

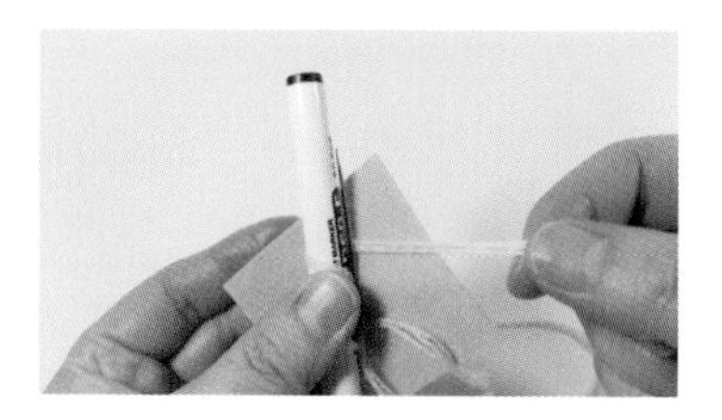

04 기둥이 될 네임펜을 바늘 옆에 놓고 기둥과 바늘을 함께 감아줍니다(기둥은 네임펜이 아니더라도 지름 약 1~1.5cm 정도 되는 것이면 모두 가능합니다).

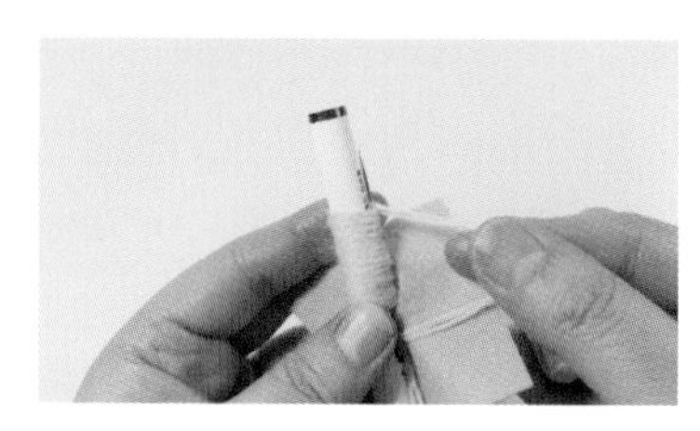

05 실이 바늘에서 빠지지 않을 만큼만 촘촘히 감아줍니다.

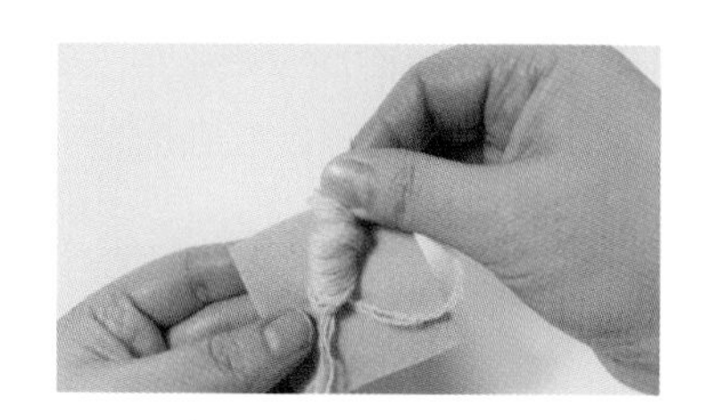

06 실을 다 감았으면 기둥으로 사용한 펜을 빼주는데, 실이 바늘에서 빠지지 않게 바늘 끝을 잘 붙잡은 채 기둥만 빼줍니다.

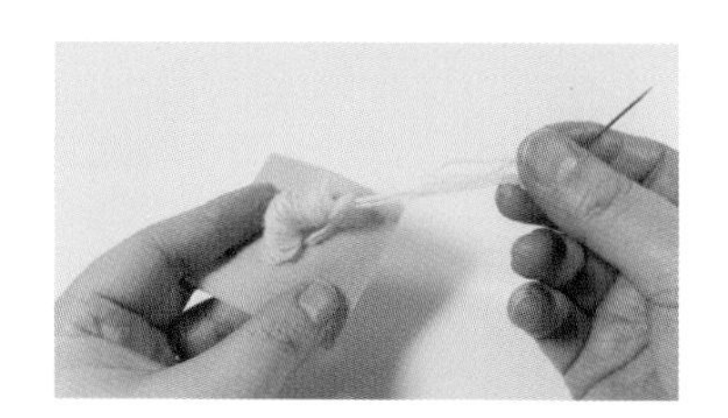

07 바늘을 빼준 다음

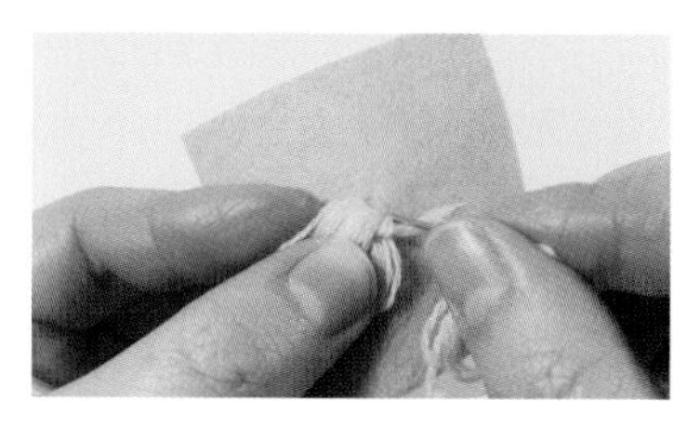

08 실을 잘 당겨서 바늘이 들어갔던 곳으로 꽂아 넣어 뒤에서 매듭짓습니다.

09 꽃잎의 반쪽이 완성되었습니다.

How to make

10 2~9번 과정을 반복하여 나머지 반쪽 꽃잎도 수놓아줍니다.

11 471번 실 3가닥을 바늘에 끼우고 꽃 중심에 프렌치 노트 스티치(2회 감기)로 매듭 3개를 수놓아줍니다.

12 꽃잎 한 개가 수놓아졌습니다.

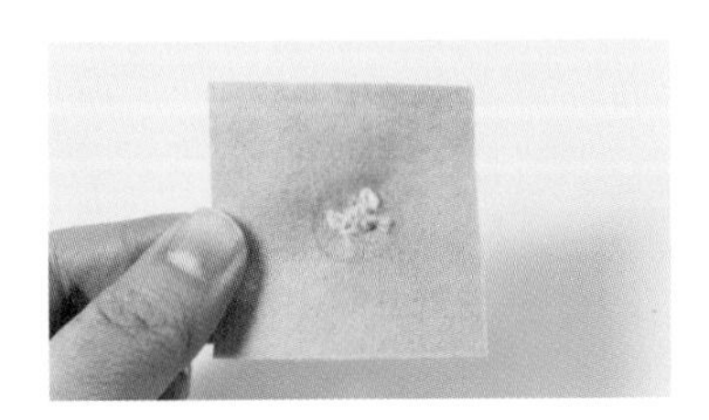

13 펠트를 뒤집어 동그랗게 원을 그리고

14 꽃잎이 잘리지 않도록 모아서 잡아주고

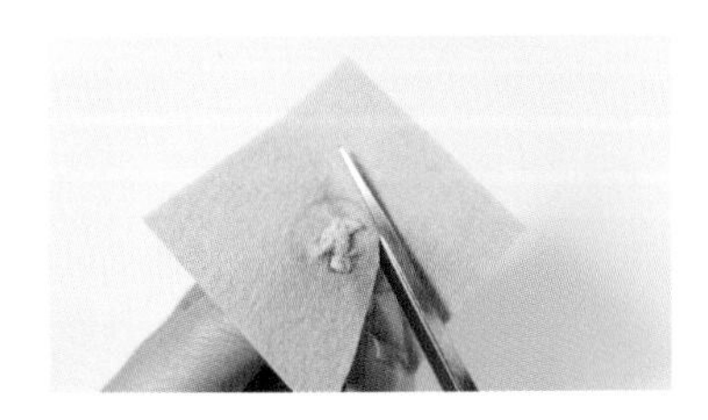

15 가위로 원을 자릅니다.

16 꽃잎 한 개가 완성되었습니다.

17 나머지 522번 실과 322번 실을 이용해 동일한 방법으로 꽃잎을 완성해주세요.

18 꽃잎 뒤쪽 펠트에 글루건을 쏘아서

19 차례대로 집게핀에 붙여줍니다.

20 블루 플라워 헤어핀이 완성되었습니다.

• Key ring •

벚꽃 흩날리는 날

준비

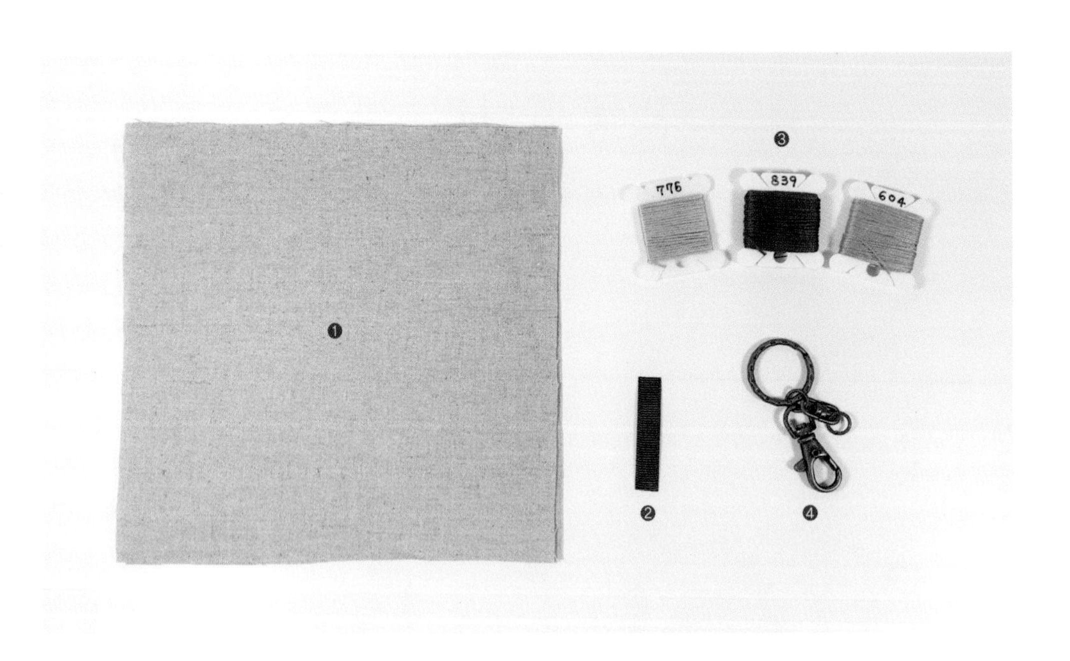

사용한 원단 ❶ 내추럴 11수 린넨(18×18cm) 2장
❷ 골지 리본(너비 1cm, 길이 5cm) 1개

사용한 실 ❸ DMC 25번사 : 604, 776, 839

사용한 재료 ❹ 신주 버니쉬 열쇠고리(가로 2.7cm, 세로 7cm) 1개

사용한 도구 수틀, 자수 바늘, 손바늘, 퀼팅실(내추럴), 시침핀, 수용성 먹지, 트레이싱지, 셀로판 종이, 쪽가위 또는 자수 가위, 일반 가위, 도안펜, 자수용 수성펜, 솜, 오링반지, 민자 집게, 겸자 가위, 면봉

도안

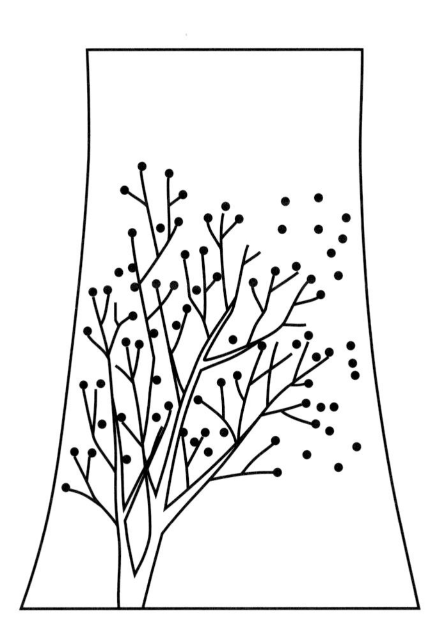

나뭇가지 : 이음수(돌아오는 땀) 839(1)

가지에 붙어 있는 꽃 : 프렌치 노트s(2회 감기) 604(2)

가지 사이에 있는 꽃 : 프렌치 노트s(1회 감기) 776(2)

흩날리는 꽃 : 프렌치 노트s(2회 감기) 776(2)

도안 설명은 스티치→실 번호→(실의 가닥 수)로 표기했습니다.
예) 불리온 로즈s 349(3) : 349번 실 3가닥으로 불리온 로즈 스티치를 합니다.

How to make

01 원단 1장에 테두리를 그립니다.

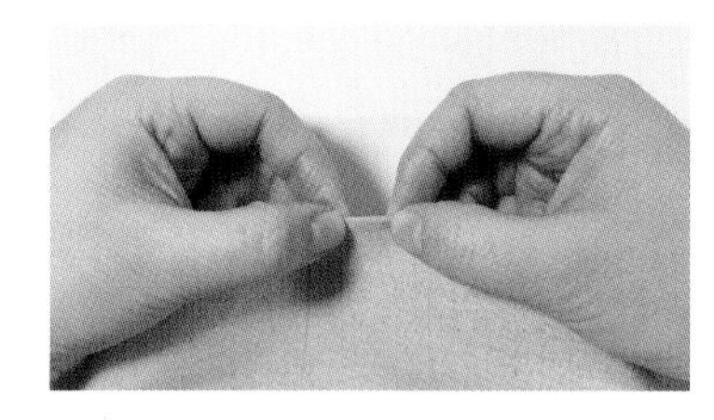

02 테두리를 접어 손다림질합니다.

03 원단을 뒤집어서 손다림질 선 안쪽에 맞춰서 도안을 그려줍니다.

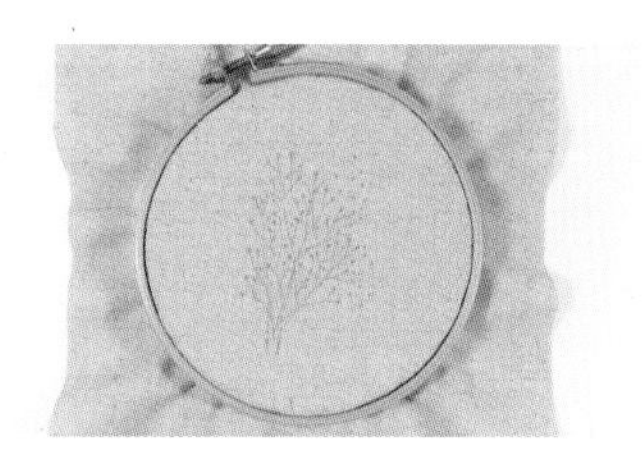

04 원단을 수틀에 끼웁니다.

05 839번 실 1가닥을 이음수(돌아오는 땀)로 왼쪽 굵은 가지 끝부분부터 수놓아줍니다.

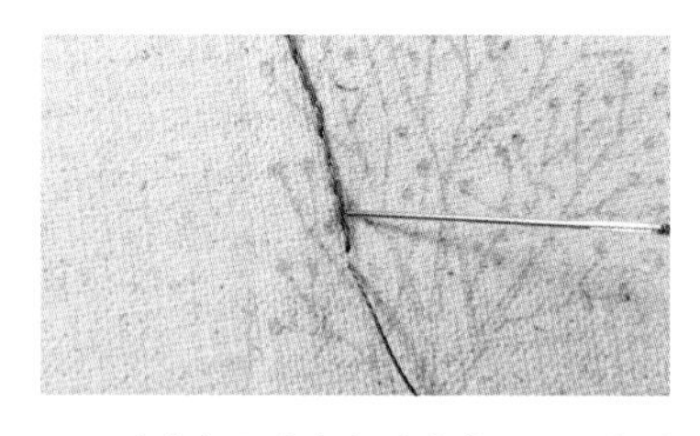

06 가지가 굵어지기 시작하는 곳부터 이음수를 굵게 수놓아주는데, 이전에 수놓은 바늘땀의 약 3분의 2 지점에 바늘을 꽂아 수놓습니다.

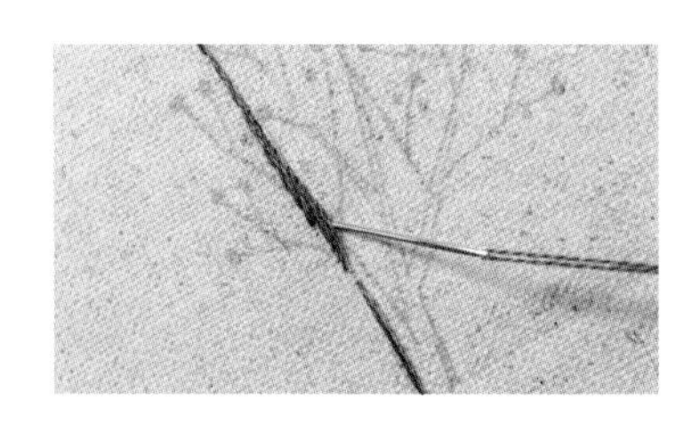

07 3분의 1 땀 정도 아래에서 바늘을 빼고 다시 되돌아가 바늘을 찔러주는데, 사선 방향으로 촘촘히 수놓아줍니다.

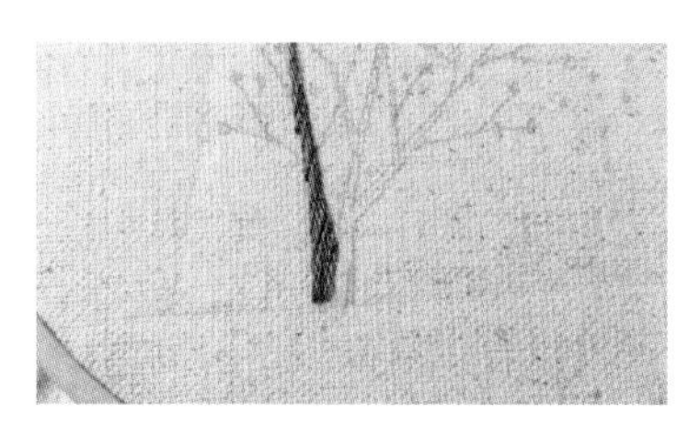

08 나무 기둥 중앙까지만 수놓습니다.

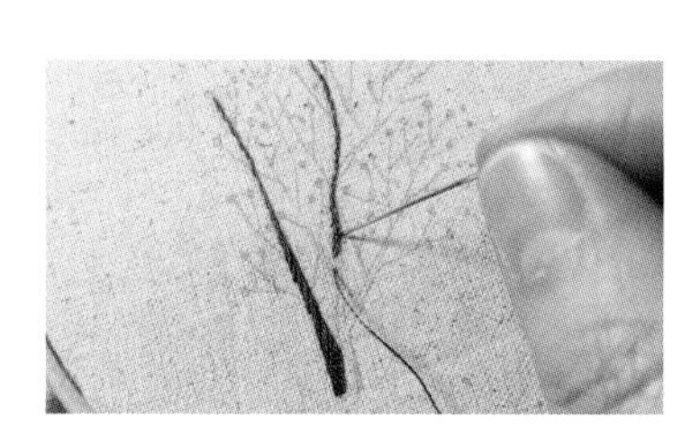

09 나무 가운데 굵은 가지 끝부터 이음수(돌아오는 땀)로 수놓다가 가지가 굵어지기 시작하면 비스듬히 사선 방향으로 촘촘히 수놓아줍니다.

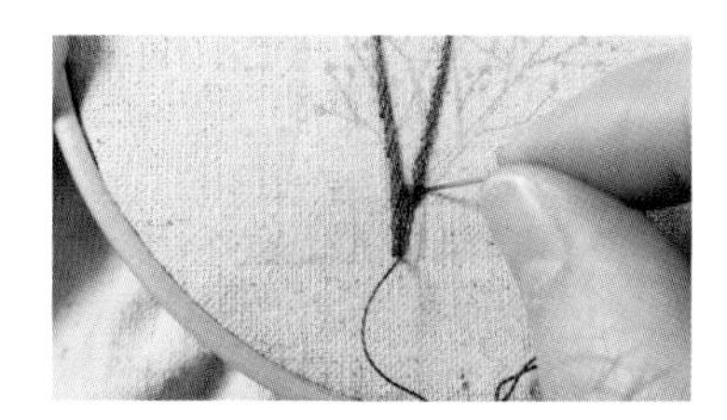

10 나무 기둥에서 먼저 놓은 수와 만나는 지점부터는 기둥 전체를 사선 방향으로 새틴 스티치합니다.

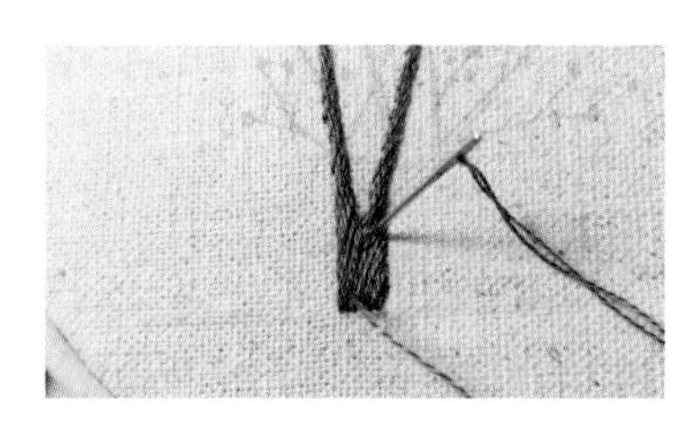

11 중간에 빈 공간이 있으면 따로 한두 땀 놓아서 메워줍니다.

12 오른쪽 가장자리에 있는 굵은 가지도 이음수(돌아오는 땀)로 수놓아주고, 기둥과 연결되는 부분은 기둥으로 바늘을 빼서 가지로 찔러 넣어 사선 방향으로 연결하듯이 수놓아줍니다.

13 굵은 가지 주변 잔가지들도 이음수(돌아오는 땀)로 수놓아주고, 짧은 가지는 스트레이트 스티치로 수놓아줍니다.

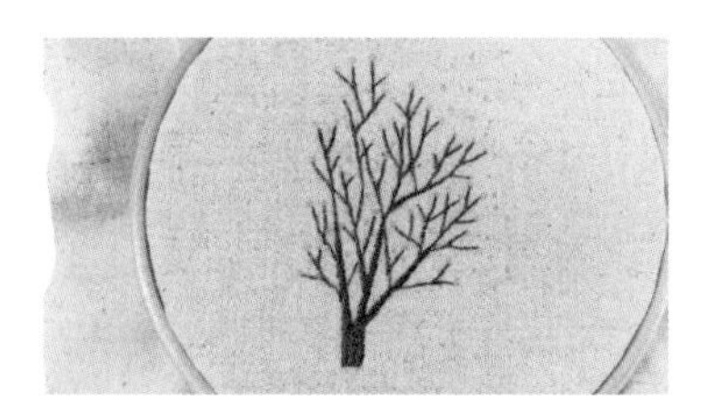

14 잔가지까지 모두 수놓아줍니다.

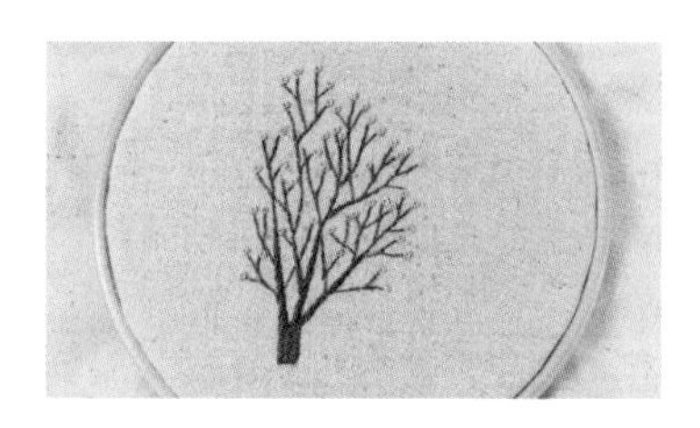

15 604번 실 2가닥으로 프렌치 노트 스티치(2회 감기)로 나뭇가지에 붙은 꽃잎들만 수놓아주세요.

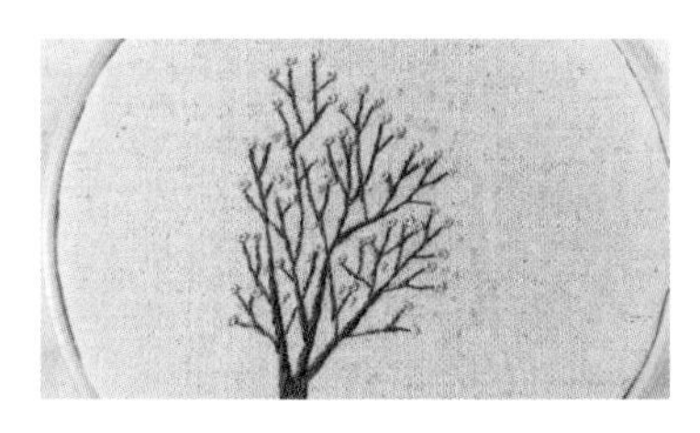

16 776번 실 2가닥으로 프렌치 노트 스티치(1회 감기)로 나뭇가지 사이에 있는 꽃잎들만 수놓습니다.

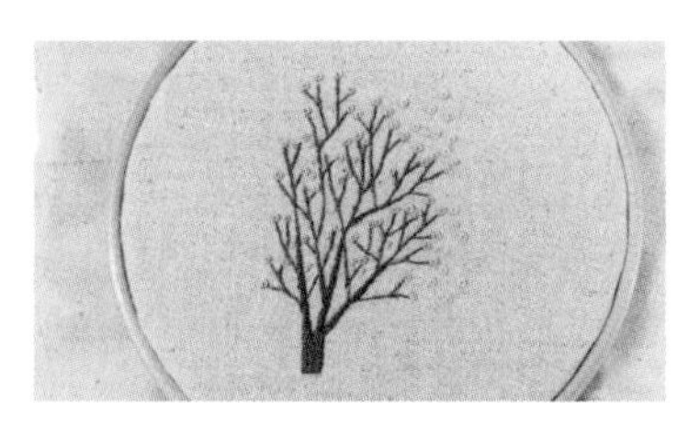

17 776번 실 2가닥으로 프렌치 노트 스티치(2회 감기)로 바깥에 흩날리는 꽃잎들을 수놓아주세요.

18 수틀에서 원단을 빼냅니다.

How to make

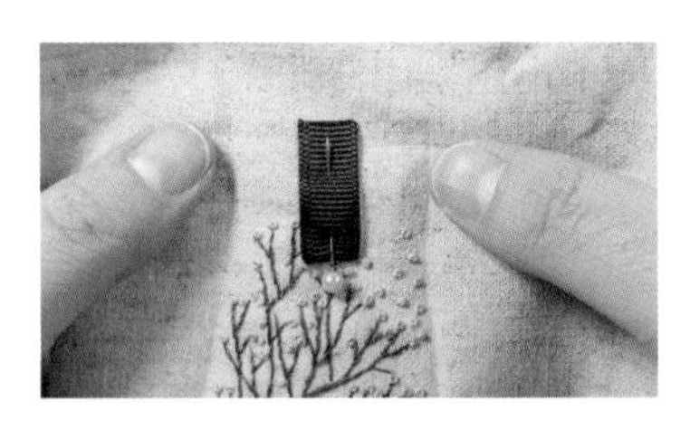

19 리본 끝을 열처리하고 반으로 접어서 벌어진 부분이 위로 향하도록 수놓은 방향으로 2cm 정도 들어가게 놓고 시침핀으로 고정시킵니다.

20 수놓은 원단을 뒤집어서 나머지 원단 1장과 겹칩니다.

21 수놓은 도안 아래쪽에 창구멍을 표시하고 시침핀으로 원단을 고정합니다.

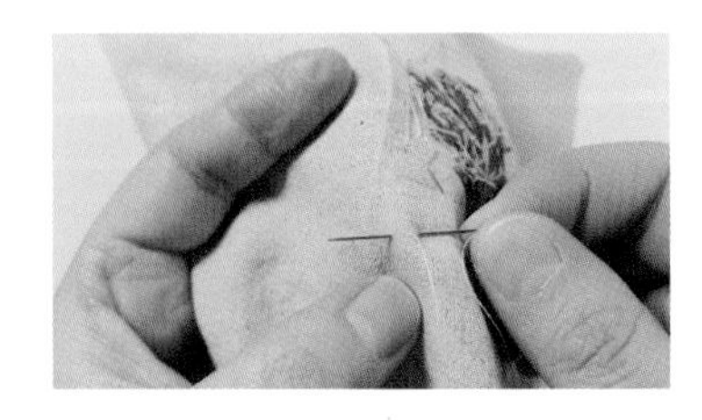

22 창구멍을 표시한 부분부터 박음질해줍니다.

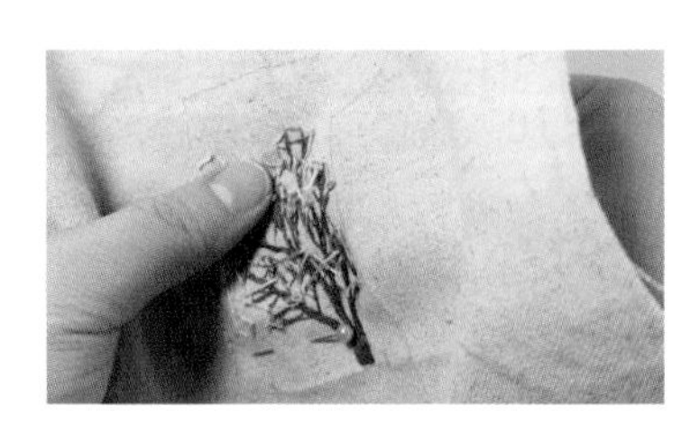

23 박음질 중간에 원단 안쪽으로 손을 넣어 리본을 고정했던 시침핀을 빼줍니다.

24 창구멍 표시선까지 박음질이 끝나면 매듭짓지 않고 바늘만 뺀 후 실을 남겨둡니다.

25 테두리 시접 5mm를 남기고 자른 후 모서리는 1mm 여유를 두고 사선으로 자릅니다.

26 창구멍으로 원단을 뒤집어주고

27 겸자 가위나 송곳을 이용해 모서리를 다듬어줍니다.

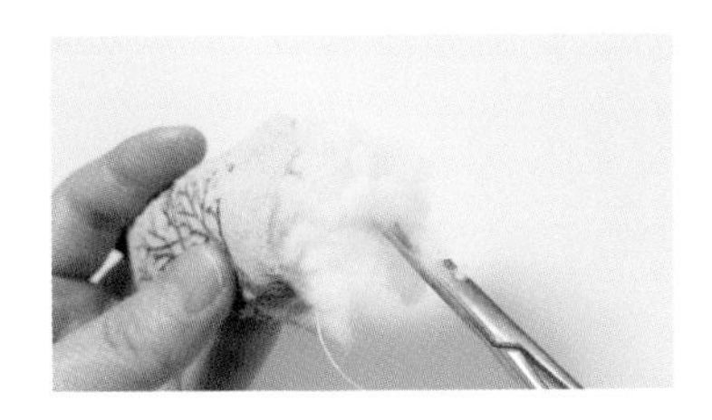

28 창구멍에 겸자 가위를 이용해 솜을 넣어줍니다. 모서리 부분까지 꼼꼼히 넣어줍니다. 이때 너무 빵빵하지 않게 4분의 3 정도만 채워주세요.

29 창구멍에 남겨두었던 실을 빼서 바늘에 끼우고 공그르기 합니다(이때 원단 속에 들어가 있는 실을 시접의 접힌 부분으로 뺀 후 공그르기 해주세요).

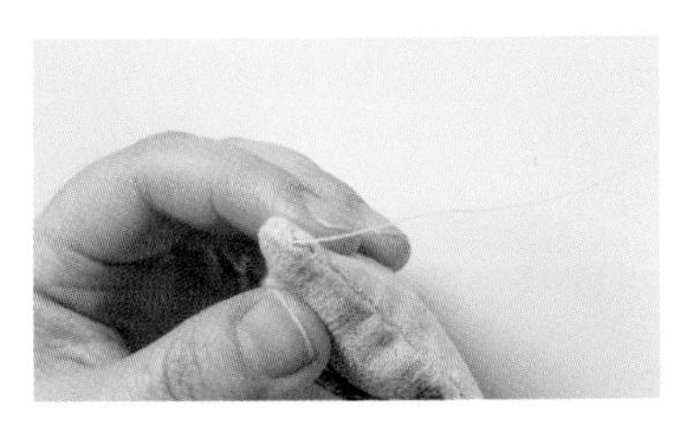

30 공그르기 후 매듭지어 줍니다.

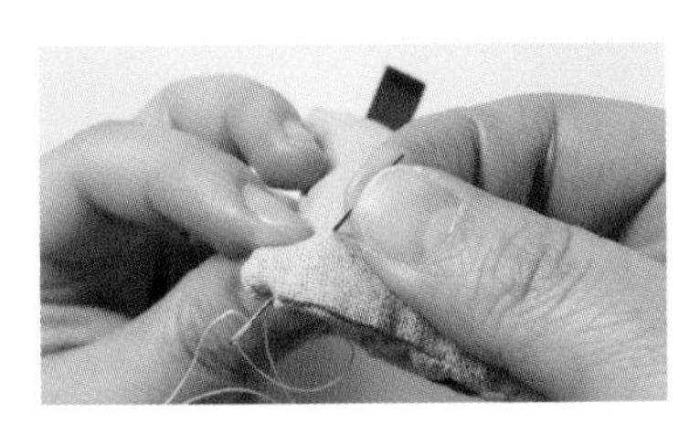

31 매듭지은 부분으로 바늘을 끼워 몸통으로 빼주고

32 실을 바짝 당겨 자르고 마무리합니다.

33 오링반지를 이용해 열쇠고리에 있는 오링을 열어줍니다.

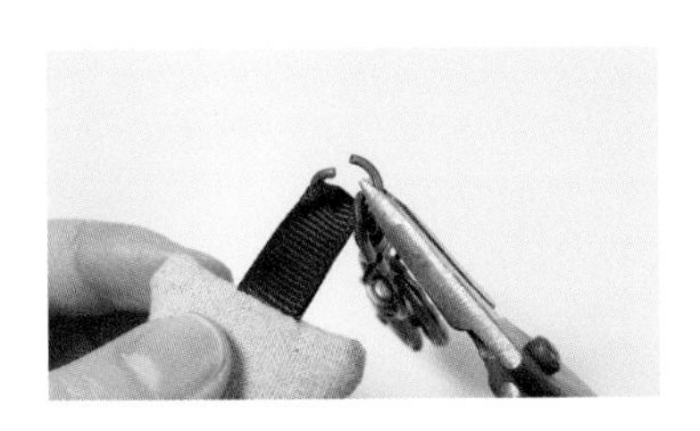

34 오링에 리본 고리를 끼우고 오링반지를 이용해 닫아줍니다.

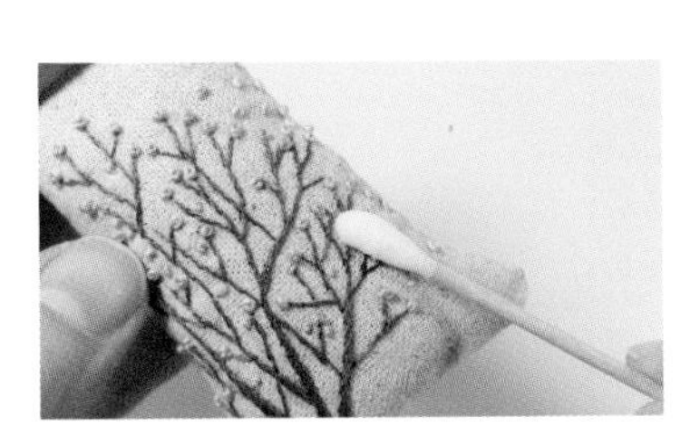

35 면봉에 물을 묻혀 도안선을 지웁니다.

36 열쇠고리 완성입니다.

• **Key ring** •

장미 키링

준비

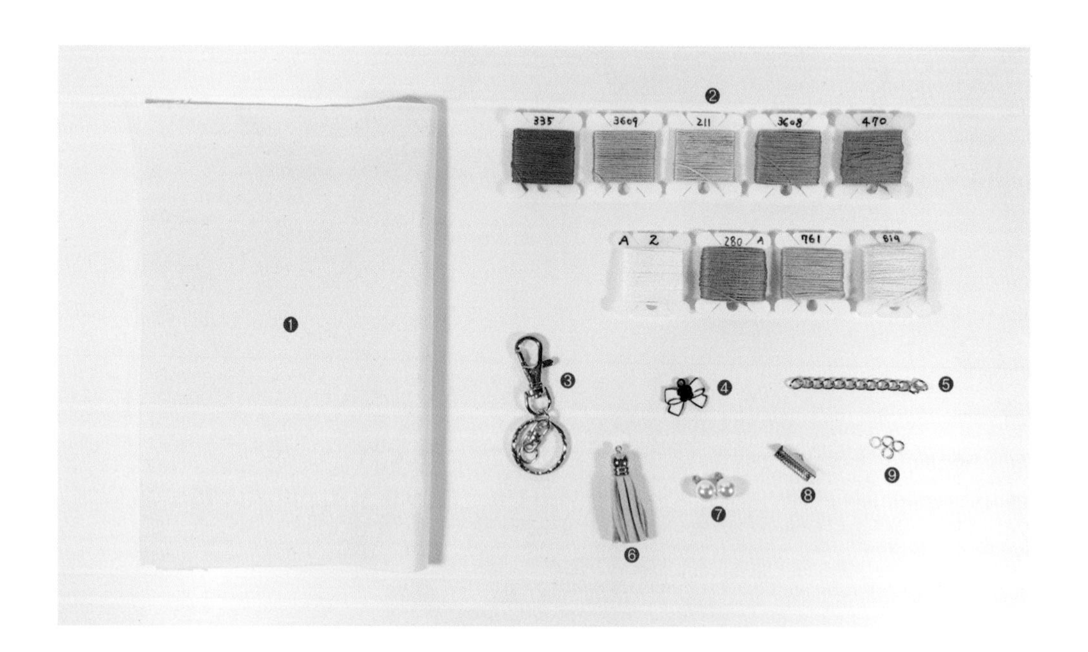

사용한 원단 ❶ 내추럴 10수 워싱 무지(21×28cm) 1장

사용한 실 ❷ DMC 25번사 : 211, 335, 470, 761, 819, 3608, 3609
앵커 25번사 : 2, 280

사용한 재료 ❸ 열쇠고리(골드) 1개, ❹ 리본 금속장식(가로 2cm, 세로 1.5cm, 똑같은 장식이 없으면 비슷한 크기의 다른 장식 사용 가능) 1개 , ❺ 삼각 패턴 체인(골드, 폭 5mm) 6cm로 자른 것 1개, ❻ 샤무드 태슬(45mm) 핑크 1개, ❼ 진주장식(지름 약 1cm) 2개, ❽ 레이스캡(2cm) 골드 1개, ❾ 오링(4mm) 골드 4개

사용한 도구 수틀, 자수 바늘, 불리온 자수 바늘, 수용성 먹지, 트레이싱지, 셀로판 종이, 손바늘(길이 4~5cm), 퀼팅실(내추럴), 도안펜, 쪽가위 또는 자수 가위, 일반 가위, 자수용 수성펜, 롱로우즈, 오링반지, 글루건, 면봉, 시침핀

도안

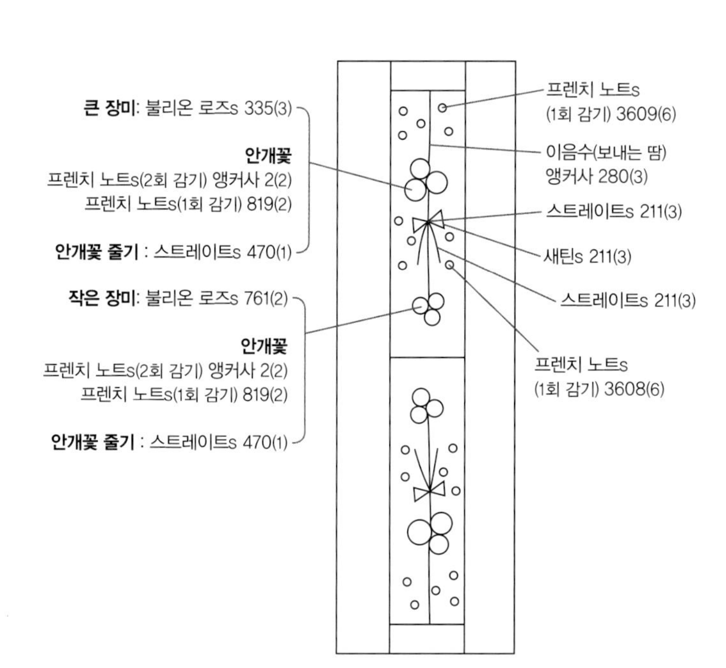

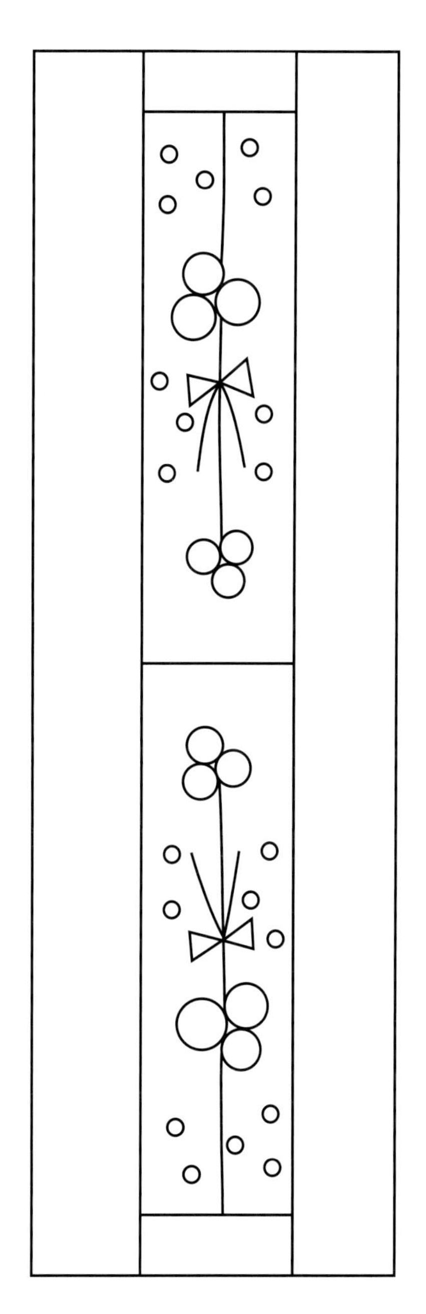

도안 설명은 스티치→실 번호→(실의 가닥 수)로 표기했습니다.
예) 불리온 로즈s 349(3) : 349번 실 3가닥으로 불리온 로즈 스티치를 합니다.

How to make

01 원단에 도안을 그립니다.

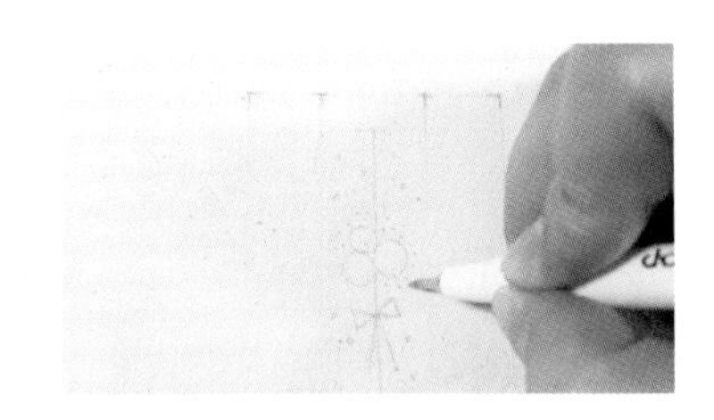

02 안개꽃은 수성펜으로 점을 찍어 표시해주세요.

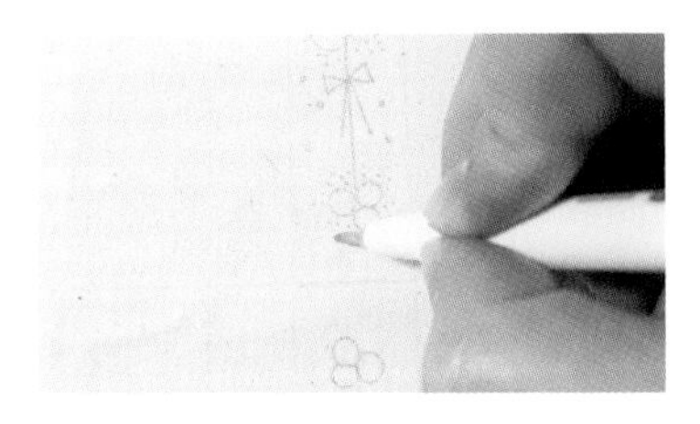

03 작은 장미꽃 주변에도 점을 찍어 표시해줍니다.

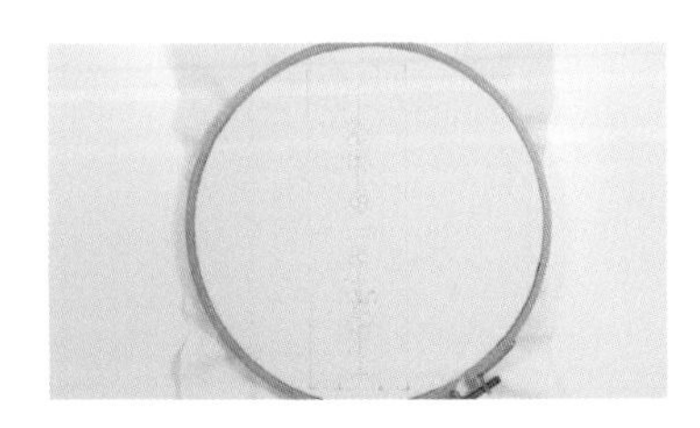

04 도안을 다 그렸으면 원단을 수틀에 끼웁니다.

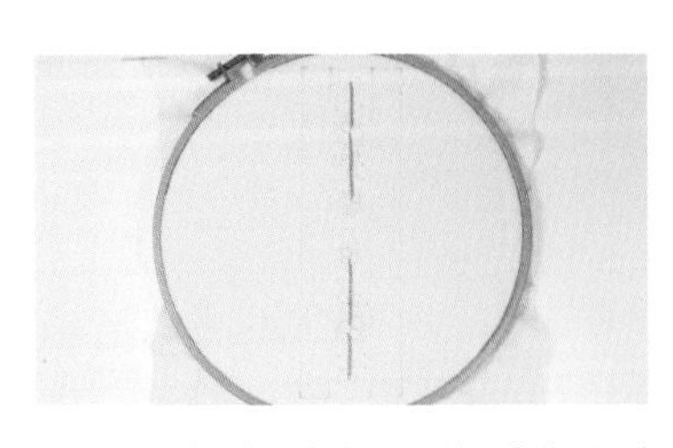

05 280번 실 3가닥으로 위, 아래, 줄기 모두 이음수(보내는 땀)로 수놓아줍니다(P. 34, 이음수(보내는 땀) 기법 참조).

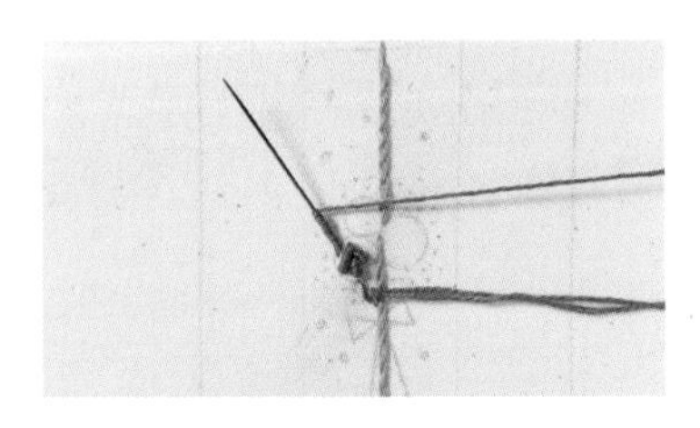

06 335번 실 3가닥으로 큰 장미를 불리온 로즈 스티치로 수놓습니다.

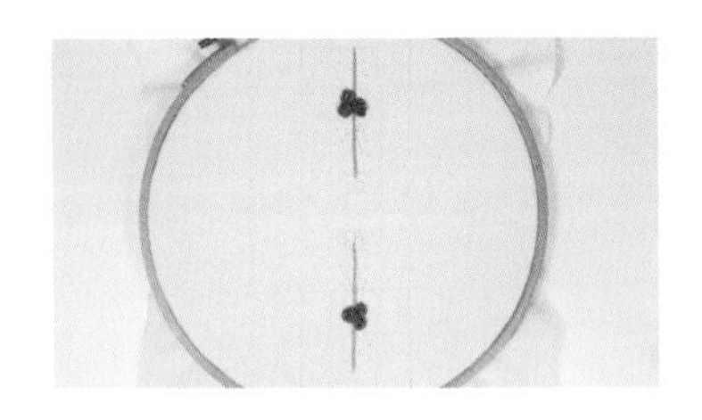

07 위아래 큰 장미 모두 수놓아줍니다.

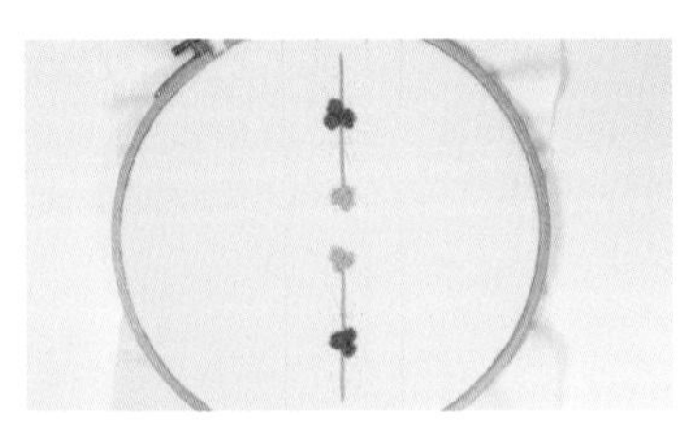

08 761번 실 2가닥으로 작은 장미를 모두 불리온 로즈 스티치로 수놓아줍니다.

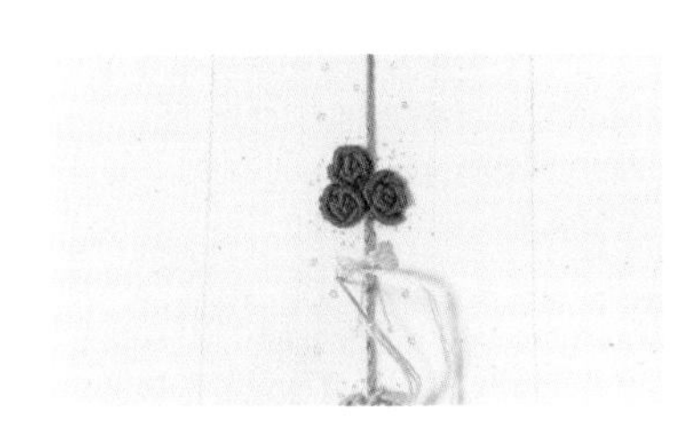

09 211번 실 3가닥으로 리본을 새틴 스티치로 수놓아줍니다.

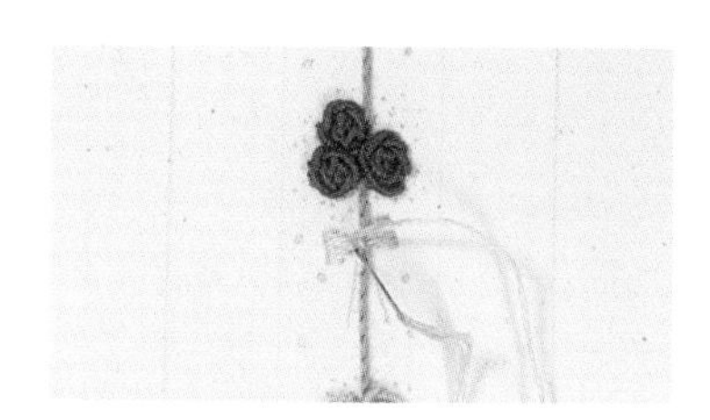

10 리본 중앙을 짧게 스트레이트 스티치로 3땀 정도 수놓아줍니다.

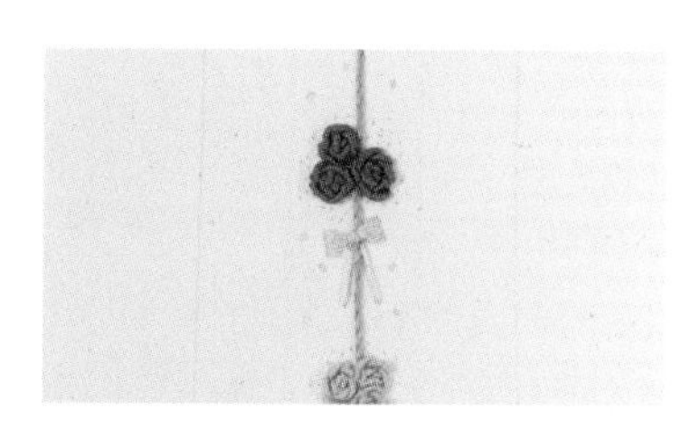

11 리본 꼬리를 스트레이트 스티치로 한 땀 수놓아줍니다.

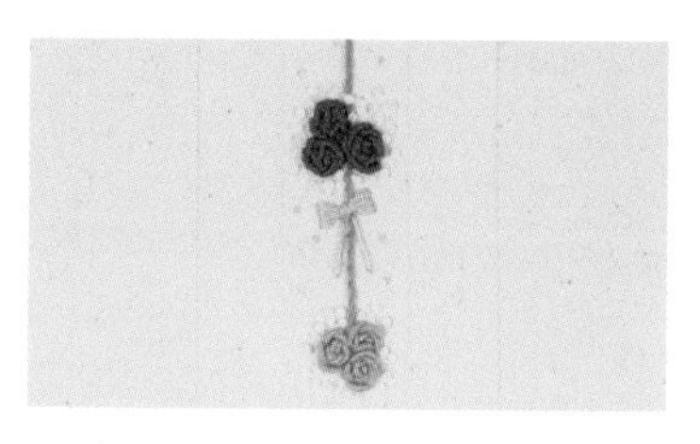

12 2번 실 2가닥으로 프렌치 노트 스티치(2회 감기)로 안개꽃을 수놓아주세요.

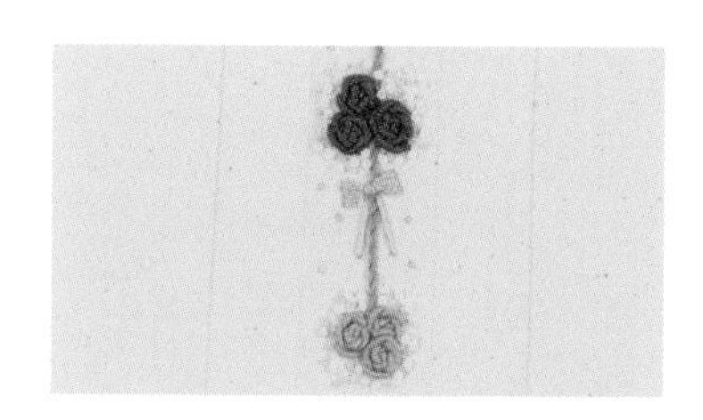

13 819번 실 2가닥으로 프렌치 노트 스티치(1회 감기)로 안개꽃 사이사이에 적당히 수놓아주세요.

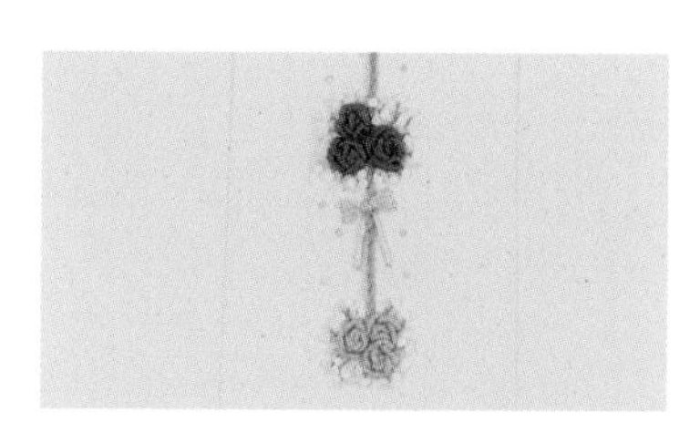

14 470번 실 1가닥으로 안개꽃 줄기를 스트레이트 스티치로 수놓아줍니다. 너무 꼼꼼히 수놓지 않아도 되고 사이 공간에 조금씩 수놓아 분위기를 맞춰주세요.

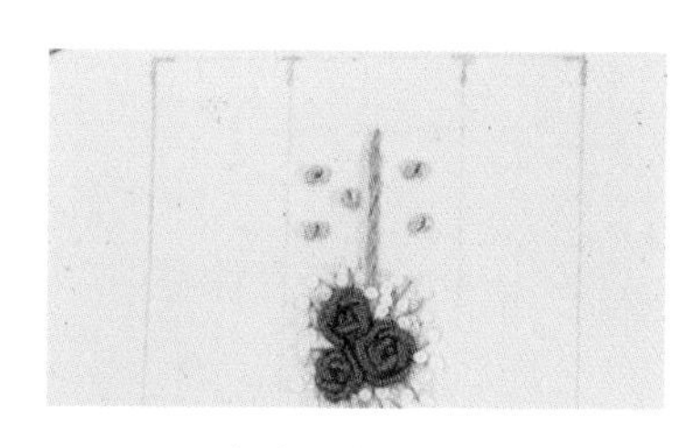

15 3609번 실 6가닥으로 프렌치 노트 스티치(1회 감기)로 큰 장미 윗부분 도트를 수놓아줍니다.

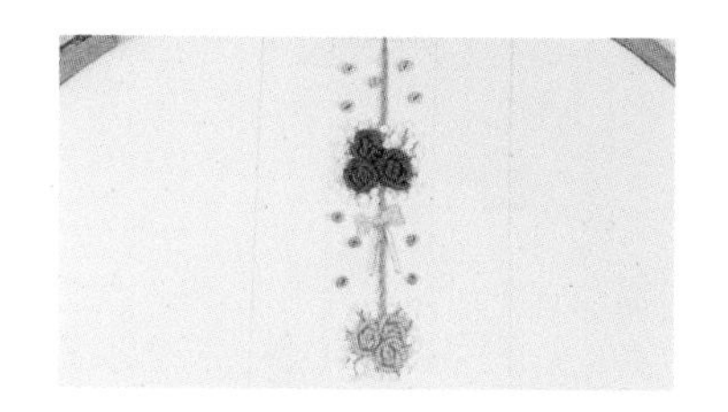

16 3608번 실 6가닥으로 프렌치 노트 스티치(1회 감기)로 나머지 도트를 수놓아줍니다.

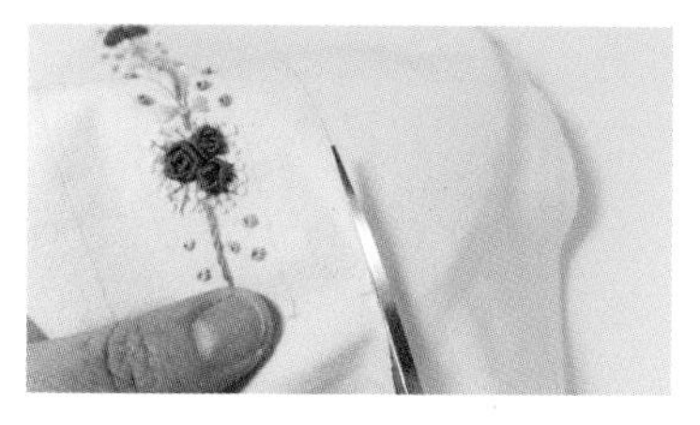

17 수를 다 놓은 원단을 수틀에서 빼낸 후 테두리를 가위로 자릅니다.

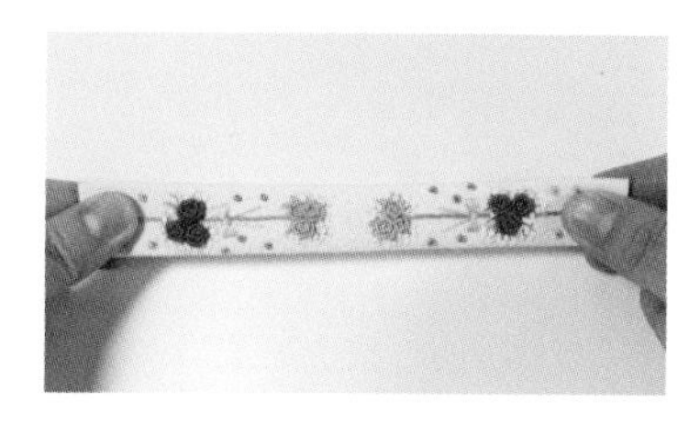

18 테두리 안쪽을 접어줍니다.

How to make

19 테두리를 접은 뒷면을 사진처럼 정리합니다.

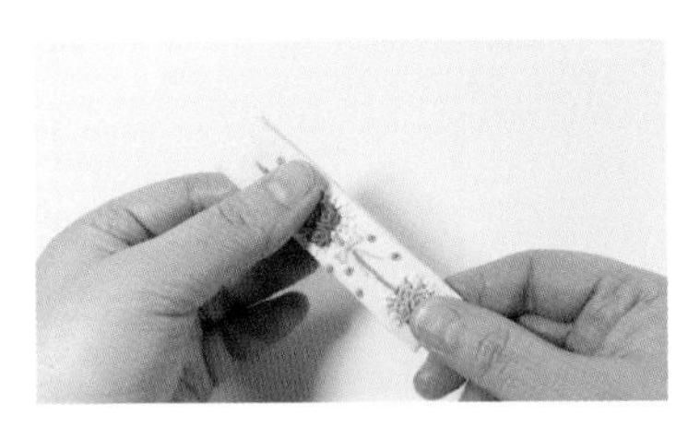

20 그대로 반으로 접습니다.

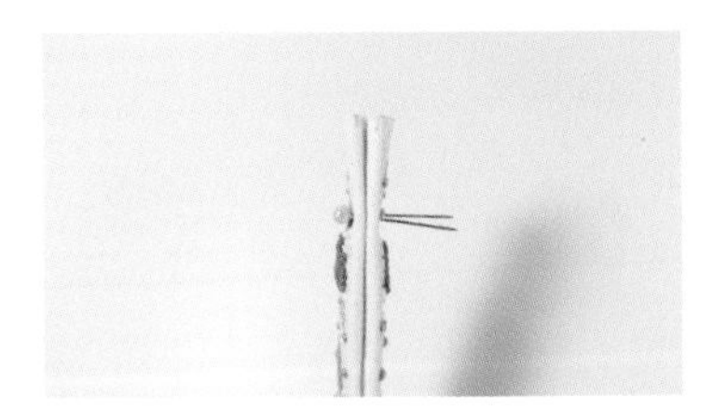

21 시침핀을 수직으로 꽂아 접은 원단을 고정합니다.

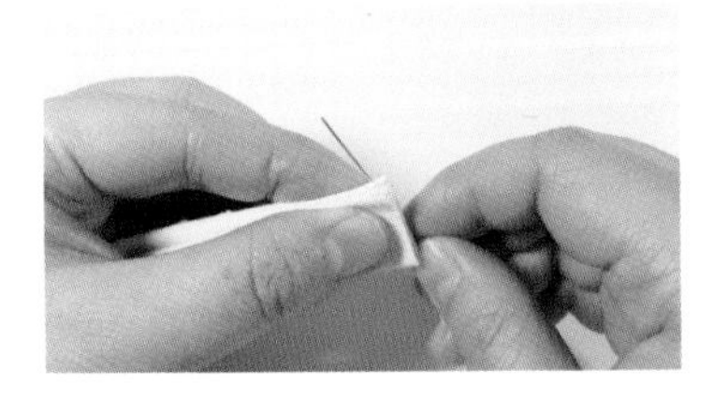

22 접은 원단 양옆을 공그르기로 맞붙여 줍니다.

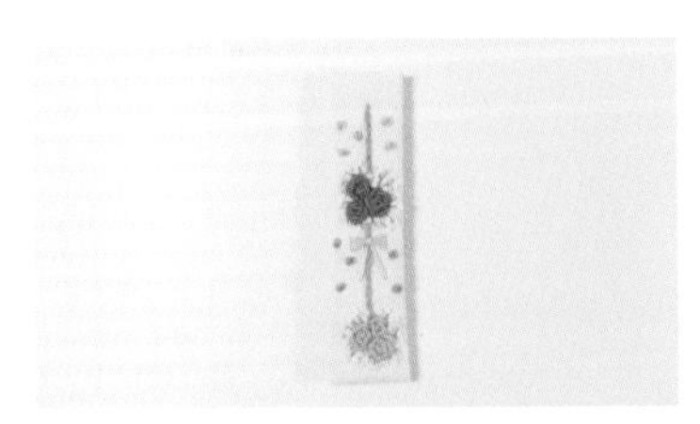

23 양옆을 공그르기로 마무리한 사진입니다.

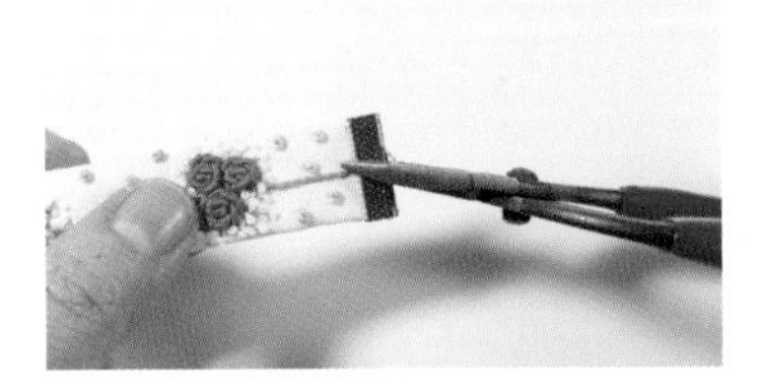

24 윗부분에 글루건을 쏘고 레이스캡을 씌운 후 집게로 눌러 고정합니다.

25 6cm로 잘라둔 체인의 3번째 위치에 오링을 끼우고 리본장식을 달아줍니다(위치는 꼭 같지 않아도 되므로 원하는 위치에 달아주세요).

26 체인의 5번째와 7번째 위치에 진주장식을 달아줍니다. 끝에는 샤무드 태슬을 달아줍니다.

27 열쇠고리에 오링을 열어서 장미장식과 체인장식을 달아줍니다.

28 면봉에 물을 묻혀 도안선을 지워주세요.

29 장미 키링이 완성되었습니다.

• Key ring •

들꽃 열쇠집

준비

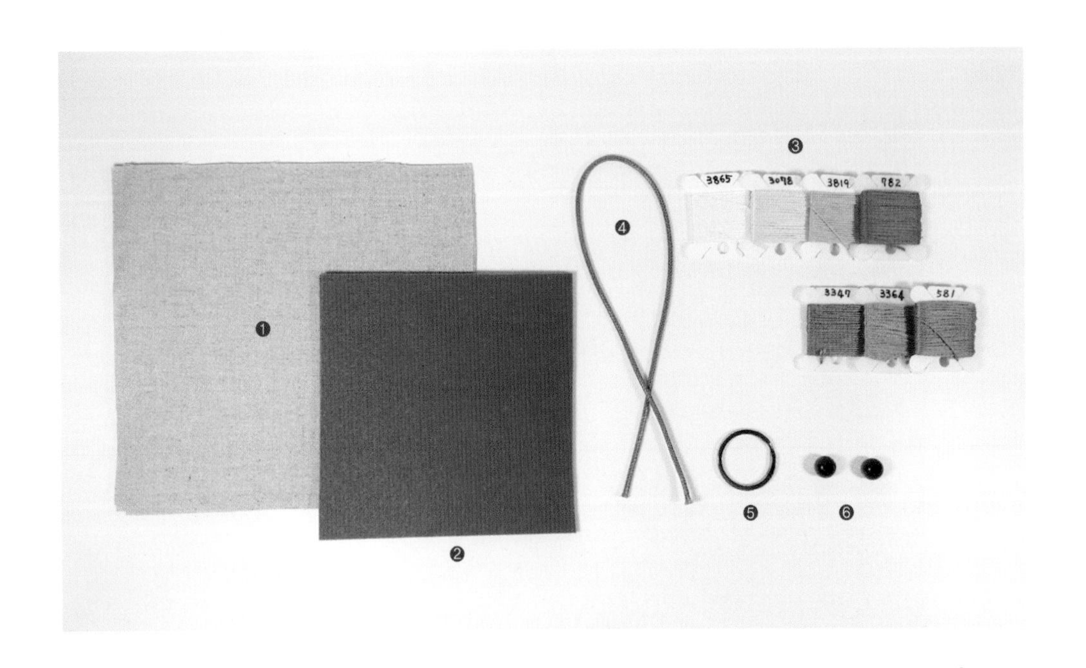

사용한 원단 ❶ 내추럴 11수 린넨(16×16cm) 4장
❷ 펠트(폭 2mm, 12×12cm) 2장

사용한 실 ❸ DMC 25번사 : 581, 782, 3078, 3347, 3364, 3865, 3819

사용한 재료 ❹ 치즈원형끈(두께 2mm, 길이 35cm) 1줄, ❺ 열쇠고리 링 1개, ❻ 나무 구슬(지름 1cm) 2개

사용한 도구 수틀, 자수 바늘, 수용성 먹지, 트레이싱지, 셀로판 종이, 손바늘, 퀼팅실(내추럴), 쪽가위 또는 자수 가위, 일반 가위, 도안펜, 자수용 수성펜, 시침핀, 면봉 또는 분무기

도안

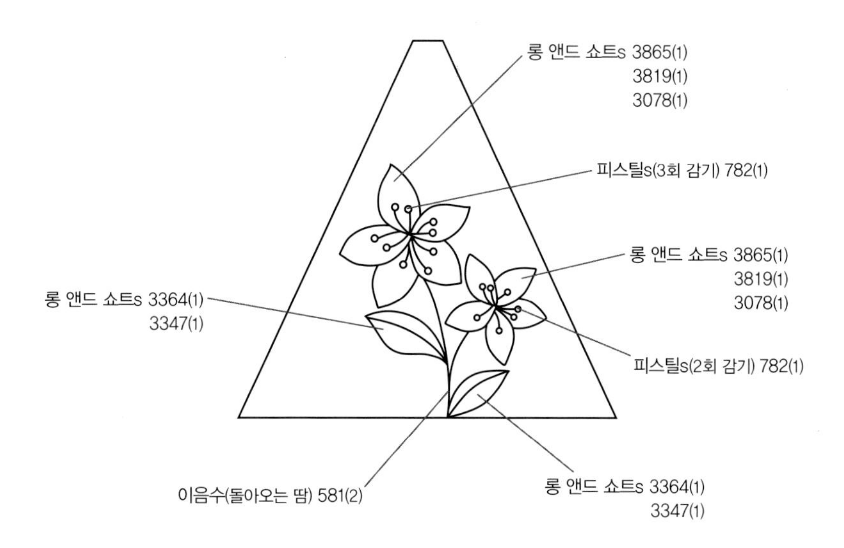

도안 설명은 스티치→실 번호→(실의 가닥 수)로 표기했습니다.
예) 불리온 로즈s 349(3) : 349번 실 3가닥으로 불리온 로즈 스티치를 합니다.

How to make

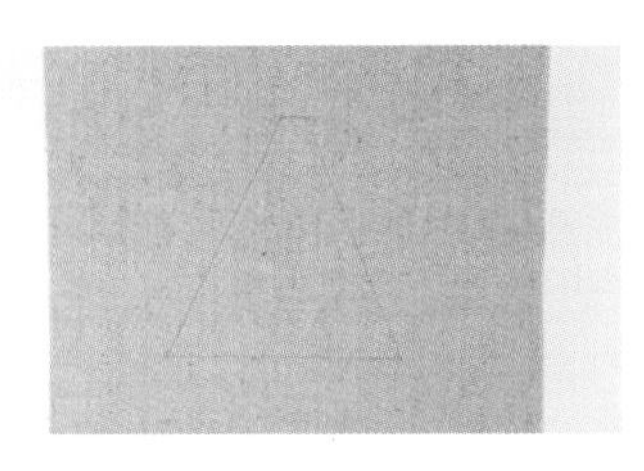

01 원단 위에 테두리를 그려줍니다.

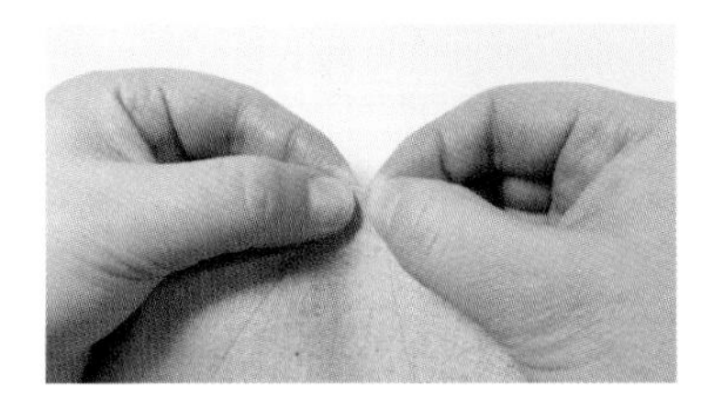

02 도안선을 따라 손다림질을 해주고

03 뒤집은 뒤 접은 선 안쪽에 꽃 도안을 그립니다.

04 3865번 실 1가닥으로 꽃잎의 3분의 1 지점까지 롱 앤드 쇼트 스티치로 수놓아줍니다.

05 3819번 실 1가닥으로 꽃잎의 두 번째 단을 롱 앤드 쇼트 스티치로 수놓습니다.

06 3078번 실 1가닥으로 꽃잎의 세 번째 단을 롱 앤드 쇼트 스티치로 수놓아줍니다.

07 782번 실 1가닥으로 꽃잎의 중심 근처에서 바늘을 뺀 후 피스틸 스티치를 3회 감아 꽃술을 수놓아줍니다.

08 큰 꽃은 피스틸 스티치를 3회 감고, 작은 꽃은 2회 감아서 꽃술을 수놓아주세요.

09 581번 실 2가닥으로 줄기를 이음수(돌아오는 땀)로 수놓아주세요.

10 3364번 실 1가닥으로 잎사귀 2분의 1 정도까지 롱 앤드 쇼트 스티치를 사선 방향으로 수놓아줍니다.

11 3347번 실 1가닥으로 잎사귀 가운데 선을 기준으로 사선 방향으로 롱 앤드 쇼트 스티치로 수놓아 채워줍니다.

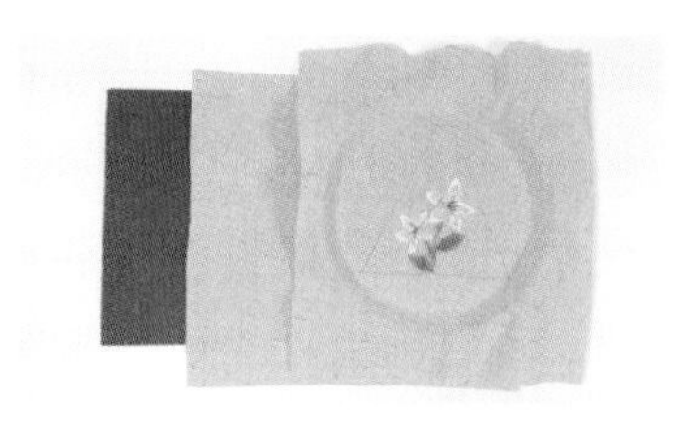

12 펠트→린넨→수놓은 원단 순서로 놓고

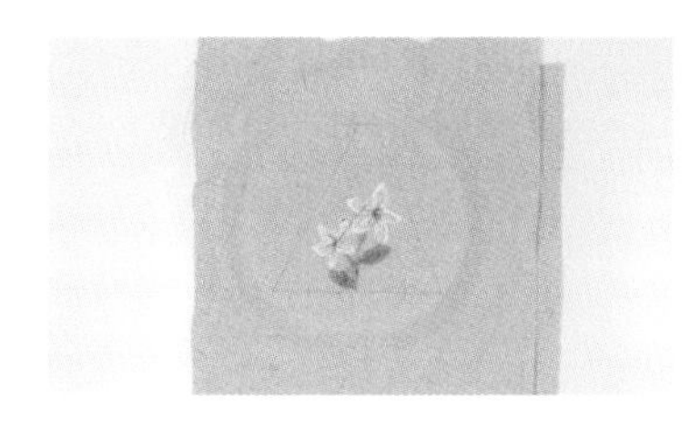

13 겹쳐줍니다. 수놓은 원단은 뒷면이 위로 오도록 뒤집어놓습니다.

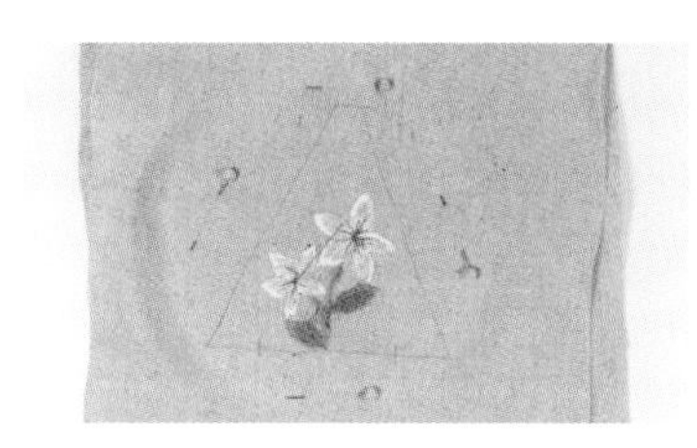

14 원단을 시침핀으로 고정하고 테두리 아래쪽에 창구멍을 표시합니다.

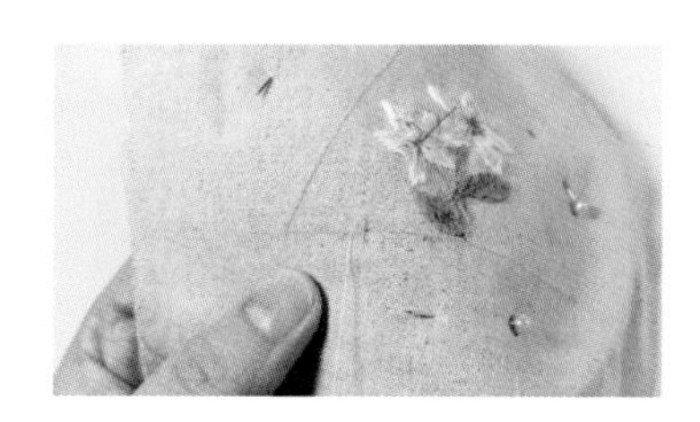

15 창구멍 표시선부터 박음질을 시작합니다.

16 반대편 창구멍에서 박음질을 멈추고 실을 매듭짓지 않고 바늘만 빼둡니다.

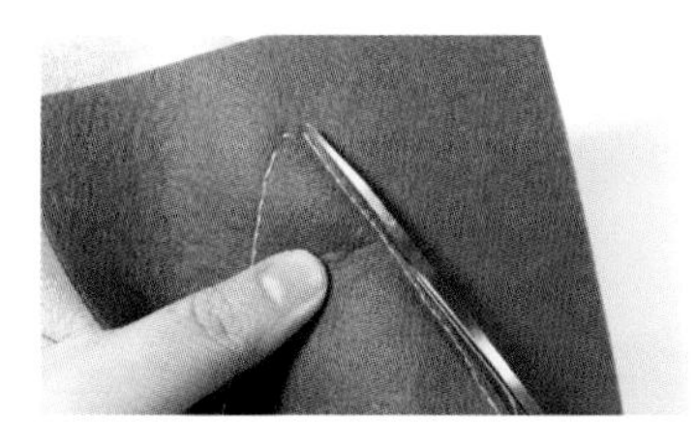

17 박음질 선에서 1mm 남기고 펠트만 잘라주는데

18 린넨 원단이 잘리지 않게 사진처럼 원단을 뒤쪽으로 접어서 손으로 잡고 펠트만 잘라주세요.

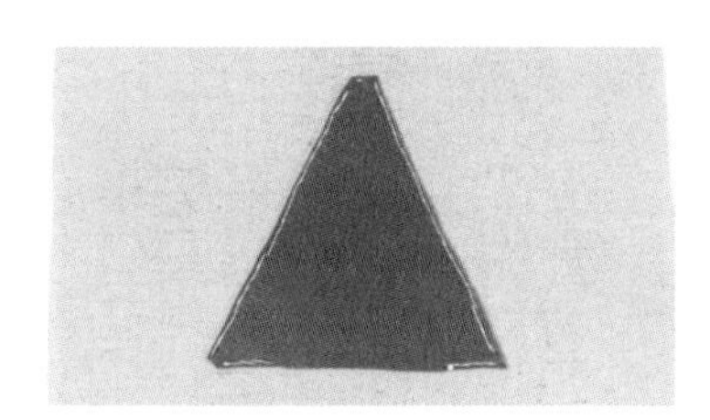

19 펠트만 자른 사진입니다.

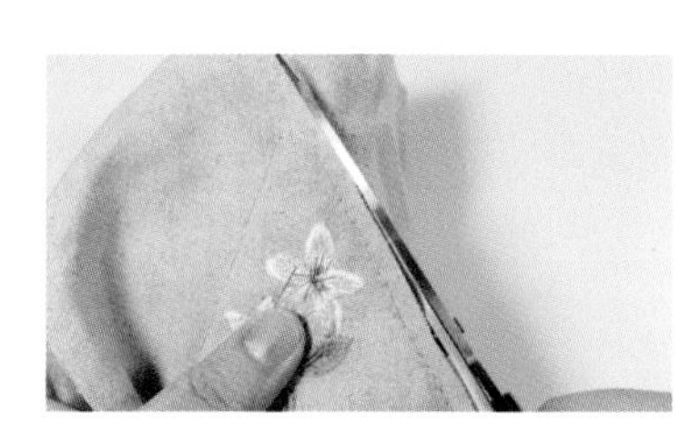

20 박음질 선에서 5mm 정도 여유를 두고 린넨을 자릅니다. 이때 창구멍에 남겨놓은 실이 잘리지 않게 주의해주세요.

21 모서리는 1mm 정도 여유를 두고 사선으로 자릅니다.

22 창구멍으로 원단을 뒤집어주고

23 송곳이나 끝이 뾰족한 물건을 원단 안쪽으로 넣어 모서리를 정리해주세요. 모서리는 너무 뾰족하게 정리하지 않아도 됩니다.

24 박음질 후 남겨놓았던 실에 바늘을 끼워서 공그르기로 창구멍을 막아줍니다.

How to make

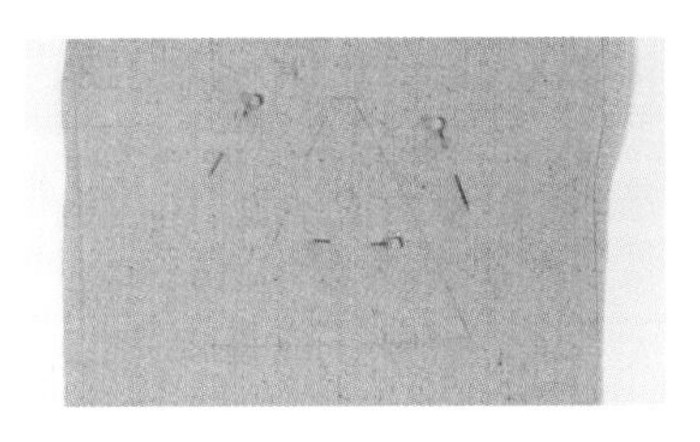

25 나머지 원단에 테두리를 그리고 12~24번 과정을 반복하여 나머지 한쪽 면도 완성해줍니다.

26 열쇠집의 앞뒷면 원단이 완성되었습니다.

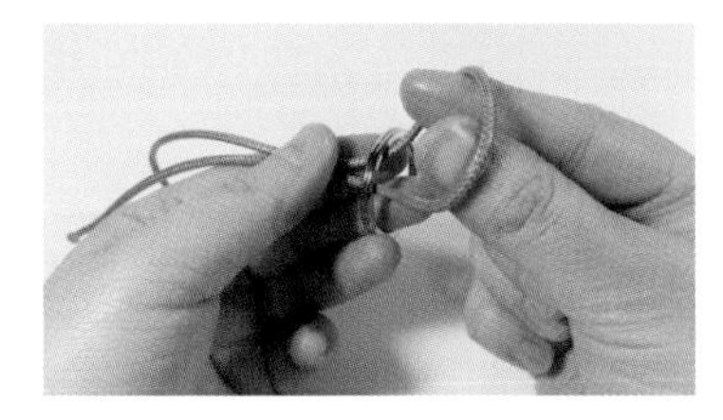

27 끈을 반 접어 링에 끼우고 고리를 손가락으로 벌려서

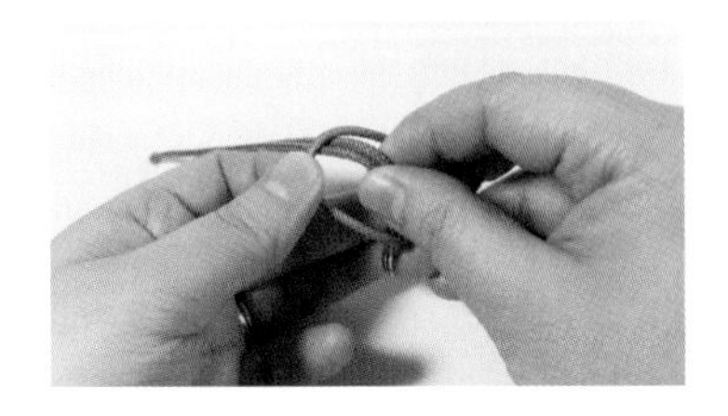

28 끈을 잡고 고리 안쪽으로 빼줍니다.

29 링에 끈을 연결해줍니다.

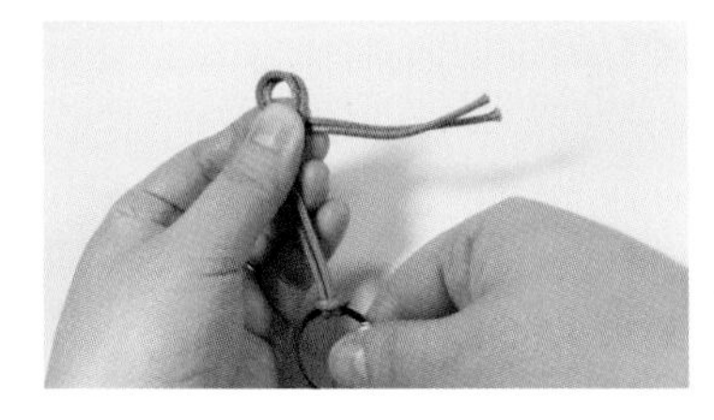

30 링에 매듭지은 부분에서 8cm 정도 지점에 끈을 동그랗게 말아 고리를 만듭니다.

31 고리에 끈을 끼워 매듭짓습니다.

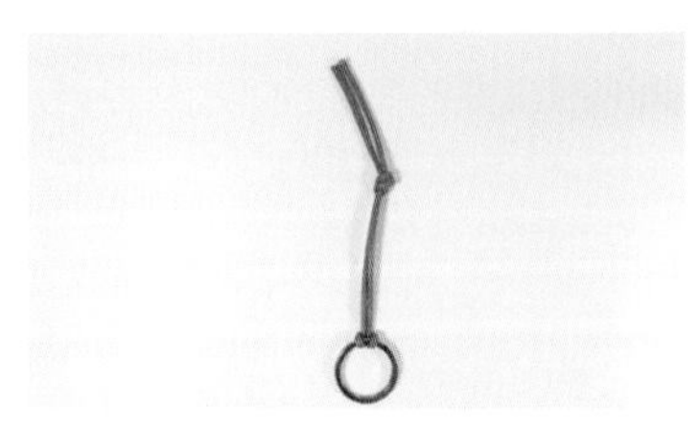

32 링에 매듭지은 부분에서 8cm 올라간 곳에 매듭을 지은 모습입니다.

33 끝부분에 나무 구슬을 끼우고 끝을 묶어줍니다.

34 나무 구슬을 끼운 모습입니다.

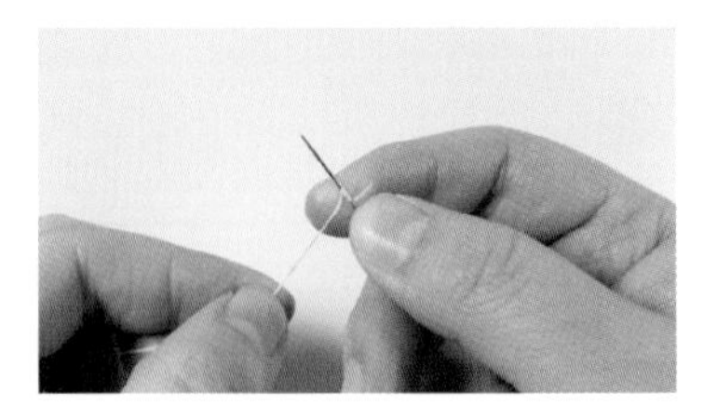

35 손바늘에 퀼팅실 1가닥을 끼우고 실을 반으로 접어 두 가닥을 한꺼번에 매듭지어 줍니다(열쇠집 앞뒷면 원단을 퀼팅실 두 가닥으로 튼튼하게 공그르기 하기 위해서입니다).

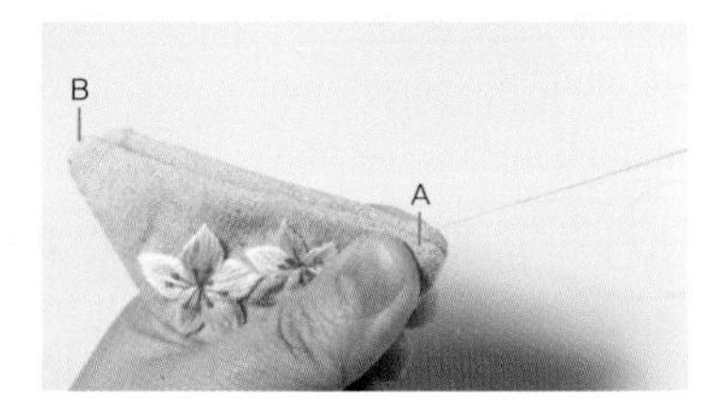

36 앞뒷면 원단 두 장을 겹쳐주고 A에서 B까지 공그르기 해줍니다. 이때 원단이 두껍기 때문에 실을 좀 더 힘주어 당겨야 공그르기 할 때 잘 맞붙습니다.

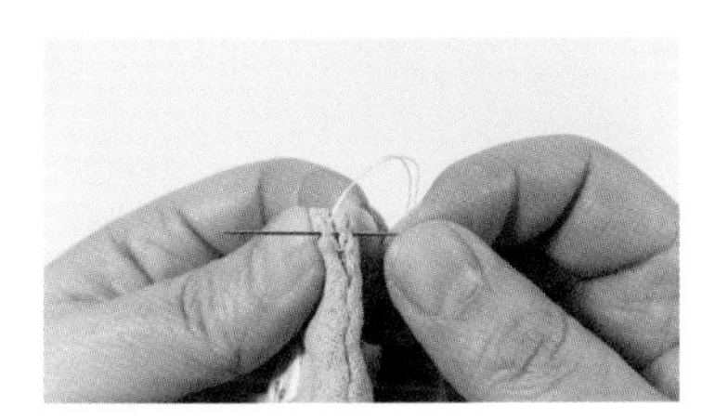

37 B 지점에서 매듭짓습니다.

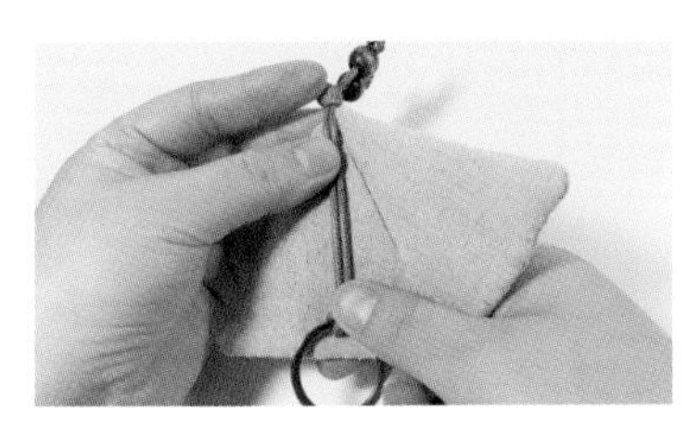

38 원단을 벌려 안쪽에 끈을 놓습니다. 끈 8cm 되는 지점 매듭이 꼭짓점 밖으로 놓이도록 위치를 잡아줍니다.

39 앞뒷면 원단을 접어 나머지 옆면도 공그르기로 이어줍니다.

40 면봉에 물을 묻히거나 분무기로 물을 뿌려 도안선을 지우고 들꽃 열쇠집을 완성합니다.

• Key ring •

꽃놀이 열쇠집

준비

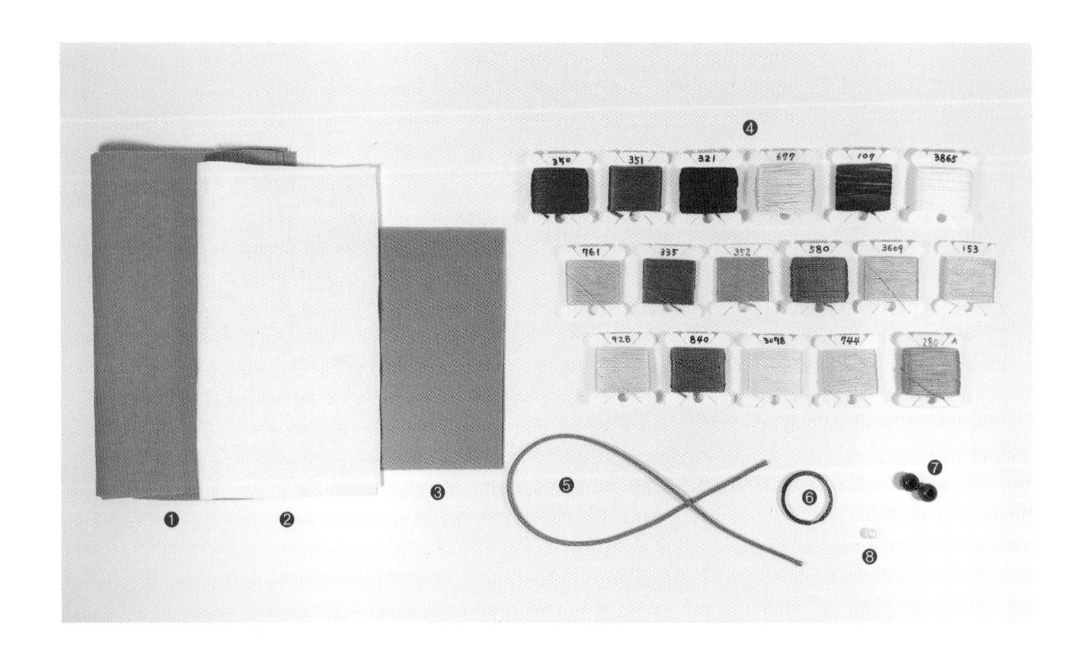

사용한 원단 ❶ 연두 또는 올리브 11수 린넨(18×20cm) 4장
❷ 백아이보리 11수 린넨(18×20cm) 1장
❸ 펠트(폭 2mm, 13×13cm) 2장

사용한 실 ❹ DMC 25번사 : 107, 153, 321, 335, 350, 351, 352, 580, 677, 744, 761, 840, 928, 3078, 3609, 3865
앵커 25번사 : 280

사용한 재료 ❺ 치즈원형끈(두께 2mm, 길이 40cm) 1개, ❻ 열쇠고리 링 1개, ❼ 나무 구슬(지름 1cm) 2개,
❽ 진주 구슬(지름 6mm) 1개

사용한 도구 수틀, 자수 바늘, 불리온 자수 바늘 또는 입체자수 바늘(길이 5cm 정도), 손바늘, 비즈 바늘, 퀼팅실(그레이 또는 그린톤이나 내추럴), 수용성 먹지, 트레이싱지, 셀로판 종이, 도안펜, 자수용 수성펜, 시침핀, 쪽가위 또는 자수 가위, 일반 가위 또는 재단 가위, 자, 면봉 또는 분무기

도안

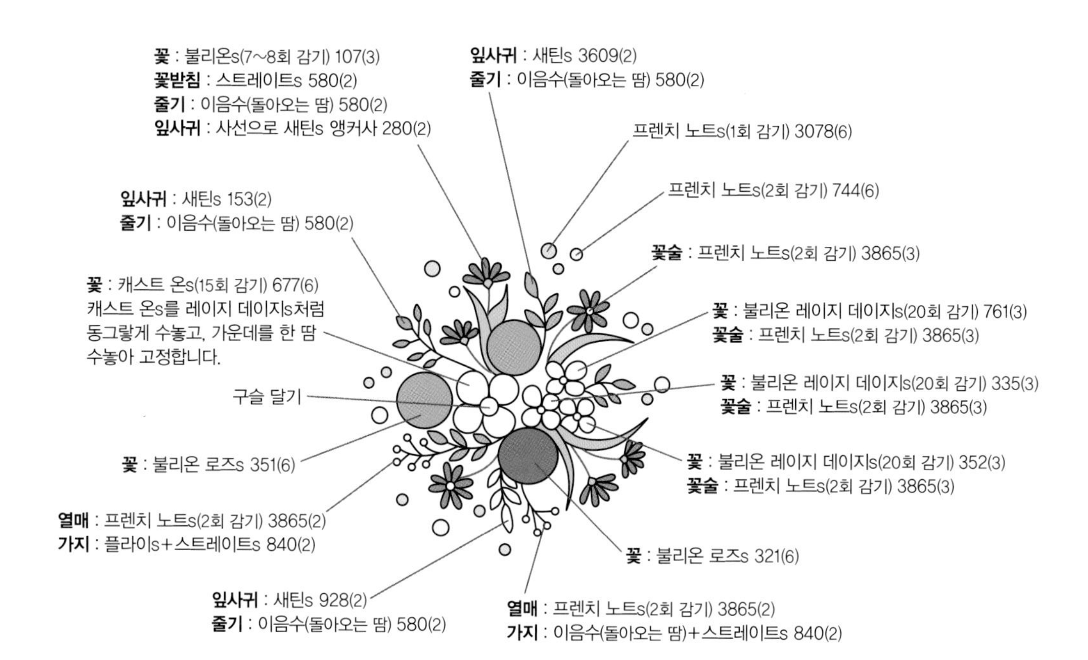

도안 설명은 스티치→실 번호→(실의 가닥 수)로 표기했습니다.
예) 불리온 로즈s 349(3) : 349번 실 3가닥으로 불리온 로즈 스티치를 합니다.

How to make

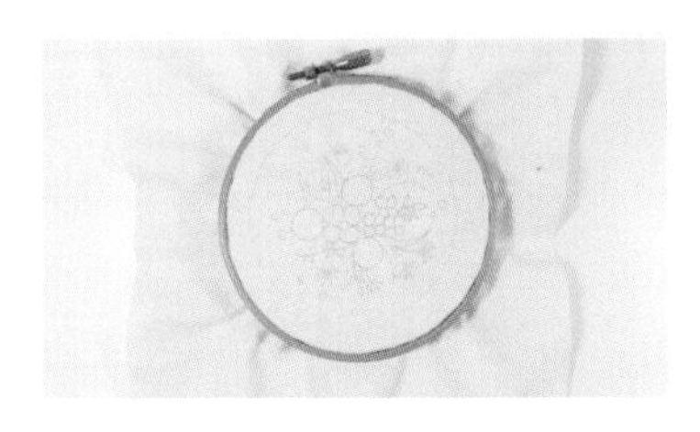

01 백아이보리 원단에 도안을 그리고 수틀에 끼웁니다.

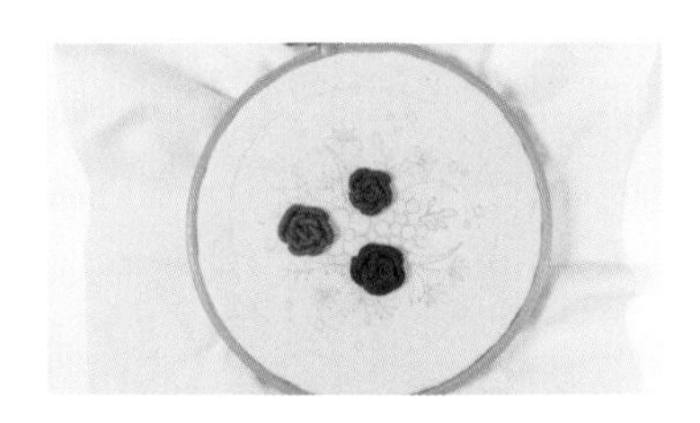

02 350번 실 6가닥, 351번 실 6가닥, 321번 실 6가닥으로 각각의 장미를 불리온 로즈 스티치로 수놓습니다.

03 677번 실 6가닥으로 캐스트 온 스티치를 15회 정도 감아 동그랗게 수놓고, 가운데 한 땀을 놓아 고정합니다(P. 52, 캐스트 온 스티치 기법 참조).

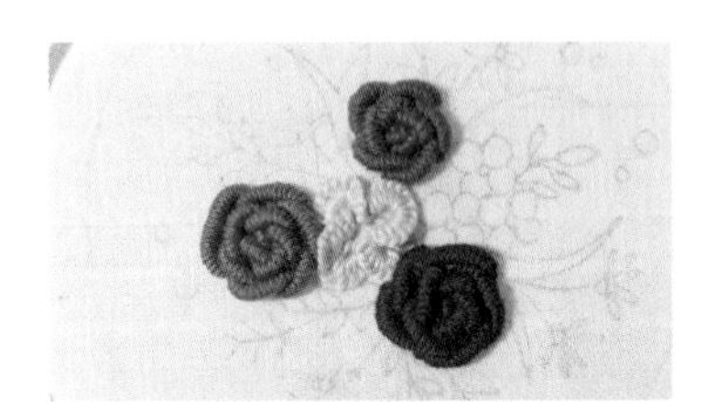

04 같은 방법으로 꽃잎 4개를 수놓아줍니다.

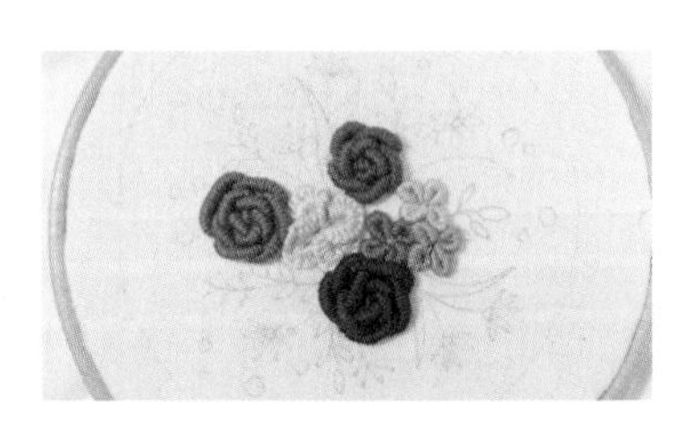

05 335번 실 3가닥, 761번 실 3가닥, 352번 실 3가닥으로 불리온 레이지 데이지 스티치를 20회 정도 감아 꽃잎을 각각 수놓아줍니다.

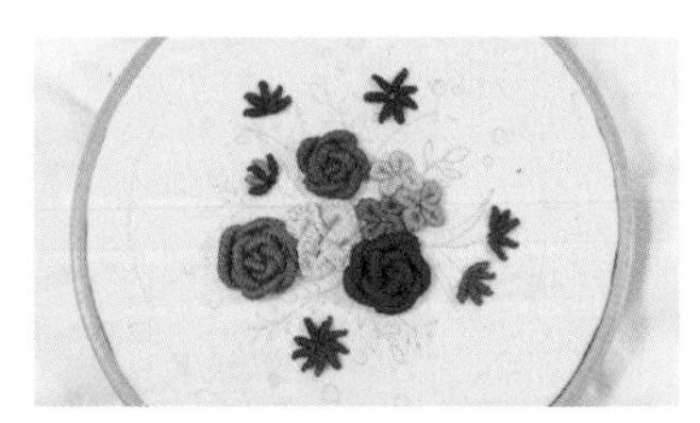

06 107번 실 3가닥으로 7~8회 감아서 불리온 스티치로 꽃잎을 수놓습니다.

07 580번 실 2가닥으로 꽃잎 사이사이에 스트레이트 스티치로 꽃받침을 수놓고, 줄기는 이음수(돌아오는 땀)로 수놓아줍니다.

08 3609번 실 2가닥, 153번 실 2가닥, 928번 실 2가닥으로 각각의 잎사귀를 새틴 스티치로 수놓아줍니다.

09 840번 실 2가닥으로 이음수(돌아오는 땀)와 스트레이트 스티치를 혼합해서 가지를 수놓고 3865번 실 2가닥으로 프렌치 노트 스티치(2회 감기)로 열매를 수놓아줍니다.

10 280번 실 2가닥으로 새틴 스티치를 사선 방향으로 잎사귀를 수놓아줍니다.

11 3865번 실 3가닥으로 꽃술을 프렌치 노트 스티치(2회 감기)로 수놓아줍니다.

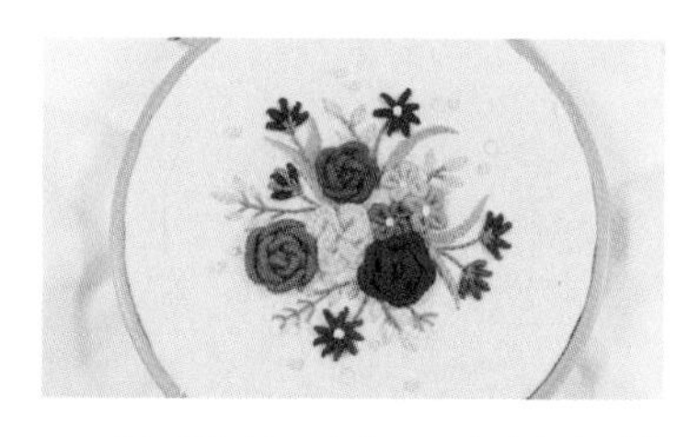

12 3078번 실 6가닥으로 가장자리 작은 도트를 프렌치 노트 스티치(1회 감기)로 수놓습니다.

13 744번 실 6가닥으로 큰 도트를 프렌치 노트 스티치(2회 감기)로 수놓습니다.

14 진주 구슬을 달아줍니다(P. 57, 구슬 달기 참조).

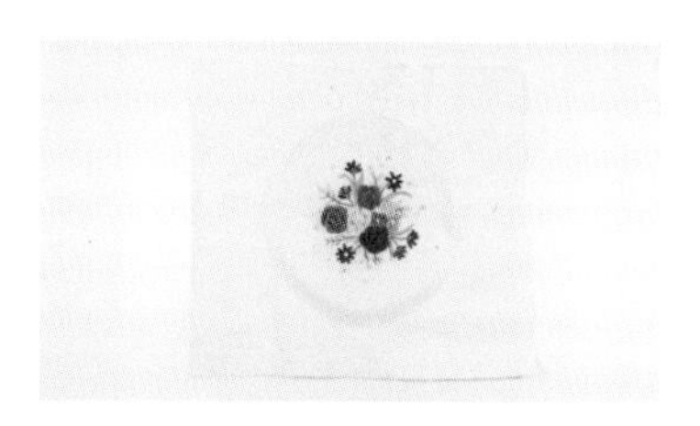

15 원단을 수틀에서 분리합니다.

16 연두색 또는 올리브색 린넨에 원형 테두리를 그립니다.

17 펠트→린넨→테두리 그려놓은 린넨 순서로 놓고

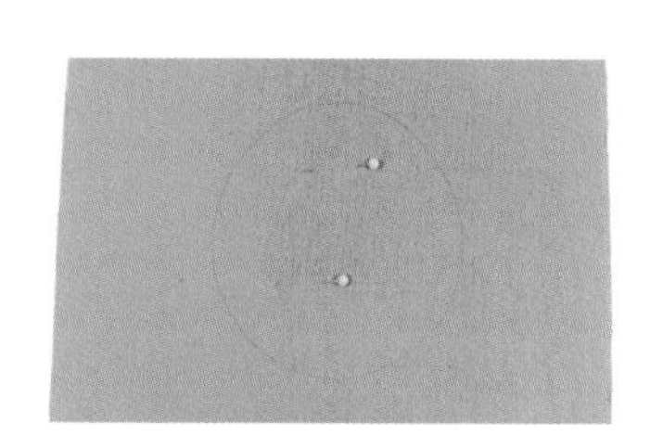

18 한꺼번에 겹쳐서 시침핀으로 고정한 후 창구멍을 남겨두고 박음질합니다.

How to make

19 박음질이 끝나면 실을 매듭짓지 않고 바늘만 뺀 후 남겨두고 시접을 5mm 남기고 원단을 잘라줍니다. 이때 남겨놓은 실이 잘리지 않도록 주의해주세요.

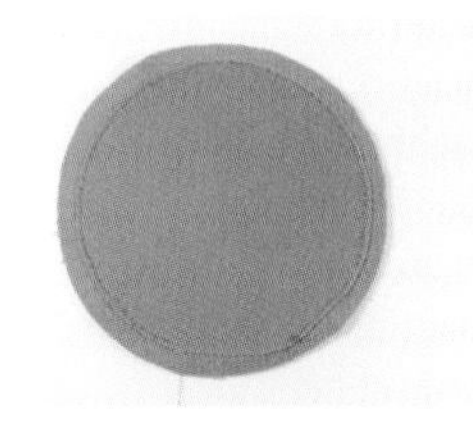

20 펠트를 1mm만 남기고 짧게 자릅니다.

21 7~8mm 간격으로 촘촘하게 가위집을 냅니다.

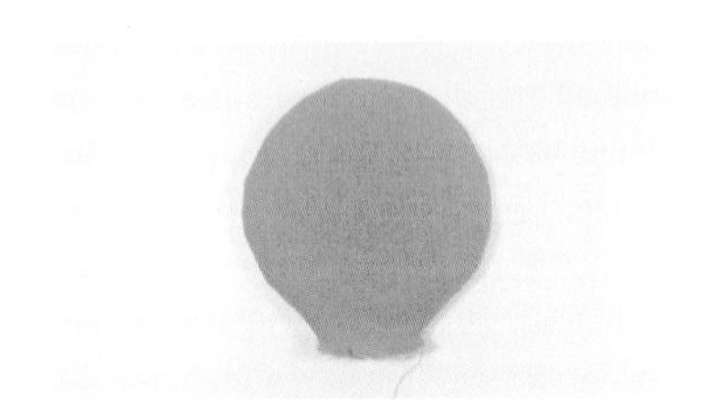

22 원단을 뒤집습니다.

23 남겨놓은 실에 바늘을 끼워 공그르기로 창구멍을 막아줍니다.

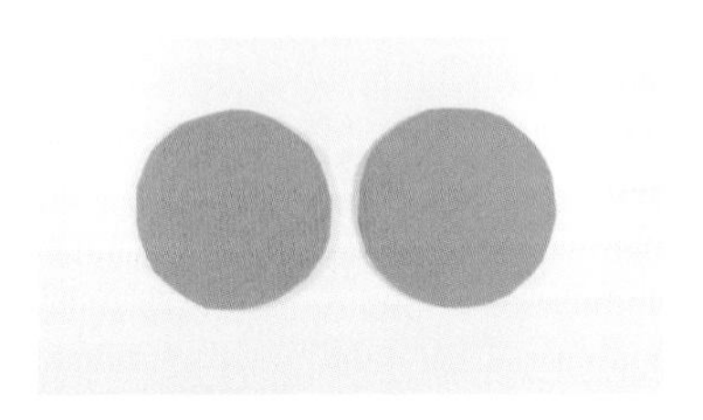

24 같은 방법으로 원형 판 2개를 만들어 주세요.

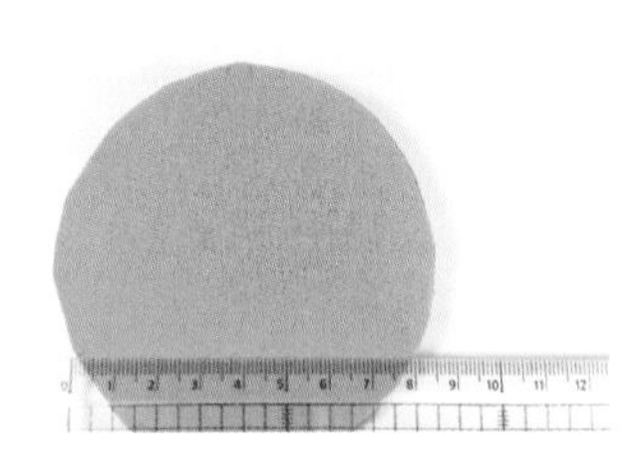

25 원형 판 아래쪽에 자를 대고 8cm 되는 지점 양쪽에 수성펜으로 표시하고 위쪽 중간에 5mm 간격으로 선 2개를 표시합니다.

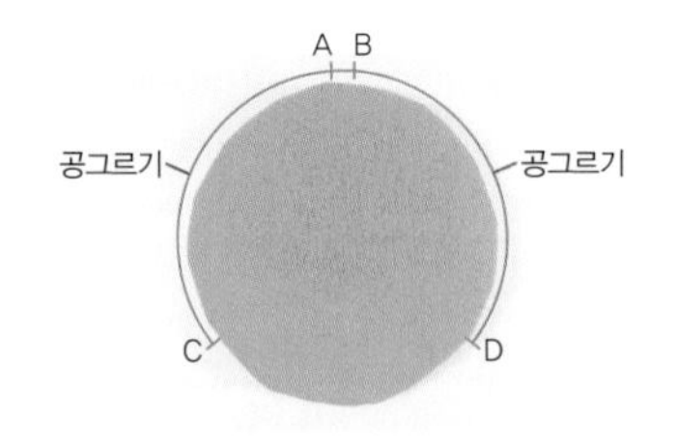

26 나머지 원형 판 한 개를 겹쳐서 B와 D 지점을 먼저 공그르기 합니다(퀼팅실을 두 겹으로 매듭지어서 단단하게 공그르기 해줍니다).

27 박음질되어 있는 선 바깥쪽으로 바늘을 끼우고 실을 당겨서 원형 판을 잘 붙여가며 공그르기한 후 매듭지어 줍니다.

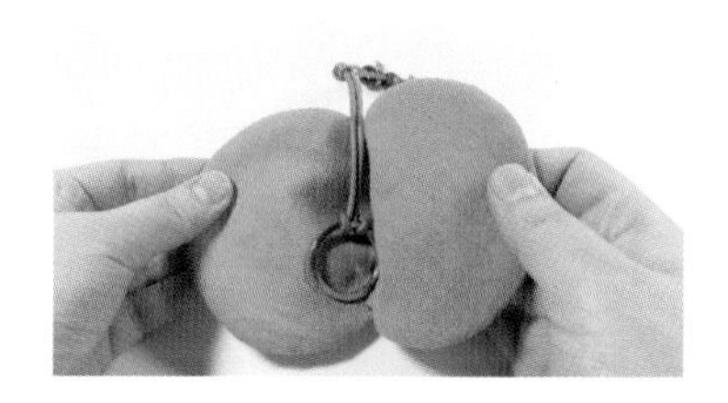

28 공그르기가 끝나면 링을 올려놓습니다(링에 끈 연결 방법은 P. 154, 들꽃 열쇠집 27~34번 방법 참조).

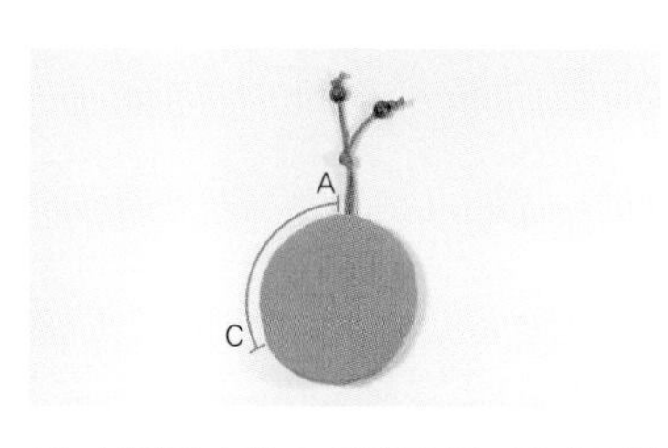

29 나머지 A와 C 지점도 공그르기로 연결해줍니다.

30 원단을 시접 1cm 여유를 두고 자른 후 시접에 1cm 간격으로 가위집을 냅니다.

31 원형 판 위에 수놓은 원단의 시접을 접어 위치를 맞추고 시침핀으로 고정합니다.

32 퀼팅실(내추럴) 한 가닥을 손바늘에 끼워서 시접 안쪽으로 바늘을 끼워 매듭이 보이지 않게 한 후 공그르기로 원단을 붙여줍니다.

33 공그르기가 끝나면 바늘이 나온 곳에서 한 땀 뒤로 돌아가 앞으로 빼주고 매듭지어 마무리합니다.

34 면봉에 물을 묻히거나 분무기로 물을 뿌려 도안선을 지우고 꽃놀이 열쇠집을 완성합니다.

• Hand mirror •

장미 이야기

준비

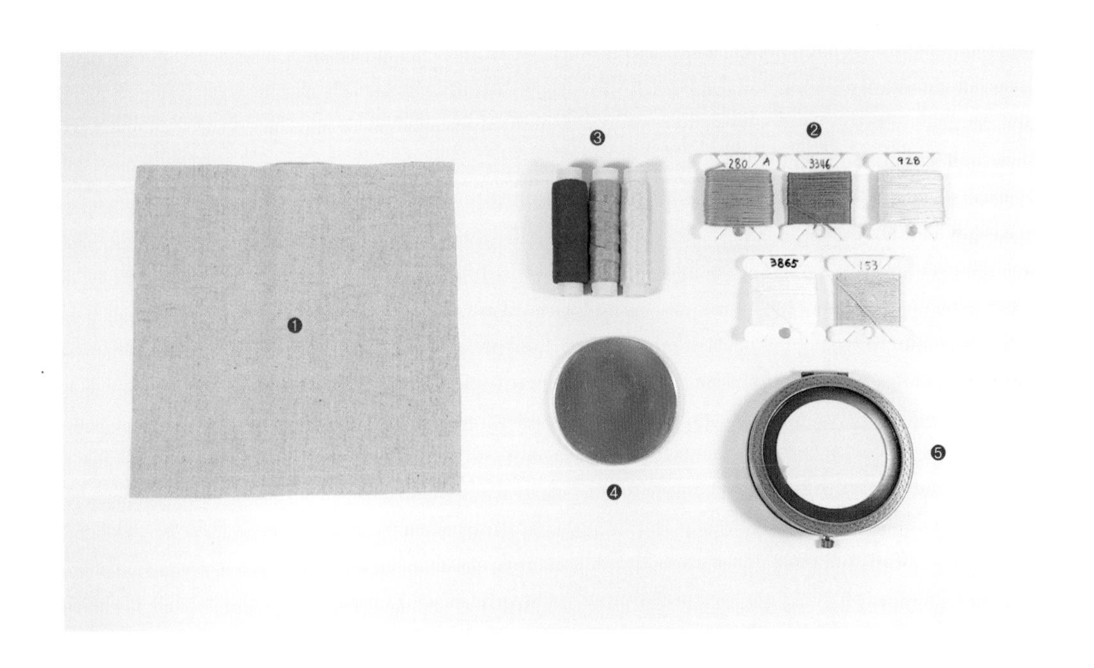

사용한 원단 ❶ 내추럴 11수 린넨(15×15cm) 1장

사용한 실 ❷ DMC 25번사 : 153, 928, 3346, 3865
앵커 25번사 : 280
❸ 리본자수용 솔리드(Solid) 너비 4mm 리본 S4 536, S4 546, S4 564

사용한 재료 ❹ 마카롱 커버 B타입(지름 5.8cm) 1개, ❺ 손거울(청동) 1개

사용한 도구 수틀, 자수 바늘, 리본자수 바늘, 트레이싱지, 수용성 먹지, 셀로판 종이, 도안펜, 자수용 수성펜, 손바늘(길이 4~5cm), 퀼팅실(내추럴), 쪽가위 또는 자수 가위, 일반 가위, 글루건, 면봉

도안

안개꽃 : 프렌치 노트s(2회 감기) 3865(2)
안개꽃 줄기 : 스트레이트s 앵커사 280(1)

스파이더 웹 로즈s S4 536

스파이더 웹 로즈s S4 564

잎사귀 : 새틴s 3346(2)

스파이더 웹 로즈s S4 546

꽃다발 : 새틴s 928(2)

리본 : 스트레이트s 153(2)

리본 꼬리 : 새틴s 153(2)

도안 설명은 스티치→실 번호→(실의 가닥 수)로 표기했습니다.
예) 불리온 로즈s 349(3) : 349번 실 3가닥으로 불리온 로즈 스티치를 합니다.

How to make

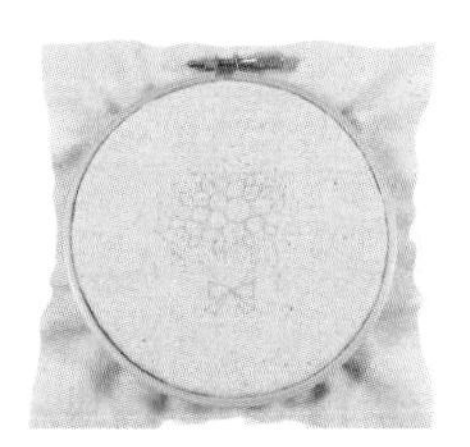

01 원단에 도안을 그리고 수틀에 끼웁니다.

02 손바늘에 퀼팅실을 끼우고 동그란 도안 안에 5개의 기둥 심을 수놓아줍니다(P. 45, 입체자수 기법-스파이더 웹 로즈 스티치 참조).

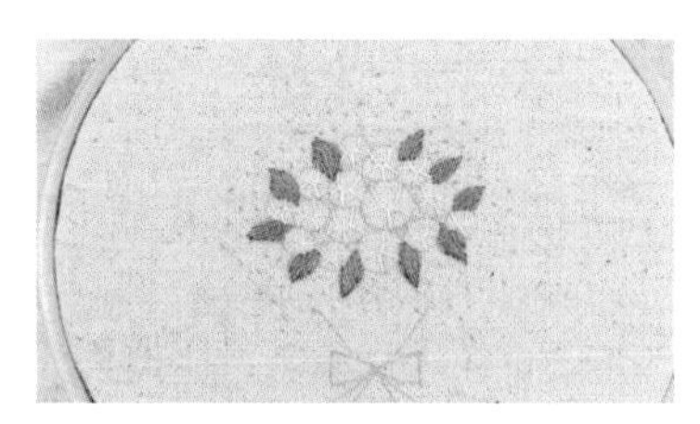

03 3346번 실 2가닥으로 잎사귀를 새틴 스티치로 수놓아줍니다.

04 S4 536, S4 546, S4 564번 리본을 리본자수 바늘에 끼우고 스파이더 웹 로즈 스티치로 장미를 수놓아줍니다(p. 61, 리본자수 기법-스파이더 웹 로즈 스티치 참조).

05 3865번 실 2가닥으로 안개꽃을 프렌치 노트 스티치(2회 감기)로 수놓아줍니다. 장미 사이 빈 공간은 1~2개씩 수놓아줍니다.

06 280번 실 1가닥으로 안개꽃 줄기를 스트레이트 스티치로 수놓아줍니다.

07 928번 실 2가닥으로 꽃다발을 새틴 스티치로 수놓는데, 아래에서 위 방향으로 수놓아줍니다.

08 153번 실 2가닥으로 리본 라인을 2줄씩 스트레이트 스티치로 수놓아줍니다.

09 리본 꼬리는 새틴 스티치로 수놓아줍니다.

10 리본 중심을 짧은 스트레이트 스티치로 세 땀을 수놓아서 완성합니다.

11 자수가 완성되었습니다.

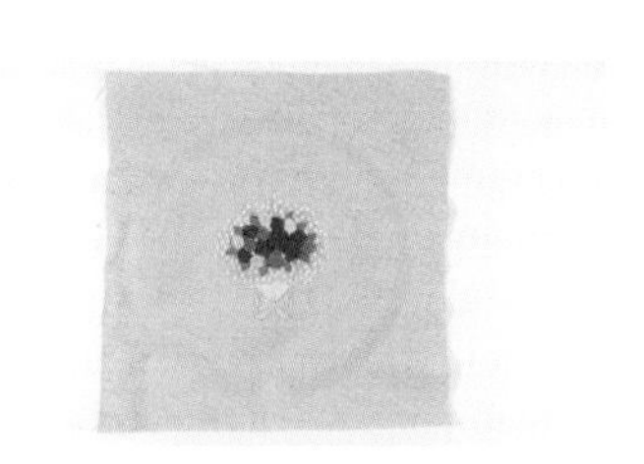

12 수틀에서 원단을 분리합니다.

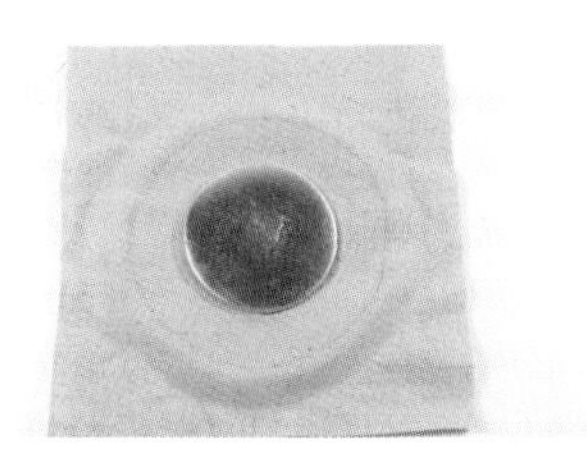

13 수놓은 장미 위에 마카롱 커버를 올리고 2cm 정도 여유를 두고 수성펜으로 라인을 그려줍니다.

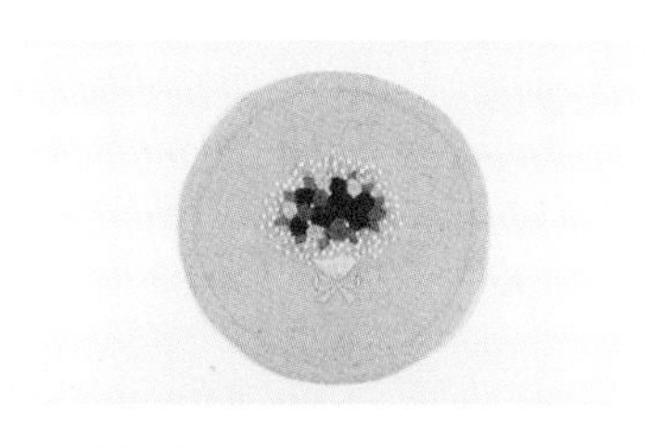

14 수성펜으로 그려놓은 라인에서 5mm 정도 시접을 두고 자릅니다.

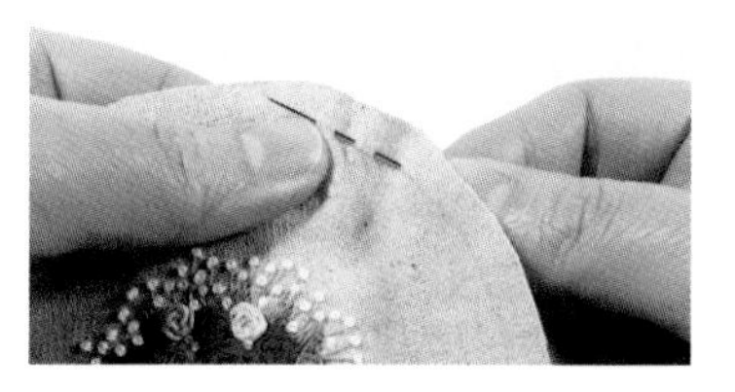

15 퀼팅실을 1m 90cm 정도 잘라서 손바늘에 1가닥으로 끼우고 10~15회 정도 감아서 매듭을 굵게 지은 후 테두리를 따라 홈질합니다.

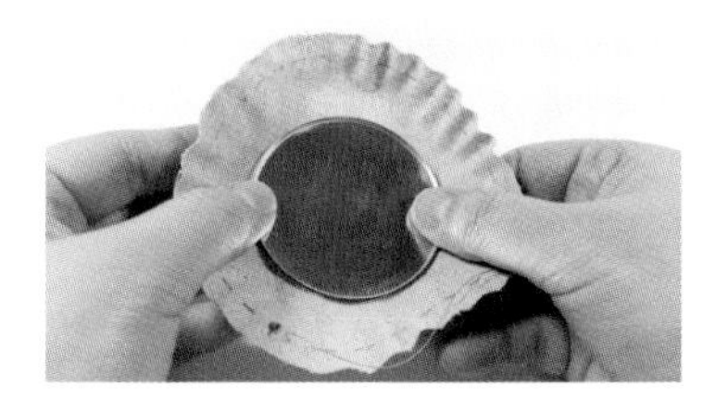

16 홈질이 끝나면 실은 그대로 둔 채로 원단 안쪽에 마카롱 커버를 놓습니다.

17 실을 당겨 커버에 원단을 씌웁니다. 이때 수놓은 장미가 커버의 중앙에 오도록 위치를 잘 잡아줍니다.

18 실을 위아래 지그재그 교차시켜 가며 바느질해서 원단을 팽팽하게 한 후 매듭짓습니다.

19 뒷면에 글루건을 골고루 쏘아줍니다.

20 손거울 프레임에 잘 맞춰서 손으로 잘 눌러가며 커버를 붙입니다.

21 면봉에 물을 묻혀 도안선을 지웁니다.

22 장미 이야기 손거울 완성!

• Hand mirror •

소녀

준비

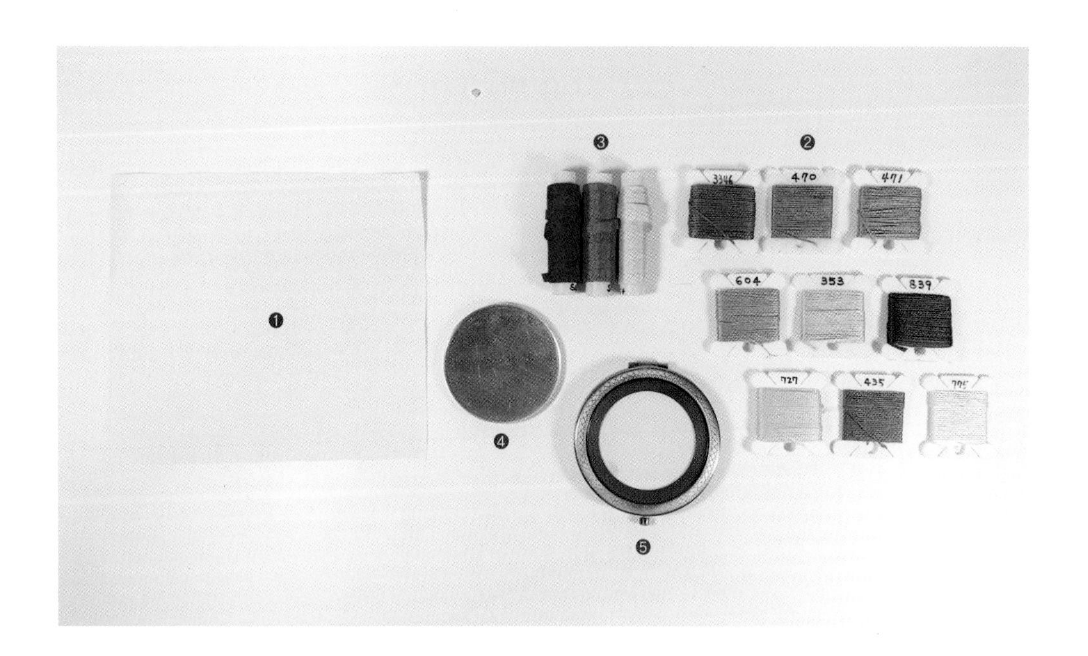

사용한 원단 ❶ 내추럴 10수 워싱 무지(15×15cm) 1장

사용한 실 ❷ DMC 25번사 : 353, 435, 470, 471, 604, 727, 775, 839, 3346
❸ 리본자수용 솔리드(Solid) 너비 4mm 리본 S4 536, S4 546, S4 564

사용한 재료 ❹ 마카롱 커버 B타입(지름 5.8cm) 1개, ❺ 손거울(청동) 1개

사용한 도구 수틀, 자수 바늘, 리본자수 바늘, 손바늘(길이 4~5cm 정도), 트레이싱지, 수용성 먹지, 셀로판 종이, 도안펜, 자수용 수성펜, 퀼팅실(내추럴), 쪽가위 또는 자수 가위, 일반 가위, 글루건, 면봉

도안

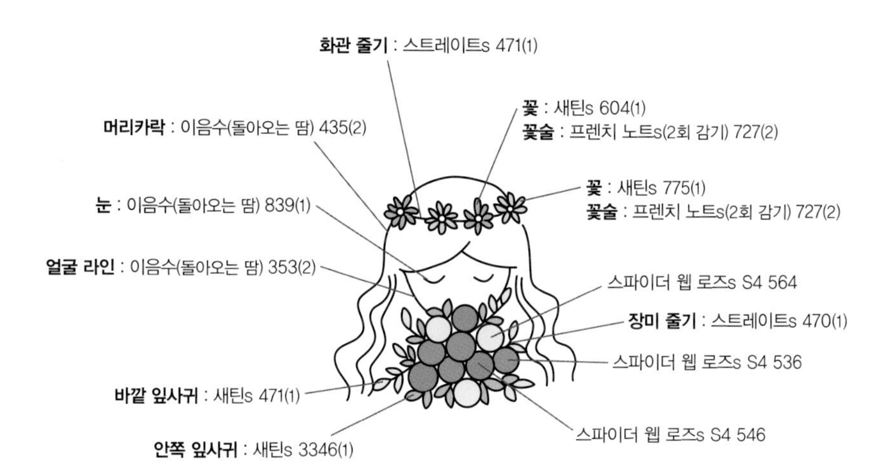

도안 설명은 스티치→실 번호→(실의 가닥 수)로 표기했습니다.
예) 불리온 로즈s 349(3) : 349번 실 3가닥으로 불리온 로즈 스티치를 합니다.

How to make

01 원단에 도안을 그리고 수틀에 끼웁니다.

02 장미를 수놓을 부분에 퀼팅실로 기둥실을 수놓은 후 3346번 실 1가닥으로 안쪽 잎사귀를 새틴 스티치로 수놓고, 470번 실 1가닥으로 줄기를 스트레이트 스티치로 수놓습니다. 그리고 471번 실 1가닥으로 바깥 잎사귀를 새틴 스티치로 수놓아줍니다.

03 S4 536, S4 546, S4 564번 리본으로 스파이더 웹 로즈 스티치로 장미를 수놓아주세요(P. 61, 리본자수 기법-스파이더 웹 로즈 스티치 참조).

04 353번 실 2가닥으로 얼굴 라인을 이음수(돌아오는 땀)로 수놓습니다.

05 604번 실 1가닥, 775번 실 1가닥으로 화관 꽃을 새틴 스티치로 수놓습니다.

06 727번 실 2가닥으로 꽃 중심을 프렌치 노트 스티치(2회 감기)로 수놓아주고, 471번 실 1가닥으로 화관 줄기를 스트레이트 스티치로 수놓습니다.

07 435번 실 2가닥으로 머리카락 라인을 이음수(돌아오는 땀)로 수놓아주세요. 곡선을 수놓을 때에는 바늘땀 간격을 짧게 하여 수놓습니다.

08 839번 실 1가닥으로 눈 라인을 이음수(돌아오는 땀)로 수놓는데, 눈 라인 가운데로 바늘을 빼서 라인 끝으로 바늘을 꽂습니다.

09 맞은편 눈 라인 끝에서 바늘을 빼서 라인 가운데를 조금 지나는 지점으로 바늘을 꽂아 수놓습니다.

10 나머지 한쪽 눈도 수놓아줍니다.

11 원단을 수틀에서 분리합니다.

12 마카롱 커버를 올리고 2cm 여유를 두고 수성펜으로 라인을 그려준 뒤 5mm 정도 시접을 두고 자릅니다.

13 장미 이야기 손거울 만드는 법 15~20번 방법을 참고(p. 169)하여 프레임에 커버를 붙여줍니다.

14 면봉에 물을 묻혀 도안선을 지운 뒤 건조시킵니다.

15 소녀 손거울이 완성되었습니다.

• Hand mirror •

장미의 속삭임

준비

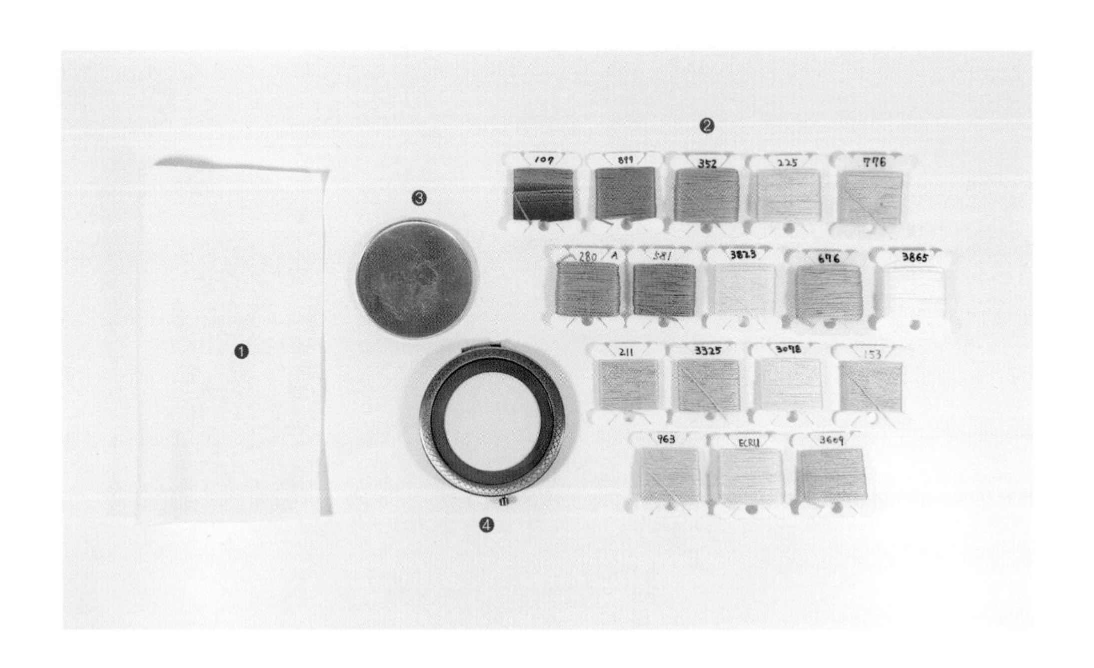

사용한 원단 ❶ 백아이보리 11수 린넨(15×15cm) 1장

사용한 실 ❷ DMC 25번사 : 107, 153, 211, 225, 352, 581, 676, 776, 899, 963, 3078, 3325, 3609, 3823, 3865, ECRU
앵커 25번사 : 280

사용한 재료 ❸ 마카롱 커버 B타입(지름 5.8cm) 1개, ❹ 손거울(청동) 1개

사용한 도구 수틀, 자수 바늘, 입체자수 바늘, 손바늘(길이 4~5cm), 트레이싱지, 수용성 먹지, 셀로판 종이, 도안펜, 자수용 수성펜, 퀼팅실(내추럴), 글루건, 면봉, 쪽가위 또는 자수 가위, 일반 가위

도안

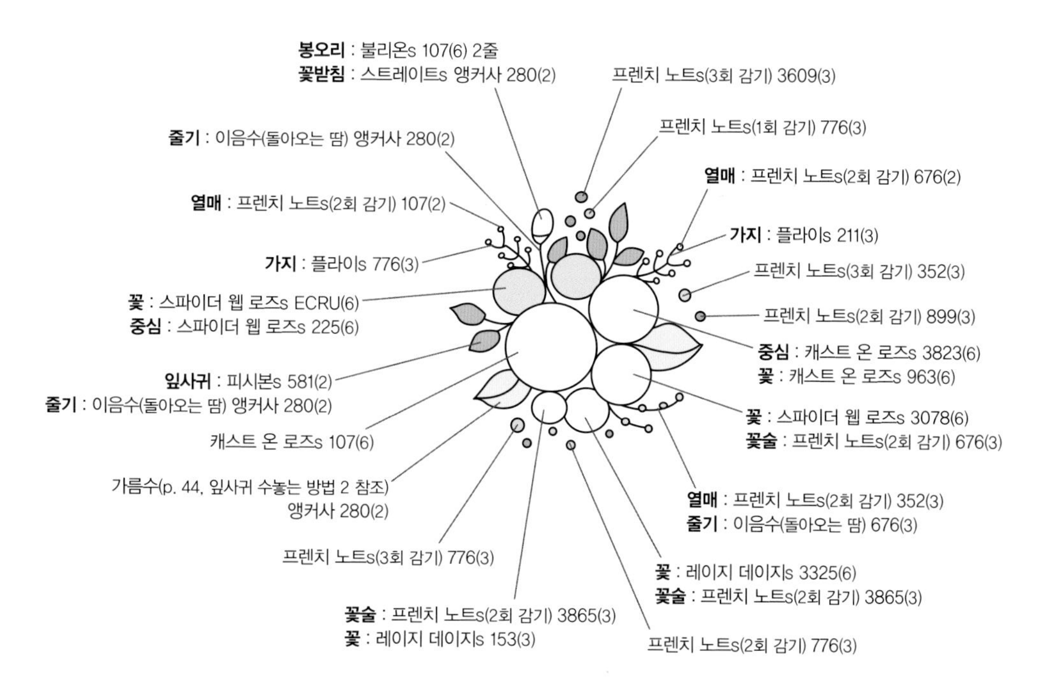

도안 설명은 스티치→실 번호→(실의 가닥 수)로 표기했습니다.
예) 불리온 로즈s 349(3) : 349번 실 3가닥으로 불리온 로즈 스티치를 합니다.

How to make

01 원단에 도안을 그리고 수틀에 끼웁니다.

02 280번 실 2가닥으로 큰 잎사귀 2개를 가운데 중심선을 기준으로 가름수로 수놓아줍니다(P. 44, 잎사귀 수놓는 방법 2 참조).

03 107번 실 6가닥으로 장미를 캐스트 온 로즈 스티치로 수놓아줍니다.

04 3823번 실 6가닥, 963번 실 6가닥으로 장미를 캐스트 온 로즈 스티치로 수놓아줍니다.

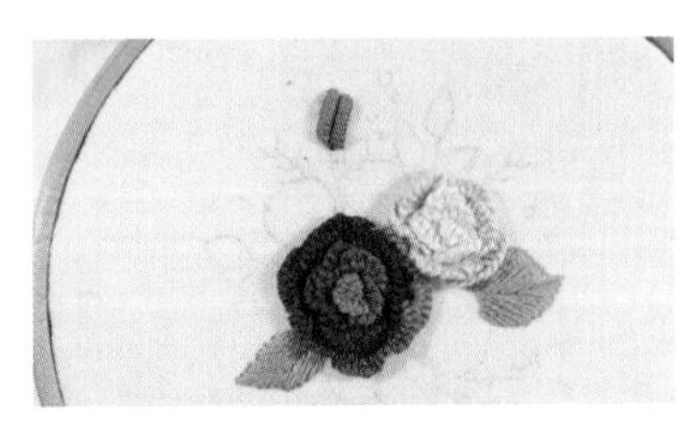

05 107번 실 6가닥으로 불리온 스티치를 2줄 수놓아 꽃봉오리를 표현해줍니다.

06 3078번 실 6가닥으로 스파이더 웹 로즈 스티치를 수놓고, 676번 실 3가닥으로 중심에 프렌치 노트 스티치(2회 감기)를 4~5개 수놓아 꽃술을 표현해줍니다.

07 ECRU번 실 6가닥, 225번 실 6가닥으로 스파이더 웹 로즈 스티치를 활용해 투톤으로 장미 두 송이를 수놓아줍니다.

08 3325번 실 6가닥, 153번 실 3가닥으로 레이지 데이지 스티치를 수놓고, 중심에 3865번 실 3가닥으로 프렌치 노트 스티치(2회 감기)를 수놓아줍니다.

09 280번 실 2가닥으로 스트레이트 스티치로 봉오리 아래 4땀 정도 바늘을 꽂아 넣어 꽃받침을 수놓고, 이음수(돌아오는 땀)로 줄기를 수놓아줍니다.

10 581번 실 2가닥으로 잎사귀를 피시본 스티치로 수놓습니다.

11 211번 실 3가닥으로 가지를 플라이 스티치로 수놓고, 676번 실 2가닥으로 프렌치 노트 스티치(2회 감기)로 열매를 수놓아줍니다.

12 776번 실 3가닥으로 가지를 플라이 스티치로 수놓고, 107번 실 2가닥으로 프렌치 노트 스티치(2회 감기)로 열매를 수놓아줍니다.

13 676번 실 3가닥으로 줄기를 이음수(돌아오는 땀)로 수놓고, 352번 실 3가닥으로 프렌치 노트 스티치(2회 감기)로 이음수 위에 열매를 수놓아줍니다.

14 나머지 도트를 수놓아줍니다(p. 179, 도안 참고).

15 마카롱 커버를 수놓은 꽃 위에 올리고 2cm 띄우고 선을 표시한 후 5mm 시접을 남기고 자릅니다.

16 장미 이야기 손거울 만드는 법 15~21번(P. 169)을 참고하여 같은 방법으로 완성합니다.

• Hand mirror •

앨리스

준비

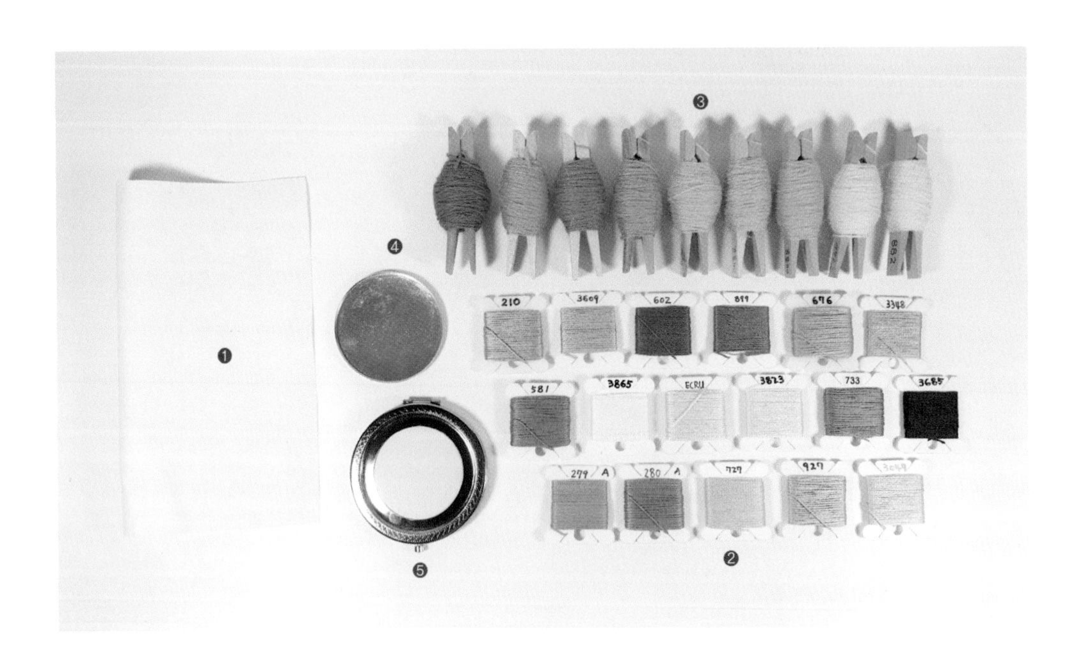

사용한 원단 ❶ 백아이보리 11수 린넨(15×15cm) 1장

사용한 실 ❷ DMC 25번사 : 210, 581, 602, 676, 727, 733, 899, 927, 3047, 3348, 3609, 3685, 3823, 3865, ECRU
앵커 25번사 : 279, 280
❸ 애플톤 울사 : 471, 622, 708, 752, 753, 754, 755, 871, 882

사용한 재료 ❹ 마카롱 커버 B타입(지름 5.8cm) 1개, ❺ 손거울(레드골드) 1개

사용한 도구 수틀, 자수 바늘, 입체자수 바늘, 손바늘(길이 4~5cm), 트레이싱지, 수용성 먹지, 셀로판 종이, 도안펜, 자수용 수성펜, 퀼팅실(내추럴), 글루건, 면봉, 쪽가위 또는 자수 가위, 일반 가위

도안

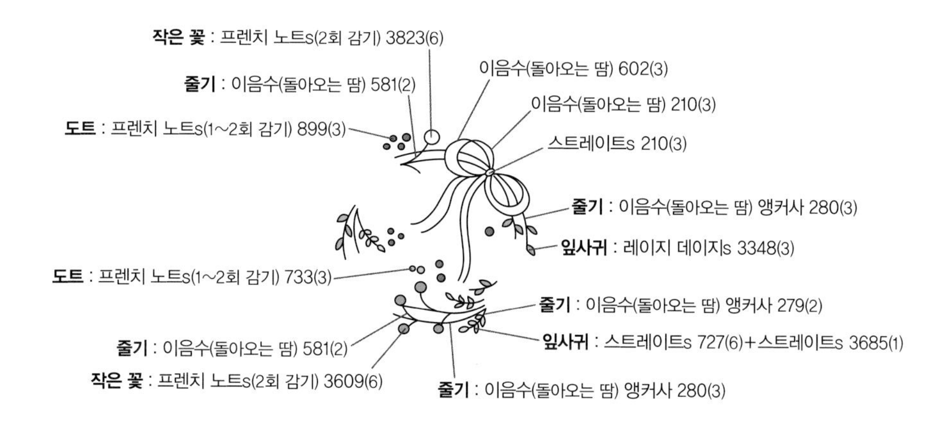

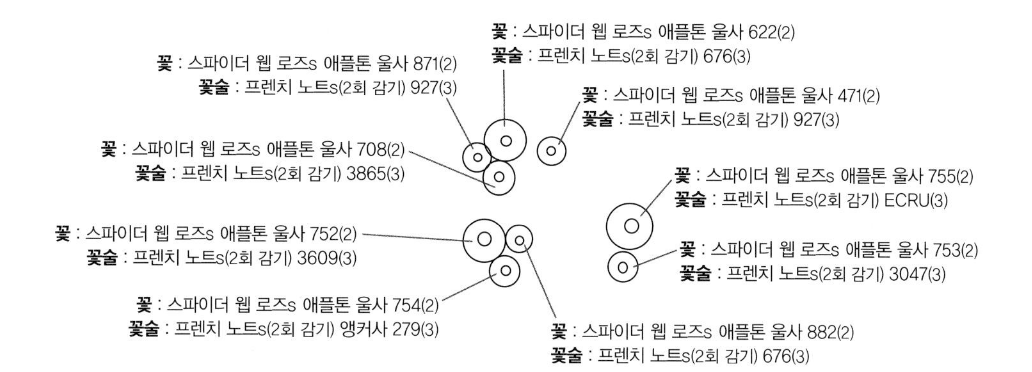

도안 설명은 스티치→실 번호→(실의 가닥 수)로 표기했습니다.
예) 불리온 로즈s 349(3) : 349번 실 3가닥으로 불리온 로즈 스티치를 합니다.

How to make

01 원단에 도안을 그리고 수틀에 끼웁니다.

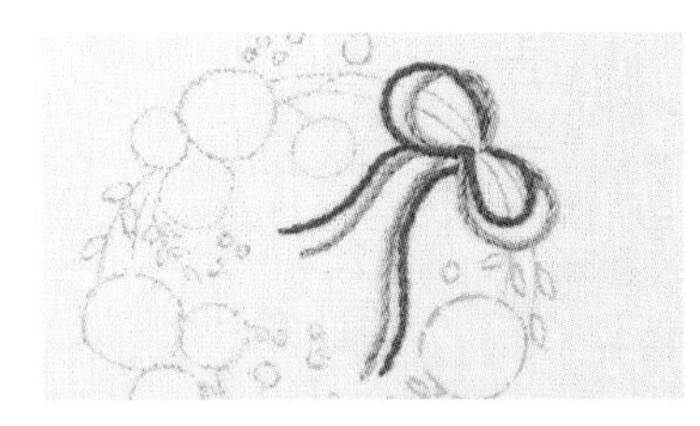

02 602번 실 3가닥, 210번 실 3가닥으로 땀의 길이를 짧게 하여 이음수(돌아오는 땀)를 촘촘히 수놓아줍니다.

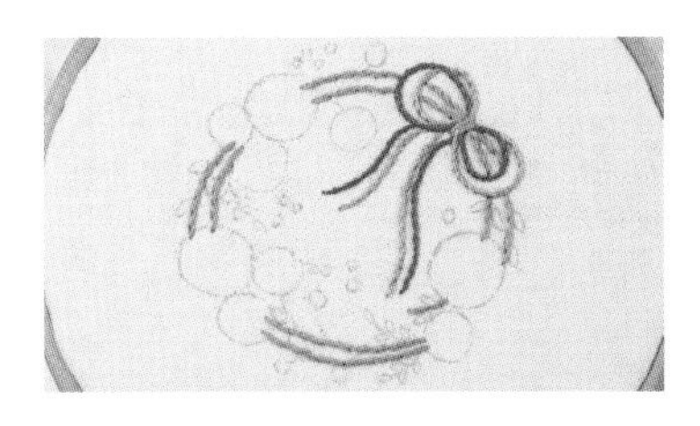

03 280번 실 3가닥으로 줄기를 이음수(돌아오는 땀)로 전부 수놓습니다.

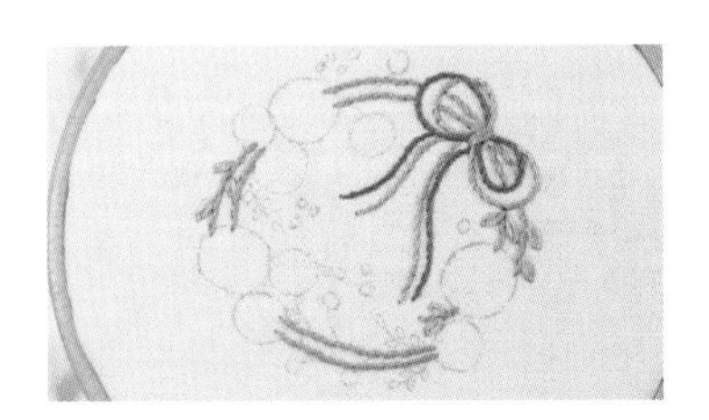

04 3348번 실 3가닥으로 잎사귀를 레이지 데이지 스티치로 수놓아줍니다.

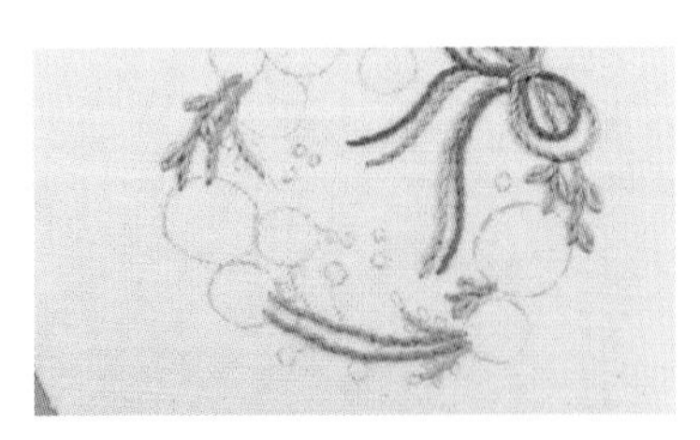

05 279번 실 2가닥으로 작은 줄기를 이음수(돌아오는 땀)로 수놓습니다.

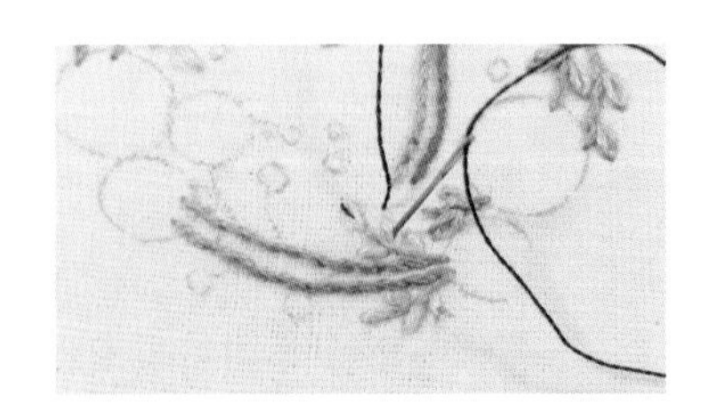

06 727번 실 6가닥으로 스트레이트 스티치를 작은 줄기에 한 땀씩 수놓아 잎사귀를 표현하고, 3685번 실 1가닥으로 그 위에 스트레이트 스티치로 짧게 한 땀씩 수놓아줍니다.

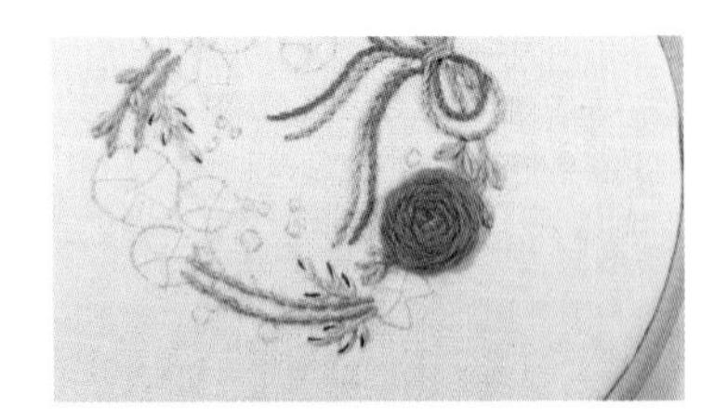

07 애플톤 755번 실 2가닥으로 기둥 실에 엮어 스파이더 웹 로즈 스티치로 장미를 수놓습니다.

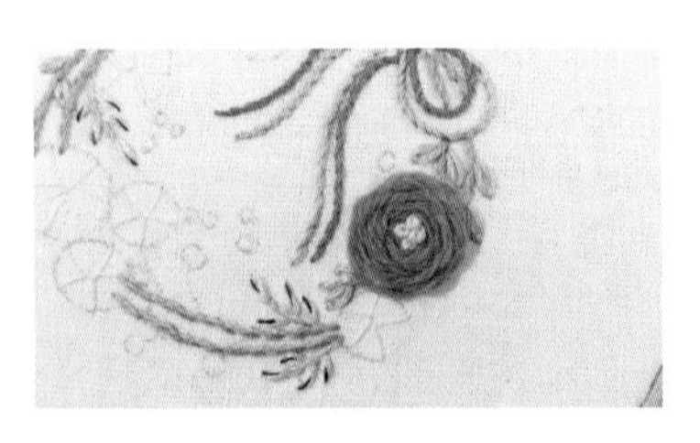

08 ECRU 실 3가닥으로 프렌치 노트 스티치(2회 감기) 4~5개를 중심에 수놓아줍니다.

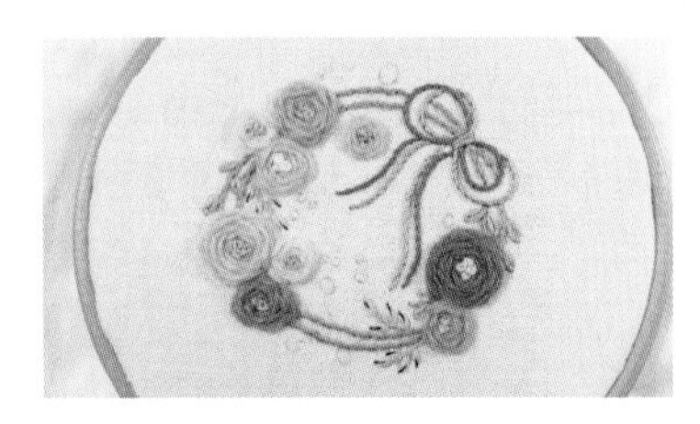

09 나머지 장미들을 도안에 표시된 대로 스티치하여 모두 수놓아줍니다.

10 3823번 실 6가닥, 3609번 실 6가닥으로 프렌치 노트 스티치(2회 감기)로 작은 꽃을 수놓고, 581번 실 2가닥으로 줄기를 이음수(돌아오는 땀)로 수놓아줍니다.

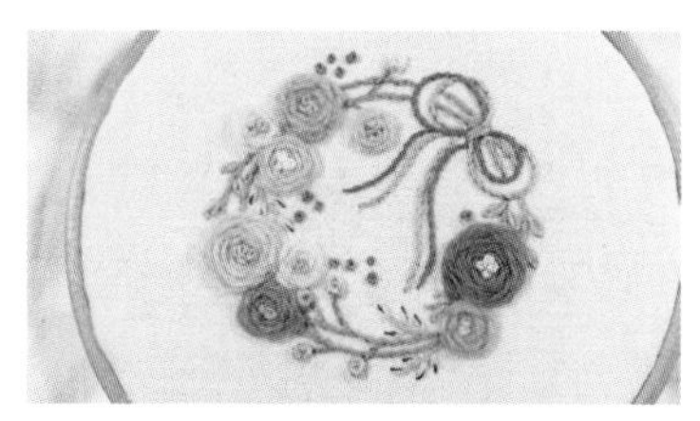

11 899번 실 3가닥, 733번 실 3가닥으로 프렌치 노트 스티치로 1~2번 감아서 도트를 수놓아줍니다.

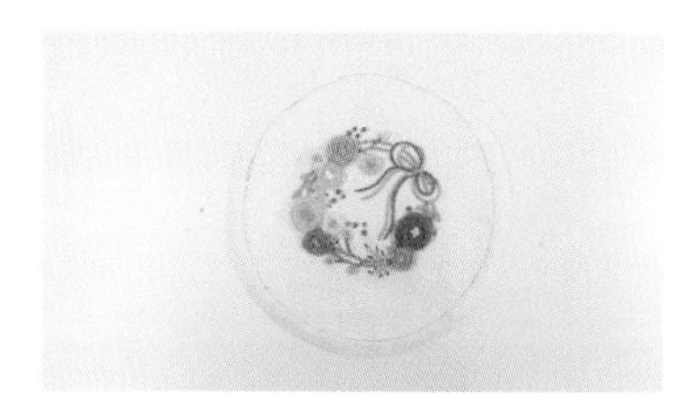

12 마카롱 커버를 올리고 2cm 여유를 두고 수성펜으로 라인을 그린 후 5mm 정도 시접을 두고 자릅니다.

13 장미 이야기 손거울 만드는 법 15~21번(P. 169)을 참고하여 완성합니다.

• Hair tie •

순수

준비

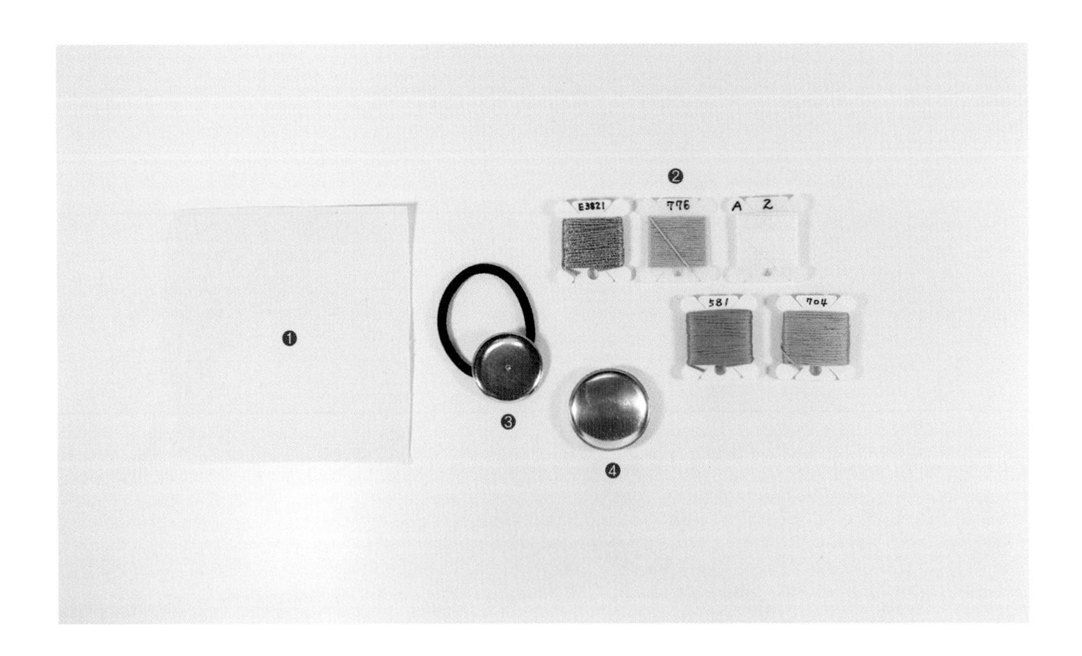

사용한 원단 ❶ 내추럴 10수 워싱 무지(13×13cm) 1장

사용한 실 ❷ DMC 25번사 : 581, 704, 776
DMC 라이트 이펙트사 : E3821
앵커 25번사 : 2

사용한 재료 ❸ 원형 판 고무줄(원형 판 사이즈 : 지름 약 3~3.5cm) 1개, ❹ 마카롱 뚜껑(지름 약 4cm) 1개

사용한 도구 수틀, 자수 바늘, 손바늘(길이 4~5cm), 퀼팅실(내추럴), 트레이싱지, 수용성 먹지, 셀로판 종이, 도안펜, 자수용 수성펜, 글루건, 면봉, 쪽가위 또는 자수 가위, 일반 가위

도안

안개꽃
프렌치 노트s(2회 감기) 앵커사 2(2)
프렌치 노트s(2회 감기) 776(2)
(과정 사진을 참고하여 자연스럽게 수놓아주세요.)

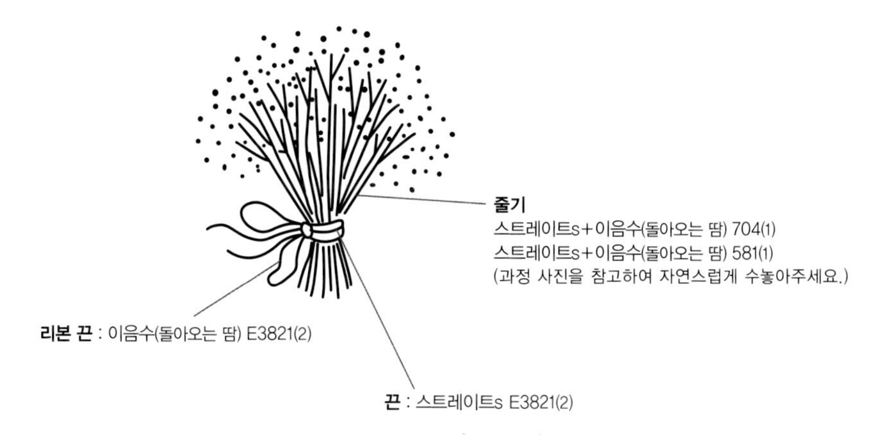

도안 설명은 스티치→실 번호→(실의 가닥 수)로 표기했습니다.
예) 불리온 로즈s 349(3) : 349번 실 3가닥으로 불리온 로즈 스티치를 합니다.

How to make

01 도안을 그리고 수틀에 끼웁니다.

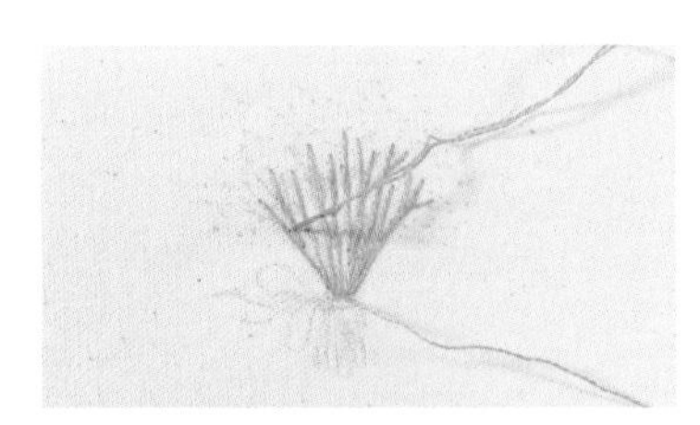

02 704번 실 1가닥으로 스트레이트 스티치와 이음수(돌아오는 땀)를 알맞게 사용해서 안개꽃 줄기를 수놓아줍니다. 줄기 사이가 너무 촘촘하지 않게 수놓아주세요.

03 581번 실 1가닥으로 스트레이트 스티치와 이음수(돌아오는 땀)로 알맞게 사용해서 줄기 사이사이에 수놓습니다.

04 2번 실 2가닥으로 프렌치 노트 스티치(2회 감기)로 안개꽃을 수놓아줍니다.

05 776번 실 2가닥으로 프렌치 노트 스티치(2회 감기)를 안개꽃 사이사이에 수놓아줍니다.

06 E3821번 실 2가닥으로 줄기 아래쪽에 4~5땀 스트레이트 스티치로 끈을 수놓아줍니다.

07 E3821번 실 2가닥으로 리본 끈 부분을 이음수(돌아오는 땀)로 수놓아주세요.

08 원단을 분리해서 수놓은 곳 위에 마카롱 뚜껑을 올리고 1cm 여유를 두어 테두리를 그린 후 시접 5mm를 남기고 자릅니다.

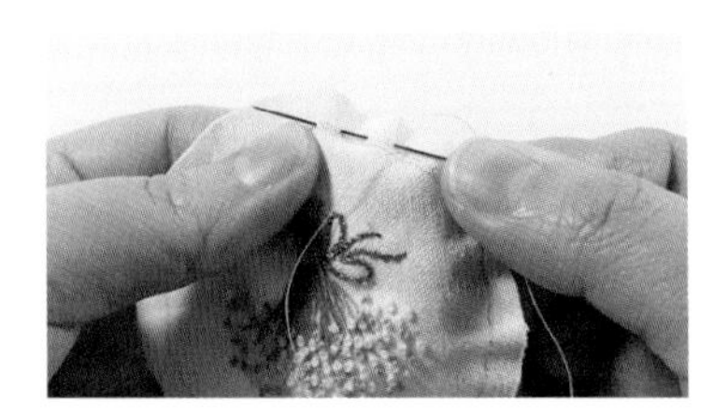

09 테두리를 따라 퀼팅실로 홈질한 후 마카롱 뚜껑을 씌웁니다(P. 169, 장미 이야기 15~18번 참조).

10 마카롱 뚜껑 뒷면과 원형 판 안쪽에 글루건을 쏘아줍니다.

11 원형 판을 마카롱 뚜껑 뒷면에 올려놓고

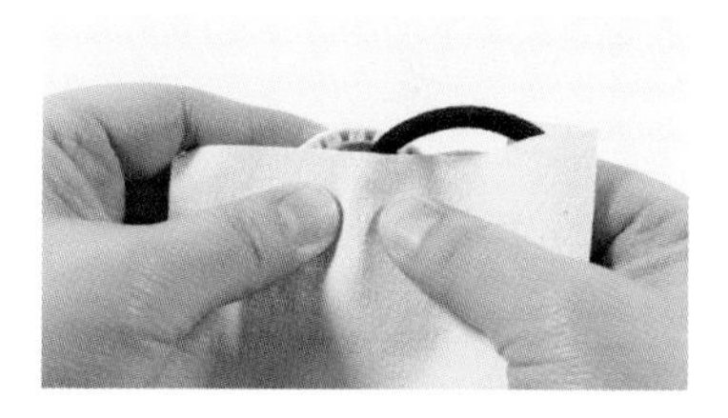

12 (원형 판이 뜨거우므로) 천을 덮고 눌러서 붙입니다.

13 면봉에 물을 묻혀 도안선을 깨끗이 지웁니다.

14 순수 머리끈이 완성되었습니다.

• Hair tie •

봄의 왈츠

준비

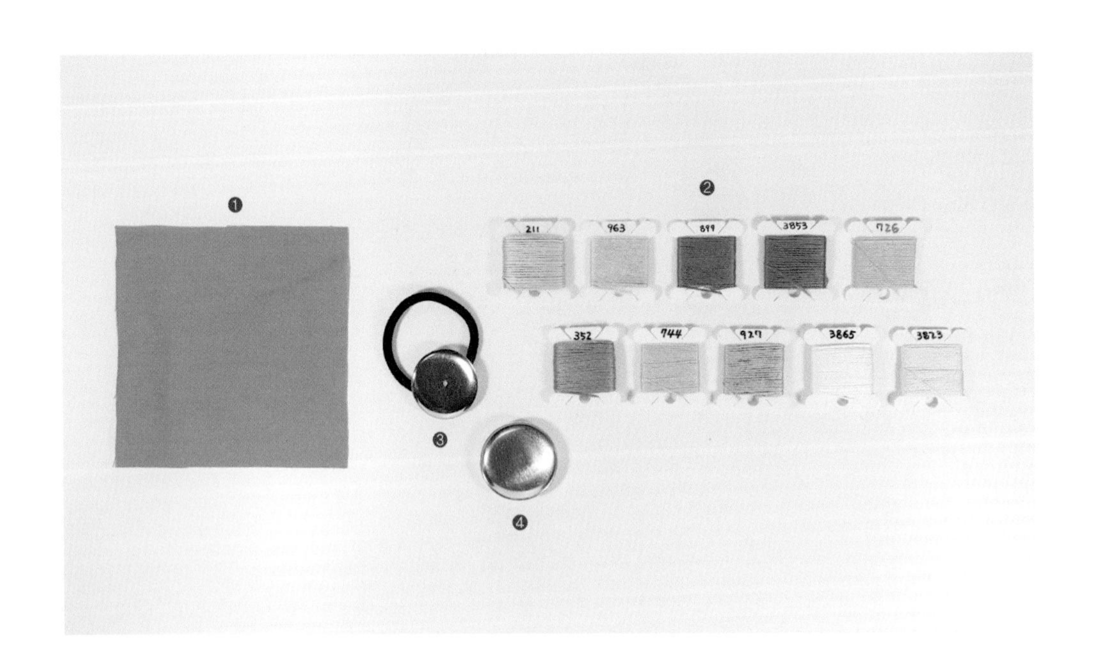

사용한 원단 ❶ 연두 또는 올리브색 11수 린넨(13×13cm) 1장

사용한 실 ❷ DMC 25번사 : 211, 352, 726, 744, 899, 927, 963, 3823, 3853, 3865

사용한 재료 ❸ 원형 판 고무줄(원형 판 사이즈 : 지름 약 3~3.5cm) 1개, ❹ 마카롱 뚜껑(지름 약 4cm) 1개

사용한 도구 수틀, 자수 바늘, 손바늘(길이 4~5cm), 퀼팅실(그레이), 트레이싱지, 수용성 먹지, 셀로판 종이, 도안펜, 자수용 수성펜, 글루건, 면봉, 쪽가위 또는 자수 가위, 일반 가위

도안

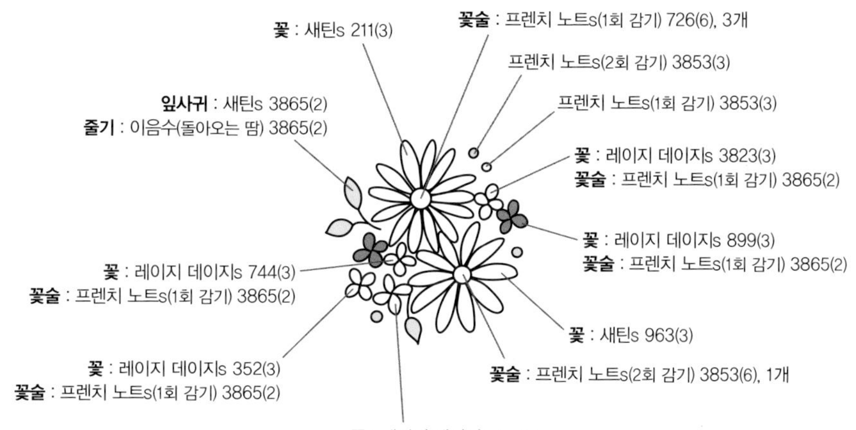

도안 설명은 스티치→실 번호→(실의 가닥 수)로 표기했습니다.
예) 불리온 로즈s 349(3) : 349번 실 3가닥으로 불리온 로즈 스티치를 합니다.

How to make

01 원단에 도안을 그리고 수틀에 끼웁니다.

02 211번 실 3가닥으로 꽃잎을 새틴 스티치로 수놓습니다.

03 726번 실 6가닥으로 프렌치 노트 스티치(1회 감기)로 꽃술 3개를 수놓습니다.

04 963번 실 3가닥으로 새틴 스티치로 수놓습니다.

05 3853번 실 6가닥으로 꽃술 1개를 프렌치 노트 스티치(2회 감기)로 수놓아줍니다.

06 도안에 표시된 색상의 실로 작은 꽃 6개를 레이지 데이지 스티치로 수놓아줍니다.

07 3865번 실 2가닥으로 작은 꽃 중심에 프렌치 노트 스티치(1회 감기)로 수놓아줍니다.

08 3865번 실 2가닥으로 잎사귀와 줄기를 새틴 스티치와 이음수(돌아오는 땀)로 수놓아주세요.

09 3853번 실 3가닥으로 프렌치 노트 스티치를 1~2회 감아 도트를 수놓아서 완성합니다.

10 마카롱 뚜껑을 올리고 1cm 여유를 두고 테두리를 그려준 뒤 시접 5mm를 남기고 자릅니다.

11 순수 머리끈 9~13번 과정(P. 192~193)을 참고하여 봄의 왈츠 머리끈을 완성합니다.

• Handkerchief •

메밀꽃 손수건

준비

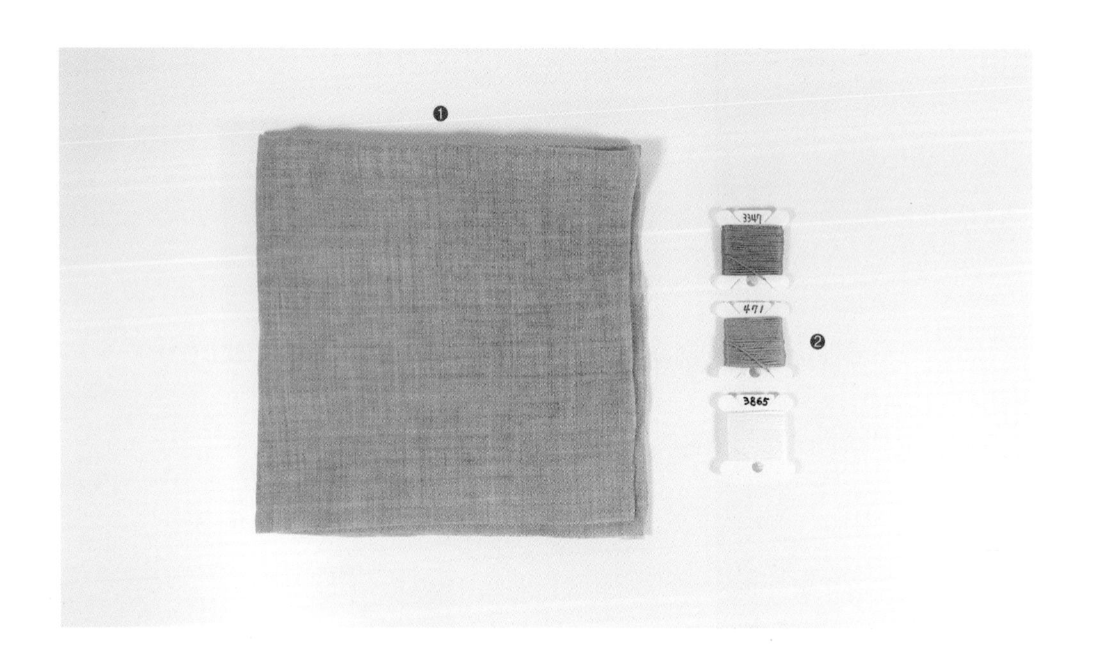

사용한 원단 ❶ 베이지 무지 파시미나 워싱 거즈(36×36cm, 여유 시접 3cm씩 포함된 사이즈) 2장

사용한 실 ❷ DMC 25번사 : 471, 3347, 3865

사용한 도구 수틀, 자수 바늘, 손바늘, 퀼팅실(내추럴), 트레이싱지, 수용성 먹지, 셀로판 종이, 도안펜, 자수용 수성펜, 쪽가위 또는 자수 가위, 재단 가위, 분무기, 다리미, 집게 2~3개

도안

꽃 : 프렌치 노트s(1~2회 감기) 3865(2)

잎사귀 : 롱 앤드 쇼트s 3347(2)

줄기 : 이음수(돌아오는 땀) 471(2)

도안 설명은 스티치→실 번호→(실의 가닥 수)로 표기했습니다.
예) 불리온 로즈s 349(3) : 349번 실 3가닥으로 불리온 로즈 스티치를 합니다.

How to make

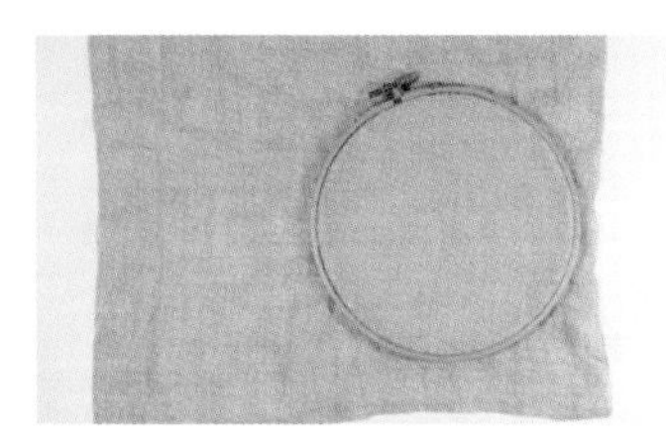

01 원단에 수성펜으로 가로와 세로 사이즈를 각 30cm가 되도록 사각 테두리를 그려줍니다. 그리고 시접 3cm씩 남기고 자른 후, 뒤집어서 오른쪽 아래에 도안을 그리고 수틀에 끼웁니다.

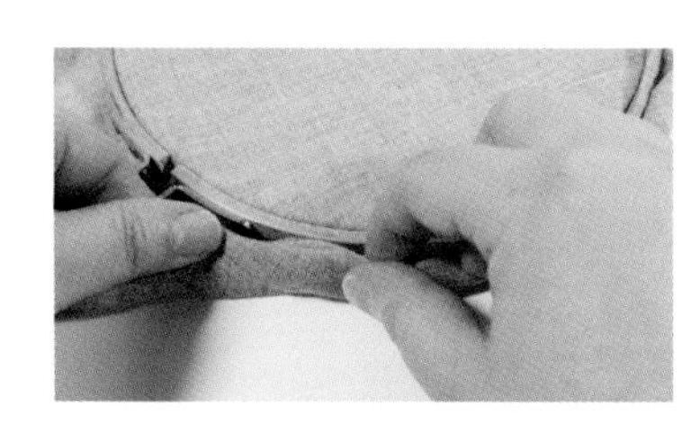

02 수틀에 끼우고 남아 있는 원단을 끝부터 한쪽으로 말아서

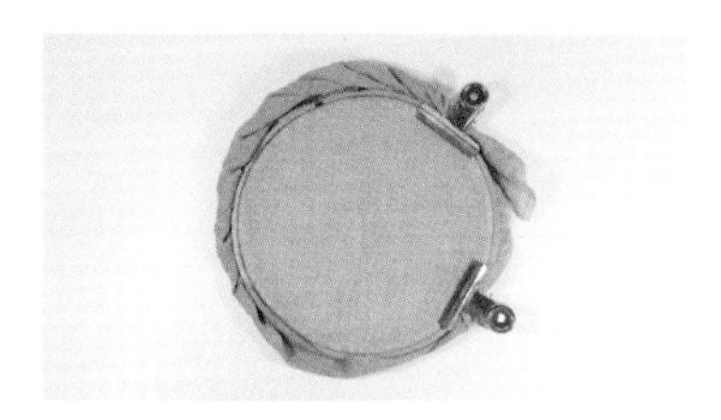

03 집게로 깔끔하게 고정시킵니다.

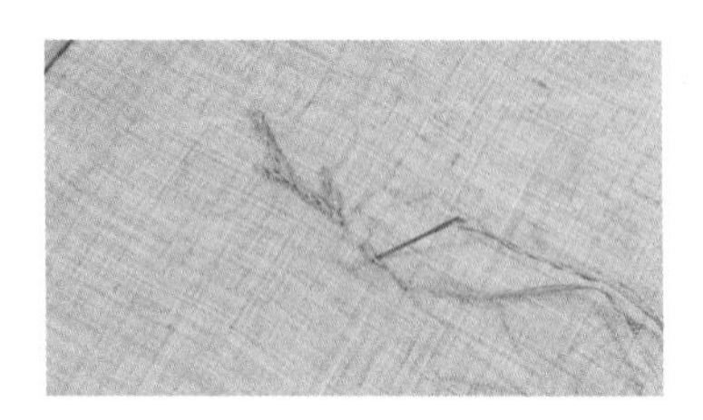

04 471번 실 2가닥으로 이음수(돌아오는 땀)로 줄기를 수놓아줍니다. 이때 원단이 얇기 때문에 실을 너무 세게 당기지 않도록 주의해줍니다.

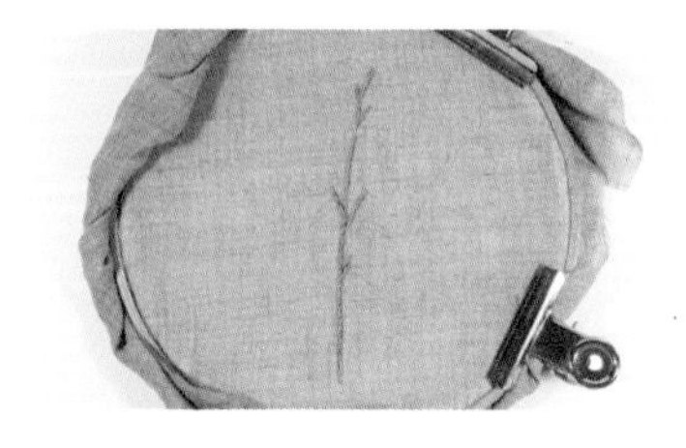

05 줄기를 수놓았으면 뒤에서 매듭지어 줍니다(P. 31, 수놓은 후 마감하기 방법 3 참조).

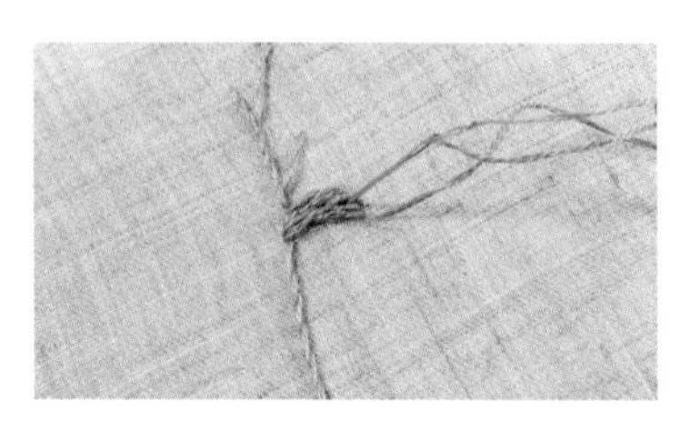

06 3347번 실 2가닥으로 롱 앤드 쇼트 스티치로 잎사귀를 수놓아줍니다. 원단이 얇으므로 실을 세게 당기지 않도록 주의하며 천천히 수놓아줍니다.

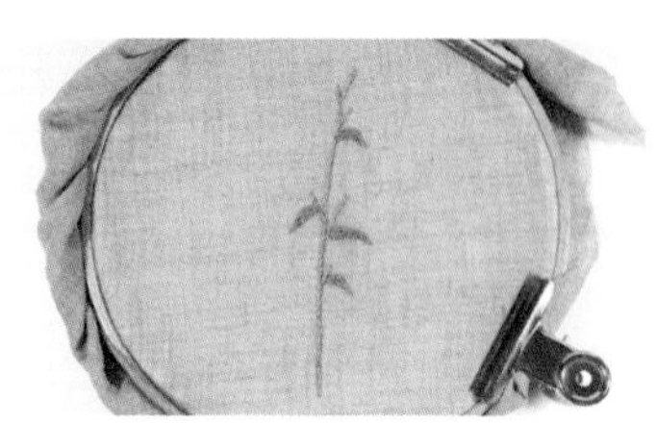

07 잎사귀 하나씩 수를 다 놓을 때마다 뒷면에서 매듭지어 줍니다(P. 30, 수놓은 후 마감하기 방법 2 참조).

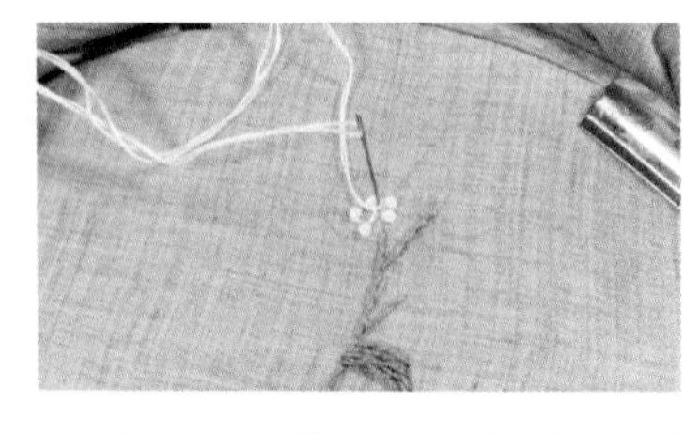

08 3865번 실 2가닥으로 동그라미 안에 프렌치 노트 스티치를 1~2회 감아서 수놓아주는데, 도안선에 맞춰서 수놓지 않아도 되니 자연스럽게 수놓아주세요. 실을 세게 당기지 않도록 주의하며 수놓아주세요.

09 메밀꽃이 모두 수놓인 모습입니다.

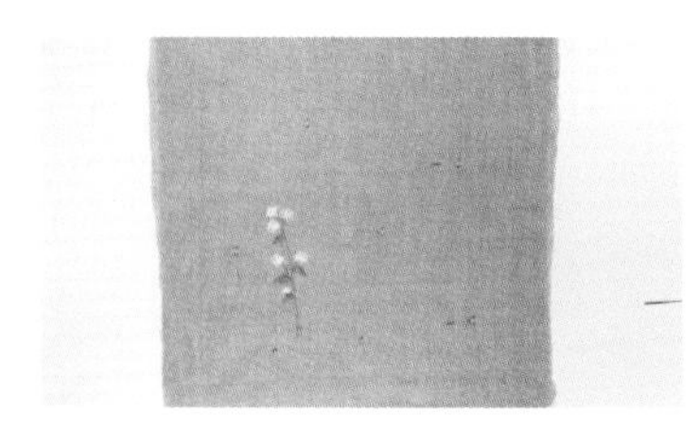

10 원단을 수틀에서 분리하여 뒤집은 후 나머지 원단과 겹쳐놓고 시침핀을 꽂아 고정한 후 위쪽에 창구멍을 표시하고 테두리를 박음질합니다.

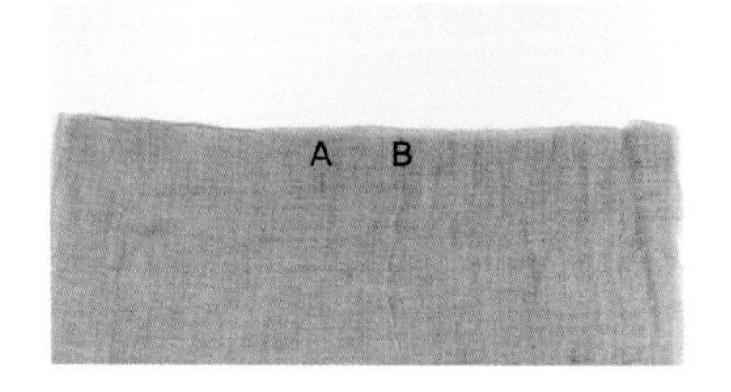

11 창구멍 A에서 박음질을 시작하여 B에서 끝내는데 실을 매듭짓거나 자르지 않고 바늘만 빼서 그냥 둡니다.

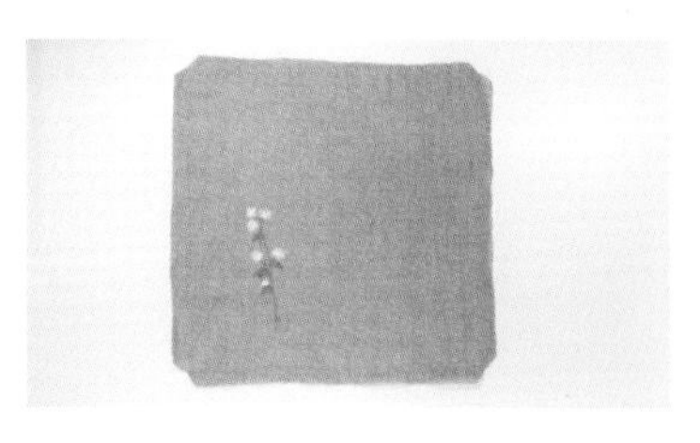

12 시접 1cm만 남기고 자른 후, 모서리를 1mm 정도 남기고 자릅니다.

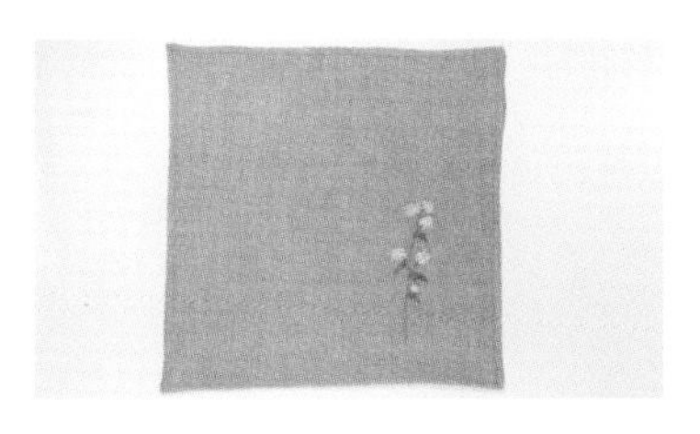

13 원단을 뒤집어 다림질한 후 창구멍을 막아주고, 테두리에 5mm 정도 여유를 두고 수성펜으로 선을 그린 후 상침합니다.

14 퀼팅실을 1m 70cm 정도 길이로 잘라 손바늘에 끼우고 5~6회 감아 굵게 매듭을 짓습니다. 바늘을 박음질한 이음새 사이로 넣어서 매듭이 보이지 않게 합니다.

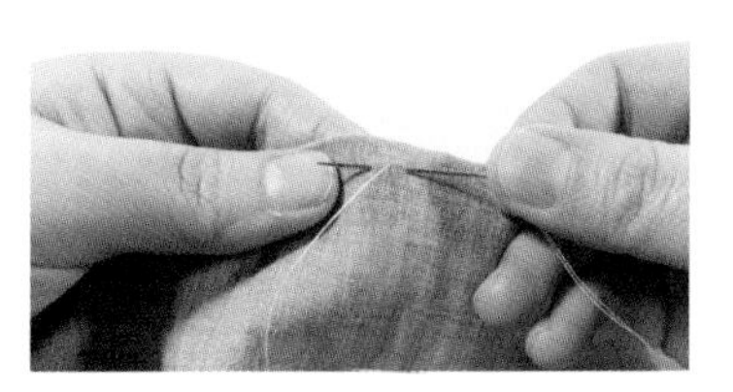

15 바늘을 상침해줄 테두리 선 위로 빼고 한 땀 뒤로 돌아가 앞으로 뺀 후 홈질을 시작합니다.

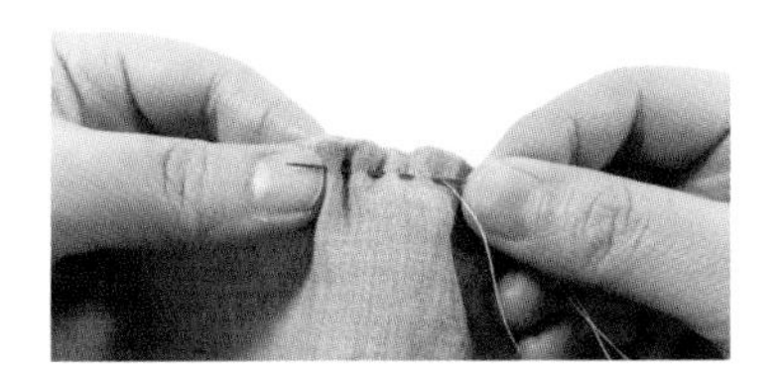

16 바늘땀은 5mm 정도로 일정하게 홈질해주세요.

17 마무리는 뒤집은 후 뒤에서 바늘이 나온 후 한 땀 뒤로 돌아가 실고리를 만들어 당겨 매듭짓고 한 번 더 매듭지은 후

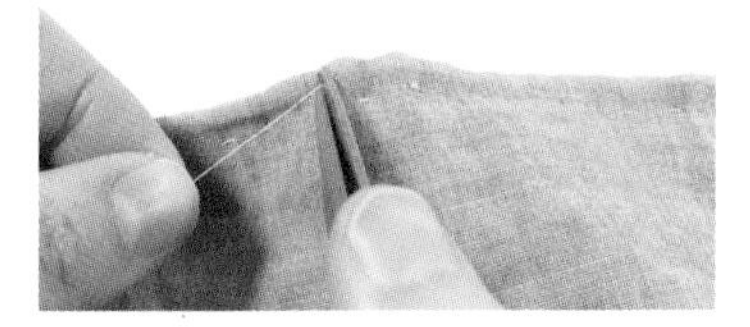

18 주변으로 바늘을 빼서 실을 바짝 당겨 잘라 마무리합니다.

19 분무기로 물을 뿌려 도안선을 지워줍니다.

20 메밀꽃 손수건이 완성되었습니다.

• Handkerchief •

들꽃 손수건

준비

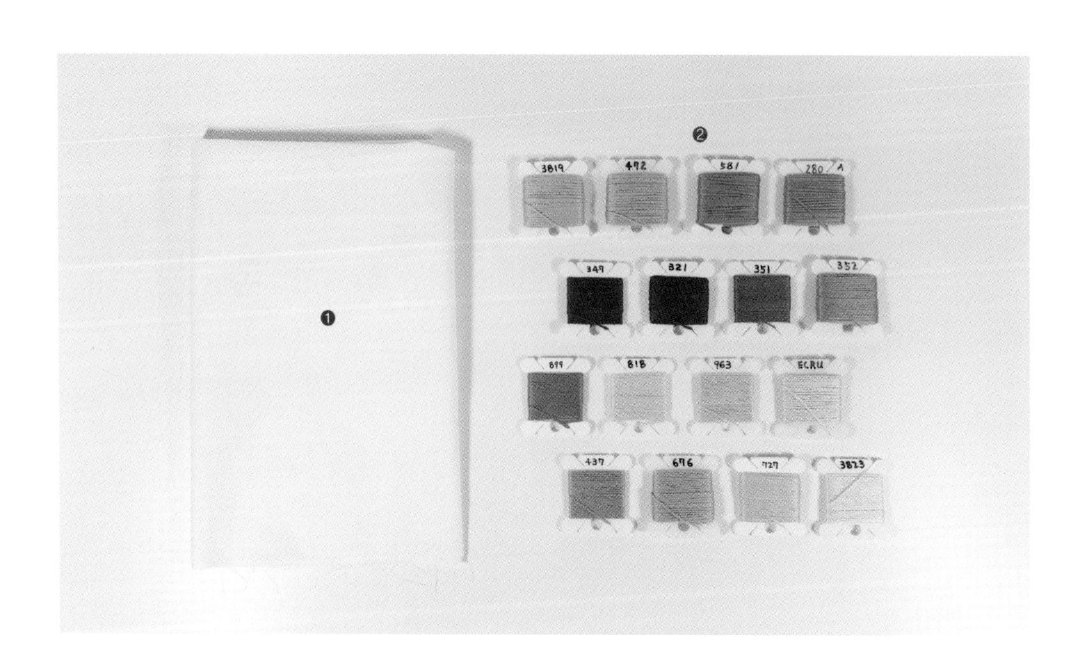

사용한 원단 ❶ 백아이보리 60수 아사(36×36cm, 여유 시접 3cm씩 포함된 사이즈) 2장

사용한 실 ❷ DMC 25번사 : 321, 351, 352, 347, 437, 472, 581, 676, 727, 818, 899, 963, 3819, 3823, ECRU

앵커 25번사 : 280

사용한 도구 수틀, 자수 바늘, 손바늘, 퀼팅실(내추럴), 시침핀, 트레이싱지, 수용성 먹지, 셀로판 종이, 도안펜, 자수용 수성펜, 쪽가위 또는 자수 가위, 재단 가위, 분무기, 다리미, 집게 2~3개

도안

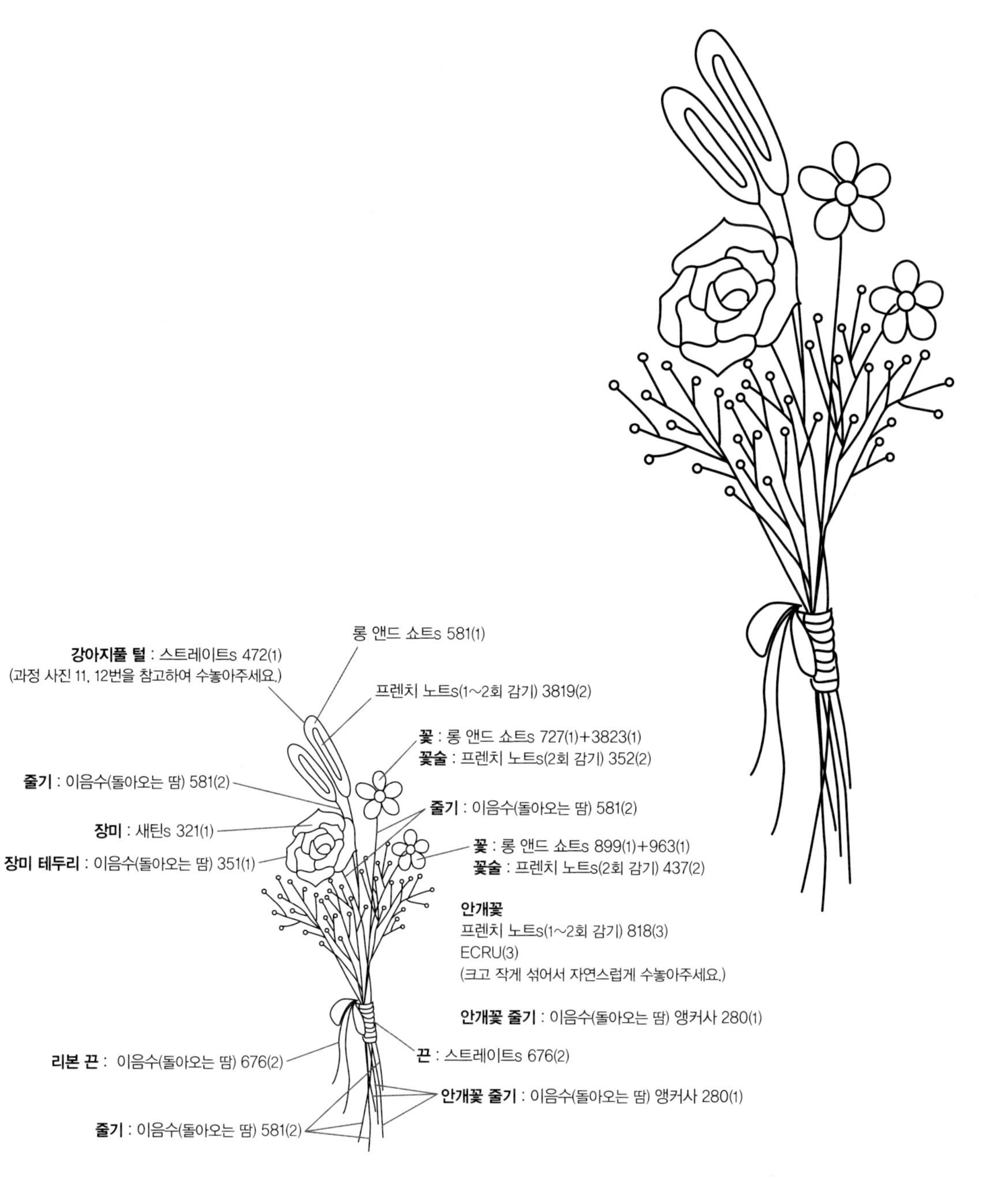

도안 설명은 스티치→실 번호→(실의 가닥 수)로 표기했습니다.
예) 불리온 로즈s 349(3) : 349번 실 3가닥으로 불리온 로즈 스티치를 합니다.

How to make

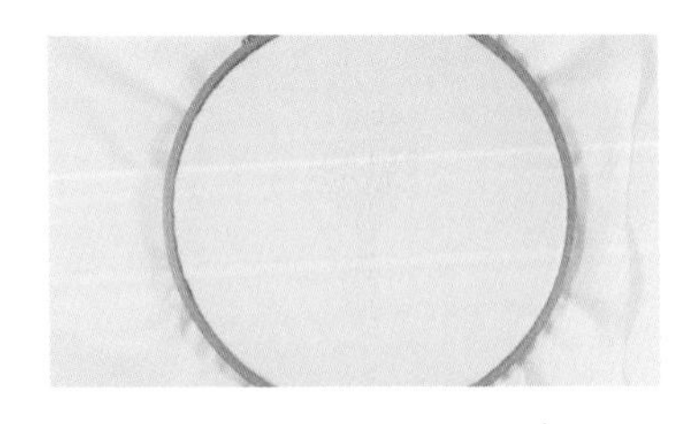

01 원단에 수성펜으로 가로와 세로 사이즈를 각 30cm가 되도록 사각 테두리를 그려줍니다. 그리고 시접 3cm씩 남기고 자른 후, 뒤집어서 오른쪽 아래에 도안을 그리고 수틀에 끼웁니다(도안은 먹지를 대고 그려도 되지만, 원단이 얇기 때문에 원단을 도안 위에 대고 비치는 선을 수성펜으로 바로 그려도 됩니다).

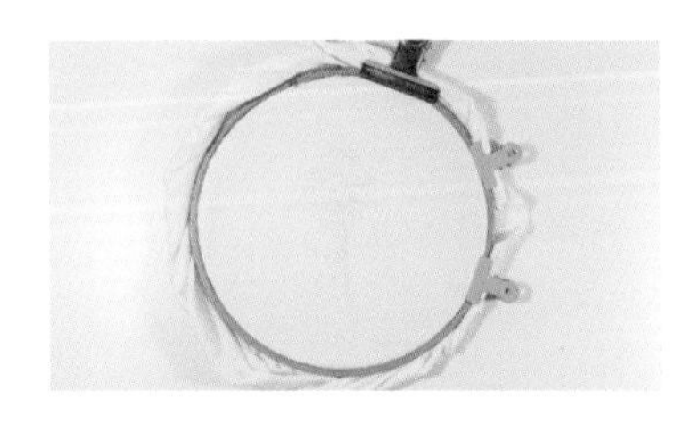

02 수틀에 끼우고 남은 원단을 한 방향으로 말아서 집게로 고정시키면 수놓기 편합니다(P. 204, 메밀꽃 손수건 만들기 2~3번 참조).

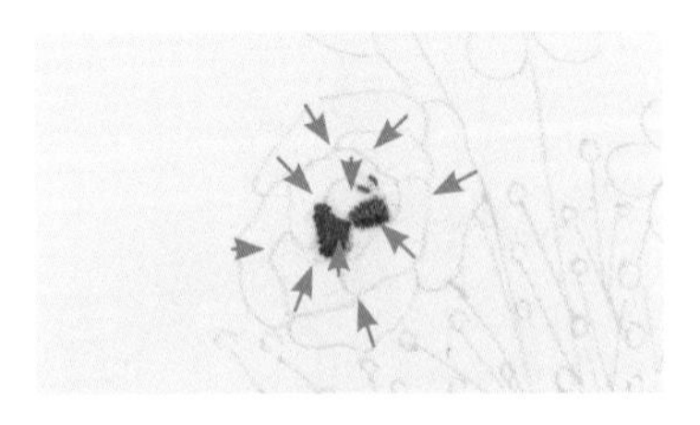

03 321번 실 1가닥으로 화살표 방향대로 새틴 스티치로 수놓아주세요(원단이 얇으므로 실을 세게 당기지 마세요).

04 351번 실 1가닥으로 이음수(돌아오는 땀)로 장미꽃 테두리를 수놓습니다.

05 727번 실 1가닥, 3823번 실 1가닥으로 꽃을 롱 앤드 쇼트 스티치로 수놓아줍니다.

06 352번 실 2가닥으로 프렌치 노트 스티치(2회 감기)로 꽃 중심에 수놓아줍니다.

07 899번 실 1가닥, 963번 실 1가닥으로 롱 앤드 쇼트 스티치로 수놓아줍니다.

08 437번 실 2가닥으로 프렌치 노트 스티치(2회 감기)로 꽃 중심에 수놓아줍니다.

09 강아지풀의 중심을 제외한 공간에 581번 실 1가닥으로 롱 앤드 쇼트 스티치를 놓아 채워줍니다.

10 안쪽 중심에 3819번 실 2가닥으로 프렌치 노트 스티치를 1~2회 감아서 수놓아 줍니다.

11 472번 실 1가닥으로 흰색 실선으로 표시된 대로 스트레이트 스티치를 수놓아서 강아지풀의 뽀송뽀송한 털을 표현해주세요.

12 강아지풀을 수놓은 사진입니다.

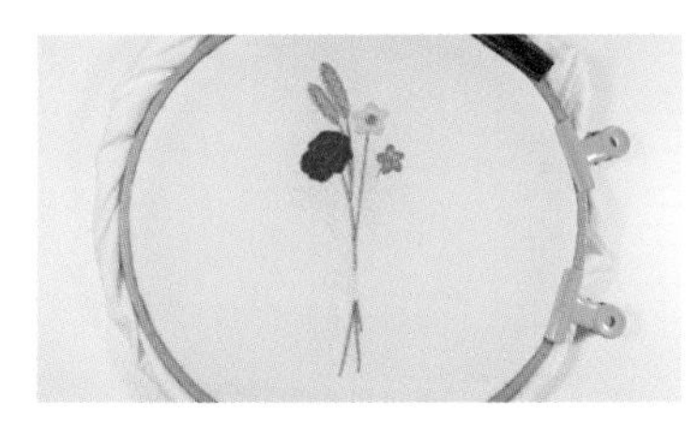

13 581번 실 2가닥으로 이음수(돌아오는 땀)로 줄기를 수놓아줍니다.

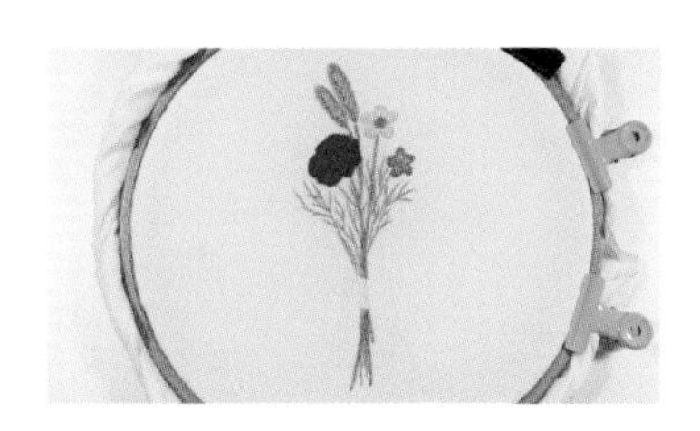

14 280번 실 1가닥으로 이음수(돌아오는 땀)로 안개꽃 줄기를 수놓아주세요.

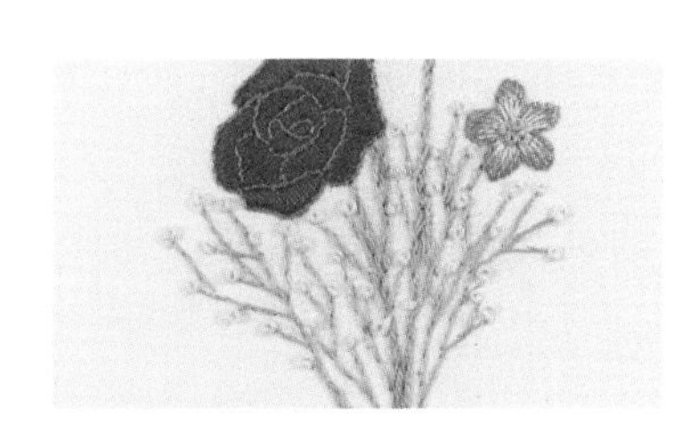

15 818번 실 3가닥, ECRU번 실 3가닥으로 프렌치 노트 스티치를 1~2회 감아서 안개꽃을 크고 작게 섞어서 수놓아줍니다.

16 676번 실 2가닥으로 줄기를 감싸듯이 스트레이트 스티치를 촘촘히 놓아주고 이음수(돌아오는 땀)로 리본 끈을 수놓아줍니다.

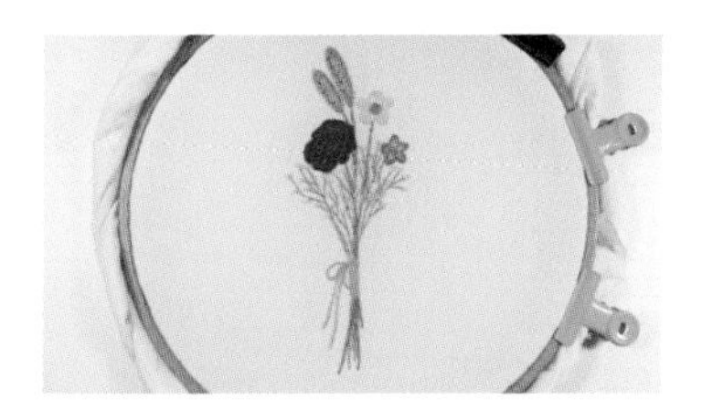

17 들꽃을 모두 수놓았습니다.

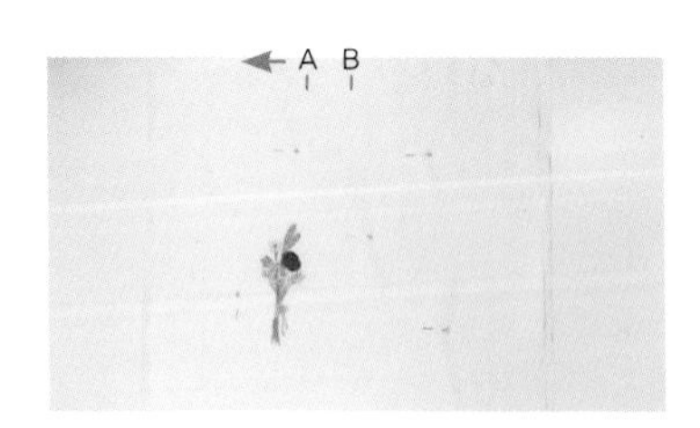

18 원단을 수틀에서 분리하여 뒤집고, 나머지 원단과 겹쳐 시침핀을 꽂아 고정한 후 위쪽에 창구멍을 표시합니다. 그리고 A 지점부터 B 지점까지 화살표 방향으로 박음질합니다.

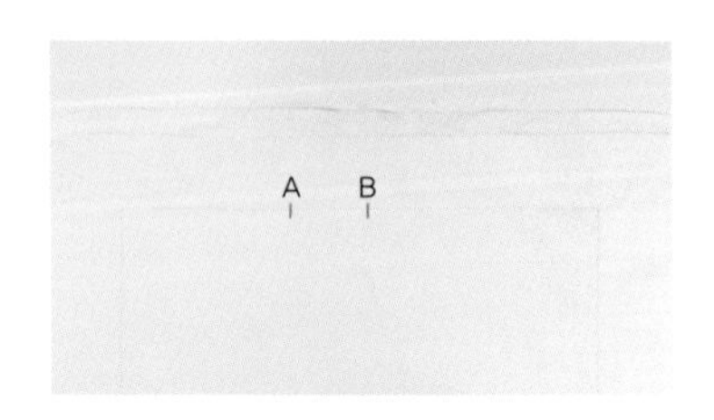

19 B 지점에서 박음질을 끝내고 실은 매듭짓거나 자르지 않고 남겨둡니다.

20 시접을 1cm 남기고 자르고, 모서리는 1mm 여유를 두고 사선으로 자릅니다.

21 원단을 뒤집은 후 다림질하고 창구멍을 공그르기로 막아줍니다.

22 분무기로 물을 뿌려 도안선을 지웁니다. 물에 젖은 손수건은 다림질하거나 그늘에 널어 건조시킵니다.

23 들꽃 손수건이 완성되었습니다.

• Pouch •

장미 파우치

준비

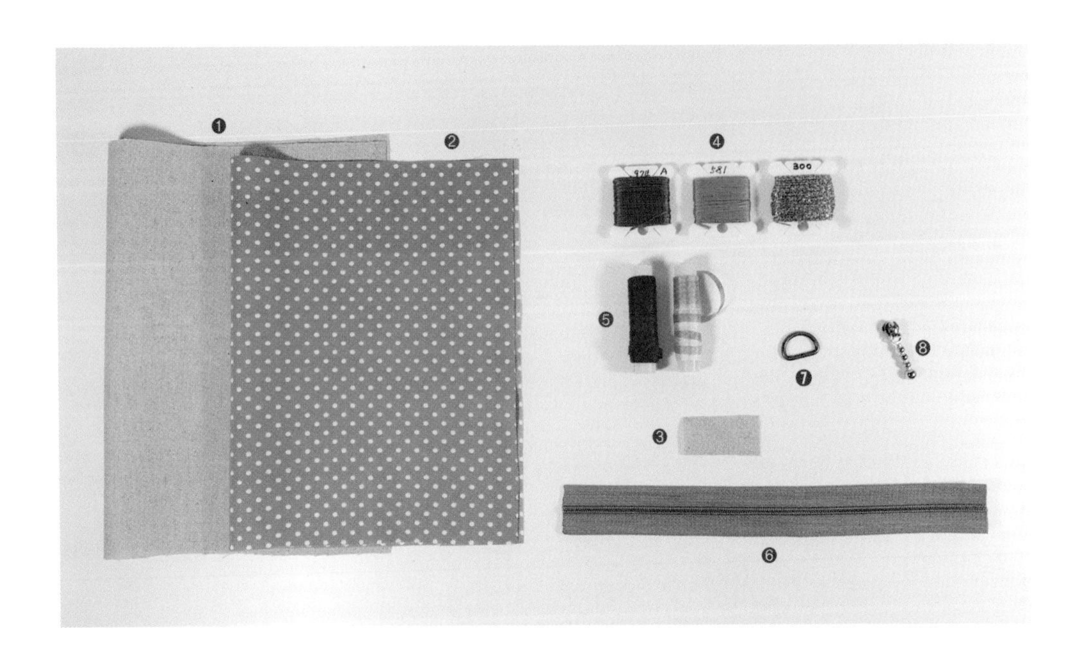

사용한 원단

❶ 겉감 : 내추럴 11수 린넨(22×32cm, 시접 1cm씩 포함된 사이즈) 1장
❷ 안감 : 미니도트 면혼방 원단(21×32cm, 시접 1cm씩 포함된 사이즈) 1장
❸ D링 연결 원단 : 내추럴 11수 린넨(2×4cm) 1장

사용한 실

❹ DMC 25번사 : 581
앵커 25번사 : 924
앵커 메탈릭사 : 300
❺ 리본자수용 솔리드(Solid) 너비 4mm 리본 S4 536
리본자수용 베리어게이티드(Variegated) 너비 4mm 리본 V4 005

사용한 재료

❻ 3호 코일지퍼 인디핑크(길이 22cm), ❼ D링(내경 15mm) 1개,
❽ 3호 지퍼머리 슬라이드 1개

사용한 도구

수틀, 자수 바늘, 손바늘, 리본자수 바늘, 시침핀, 트레이싱지, 수용성 먹지, 셀로판 종이, 도안펜, 자수용 수성펜, 쪽가위 또는 자수 가위, 재단 가위, 퀼팅실(내추럴), 다리미, 면봉 또는 분무기

도안

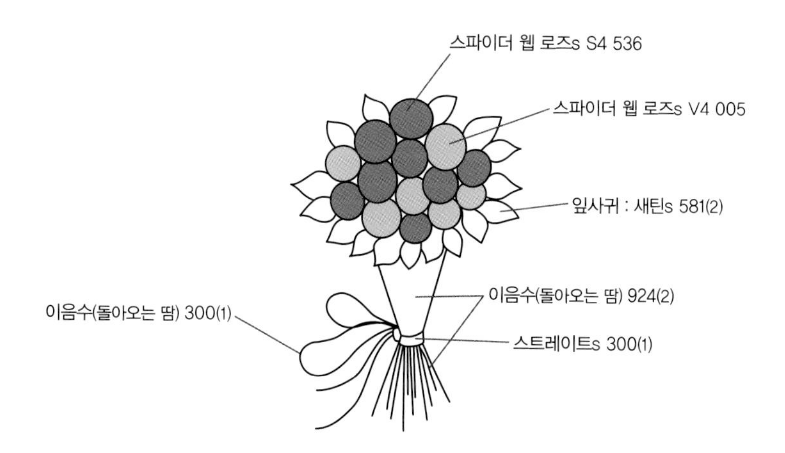

도안 설명은 스티치→실 번호→(실의 가닥 수)로 표기했습니다.
예) 불리온 로즈s 349(3) : 349번 실 3가닥으로 불리온 로즈 스티치를 합니다.

How to make

01 겉감(20×30cm 사이즈)과 안감(19×30cm 사이즈)에 사각 테두리를 그려주고 시접을 1cm씩 남기고 자릅니다(안감은 겉감보다 가로 길이를 1cm 작게 합니다).

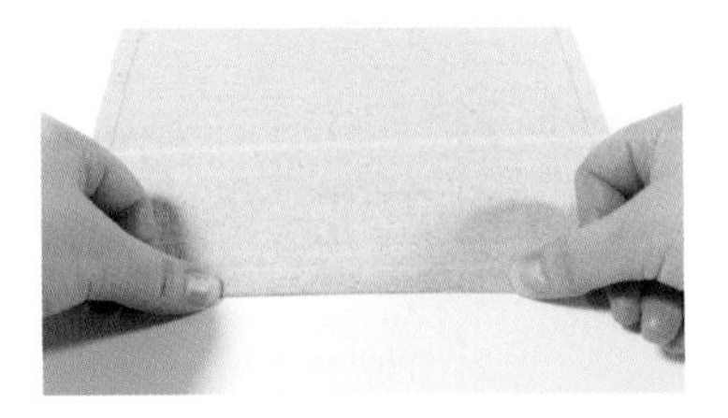

02 겉감 테두리 4곳을 접어서 손다림질하고

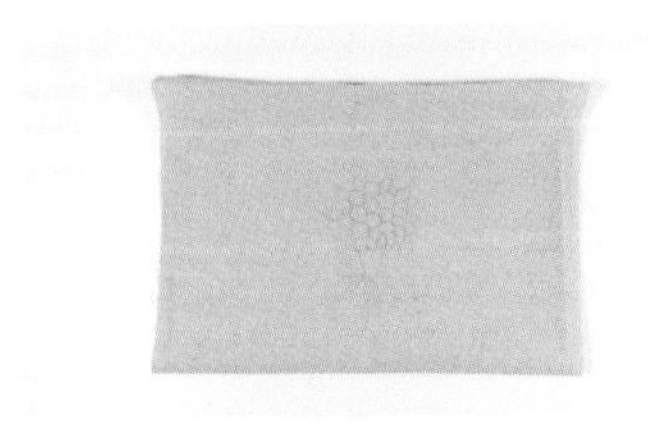

03 윗면 시접을 잘 맞춰 반으로 접은 후 중앙에 장미 도안을 그립니다.

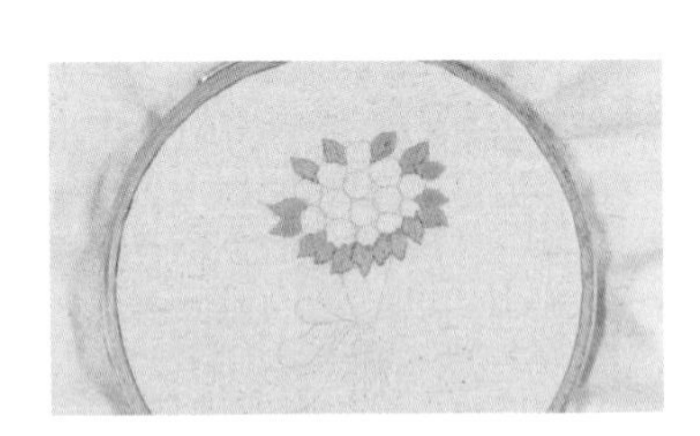

04 581번 실 2가닥으로 잎사귀를 새틴 스티치로 먼저 수놓아줍니다.

05 S4 536, V4 005번 리본으로 장미를 스파이더 웹 로즈 스티치로 수놓아줍니다 (P. 61, 리본자수 기법-스파이더 웹 로즈 스티치 참조).

06 924번 실 2가닥으로 이음수(돌아오는 땀)로 줄기를 수놓습니다.

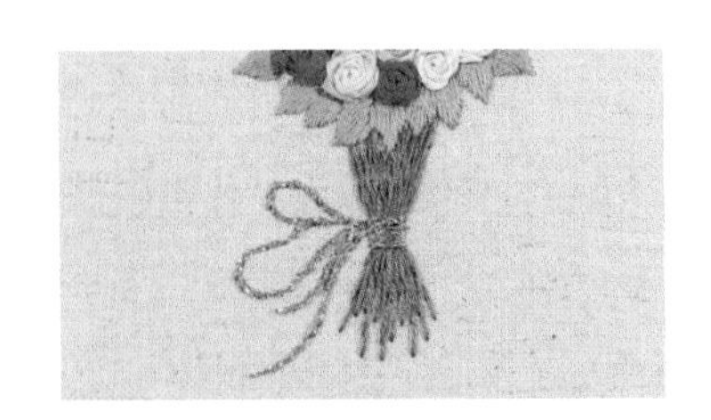

07 300번 실 1가닥으로 스트레이트 스티치와 이음수(돌아오는 땀)로 리본 끈을 수놓아주세요. 수를 다 놓은 후 수놓은 곳을 피해 다림질합니다.

08 윗부분 시접을 접어 박음질해서 지퍼를 달아줍니다(P. 69, 지퍼머리 없는 지퍼 연결하기 참조).

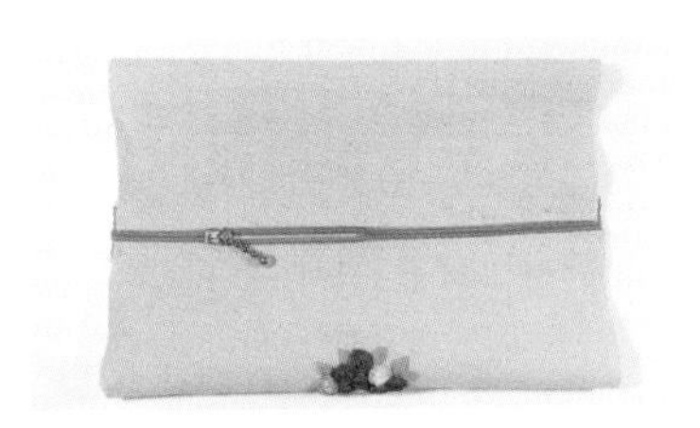

09 지퍼머리 슬라이드를 끼워줍니다(P. 69, 지퍼머리 끼우기 참조).

10 미리 잘라둔 D링 연결 원단을 사진과 같이 양쪽 끝을 중심에 맞춰 접어주고

11 D링에 끼워 반으로 접은 후

12 겉감을 뒤집어서 장미 자수 뒷부분을 앞으로 향하게 하고, 위에서 3cm 아래에 D링을 사진과 같이 놓아주고

13 시침핀을 꽂아 고정해줍니다.

14 원단을 시침핀으로 고정하고 양옆 테두리를 박음질해서 뒤집은 후 겉감을 완성합니다(p. 70, 파우치 겉감 만들기 참조).

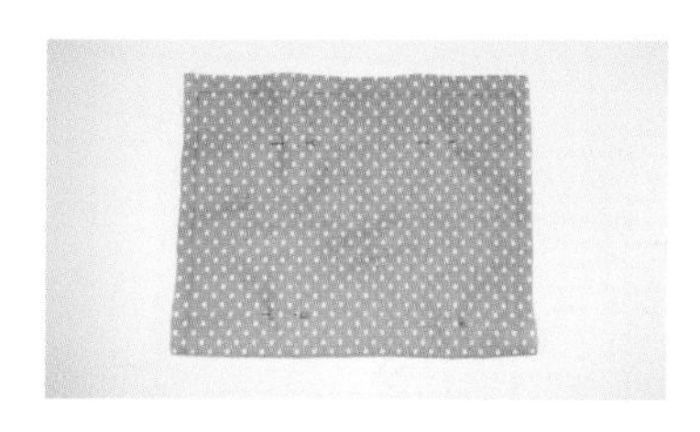

15 안감을 반으로 접은 후 원단을 시침핀으로 고정하고 양옆 테두리선을 박음질합니다.

16 윗면 시접을 밖으로 접어둡니다.

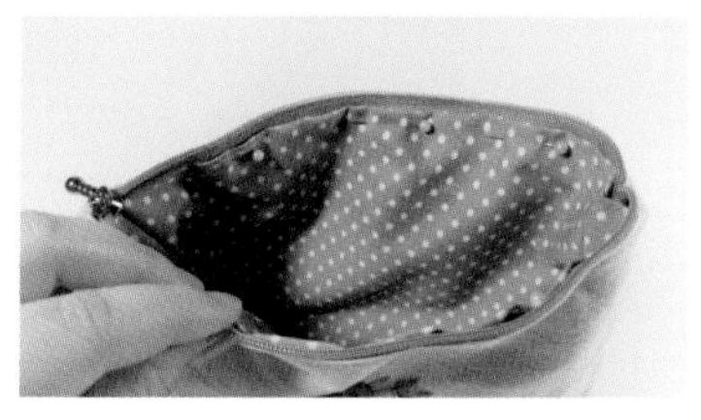

17 안감을 겉감 안에 넣고 공그르기 하여 연결합니다(P. 72, 파우치 안감 연결하기 참조).

18 면봉에 물을 묻히거나 분무기로 물을 뿌려 도안선을 지우고 장미 파우치를 완성합니다.

• Pouch •

고백하는 날

준비

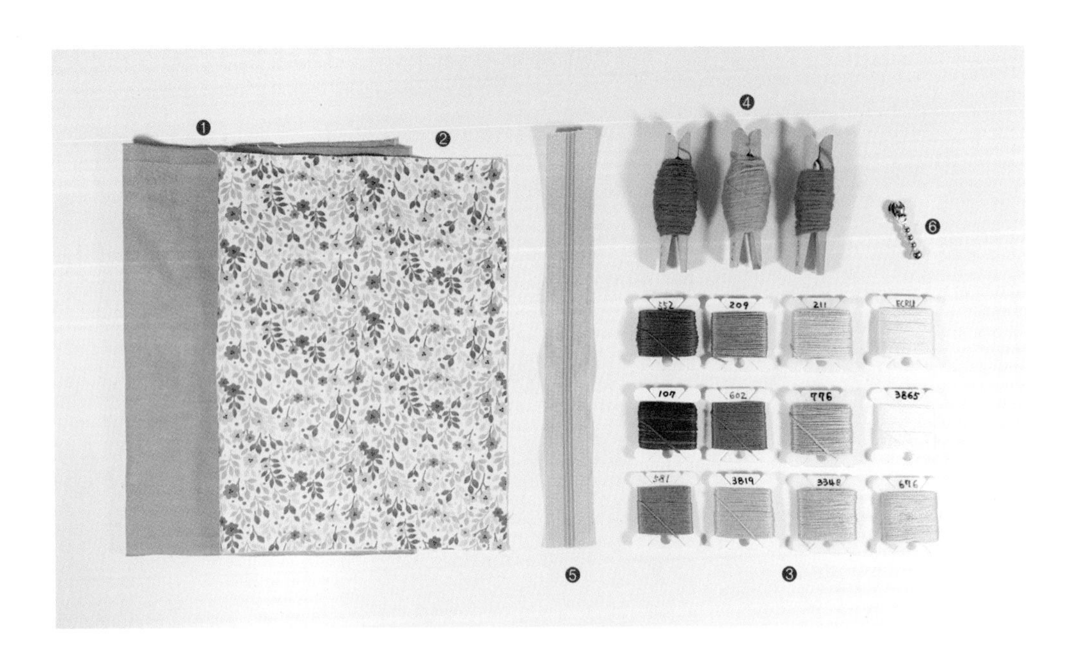

사용한 원단 ❶ 겉감 : 코랄피치 면 20수 선염해지무지(22×32cm, 시접 1cm씩 포함된 사이즈) 1장
❷ 안감 : 면혼방 원단(21×32cm, 시접 1cm씩 포함된 사이즈) 1장

사용한 실 ❸ DMC 25번사 : 107, 209, 211, 552, 581, 602, 676, 776, 3348, 3819, 3865, ECRU
❹ DMC 울사 : 7005
애플톤 울사 : 224, 844

사용한 재료 ❺ 3호 코일지퍼 그레이(길이 22cm), ❻ 3호 지퍼머리 슬라이드 1개

사용한 도구 수틀, 자수 바늘, 입체자수 바늘, 리본자수 바늘, 손바늘, 시침핀, 트레이싱지, 수용성 먹지, 셀로판 종이, 도안펜, 자수용 수성펜, 쪽가위 또는 자수 가위, 재단 가위, 퀼팅실(내추럴), 면봉 또는 분무기

도안

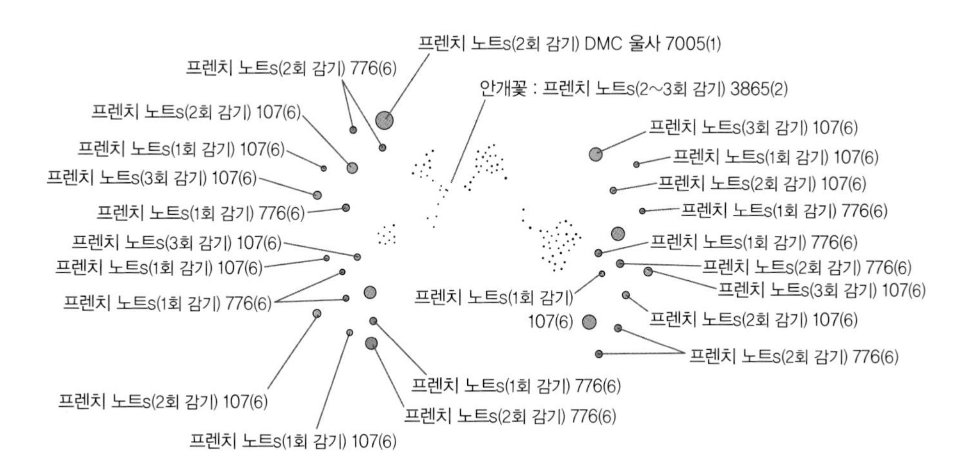

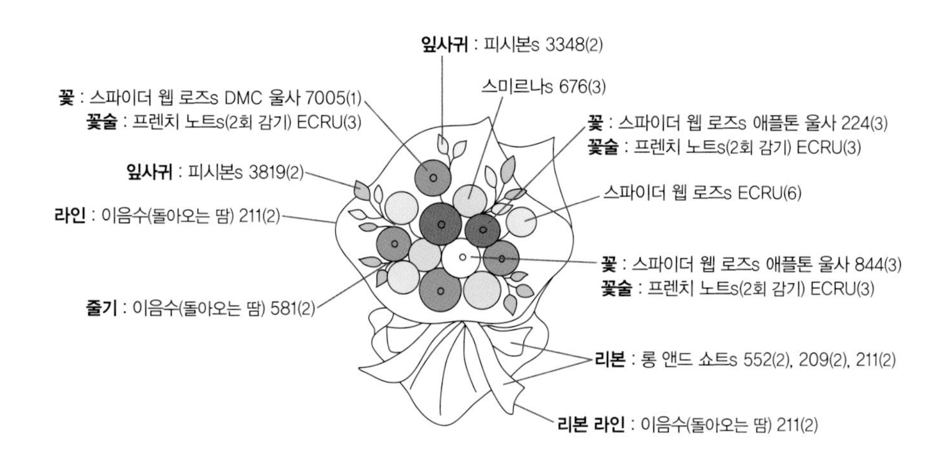

도안 설명은 스티치→실 번호→(실의 가닥 수)로 표기했습니다.
예) 불리온 로즈s 349(3) : 349번 실 3가닥으로 불리온 로즈 스티치를 합니다.

도안

How to make

01 겉감(20×30cm)과 안감(19×30cm)에 테두리를 그려주고 시접을 1cm씩 남기고 자릅니다(안감은 겉감보다 가로 길이를 1cm 작게 합니다).

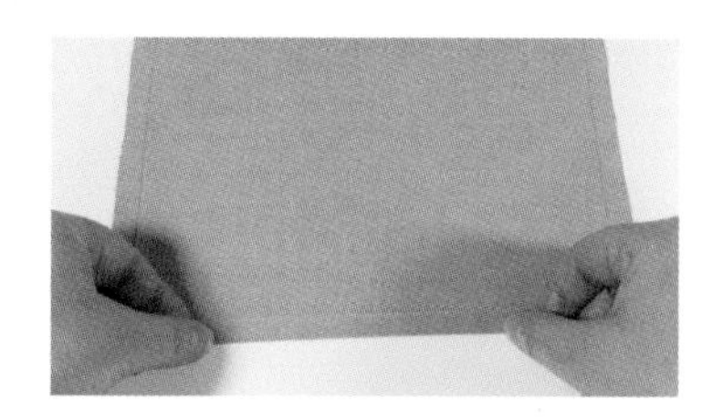

02 겉감의 시접 4곳을 모두 접어주고

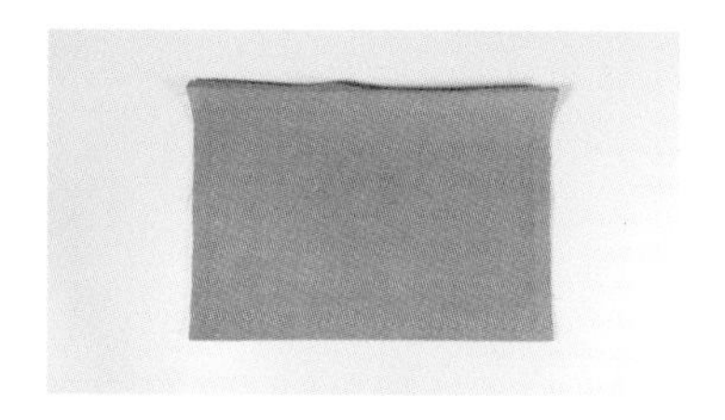

03 반으로 접은 후 중앙에 맞춰 도안을 그립니다.

04 581번 실 2가닥으로 이음수(돌아오는 땀)로 줄기를 수놓고, 3348번 실 2가닥, 3819번 실 2가닥으로 잎사귀를 피시본 스티치로 수놓아줍니다.

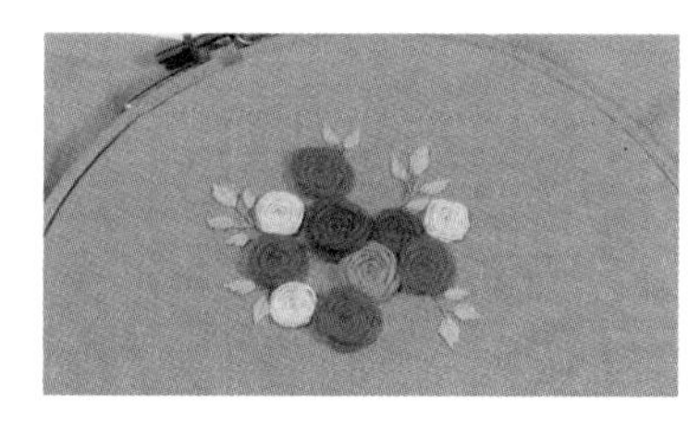

05 애플톤 224번 실 3가닥, 애플톤 844번 실 3가닥, DMC 울사 7005번 실 1가닥, ECRU번 실 6가닥으로 장미를 스파이더 웹 로즈 스티치로 수놓아주세요.

06 ECRU번 실 3가닥으로 프렌치 노트 스티치(2회 감기)로 2~3개씩 장미 중심에 꽃술을 수놓습니다.

07 676번 실 3가닥으로 장미를 스미르나 스티치로 수놓아주세요.

08 3865번 실 2가닥으로 안개꽃을 프렌치 노트 스티치로 2~3회 감아서 수놓아줍니다.

09 552번 실 2가닥, 209번 실 2가닥, 211번 실 2가닥으로 리본을 롱 앤드 쇼트 스티치로 수놓아줍니다.

How to make

10 211번 실 2가닥으로 꽃다발 라인과 리본 라인을 이음수(돌아오는 땀)로 촘촘히 수놓아주세요.

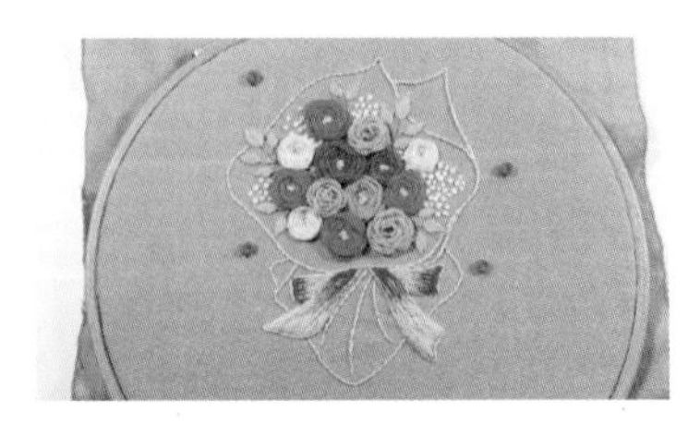

11 DMC 울사 7005번 실 1가닥으로 도트를 프렌치 노트 스티치(2회 감기)로 수놓아줍니다.

12 776번 실 6가닥으로 도트를 프렌치 노트 스티치를 1~2회 감아서 수놓아줍니다.

13 107번 실 6가닥으로 도트를 프렌치 노트 스티치를 1~3회 감아서 수놓아 완성합니다.

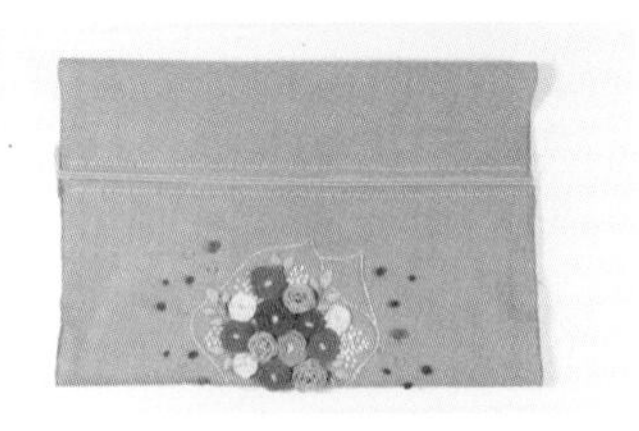

14 겉감의 윗부분 시접을 접어 박음질하여 지퍼를 달아줍니다(P. 69, 지퍼머리 없는 지퍼 연결하기 참조).

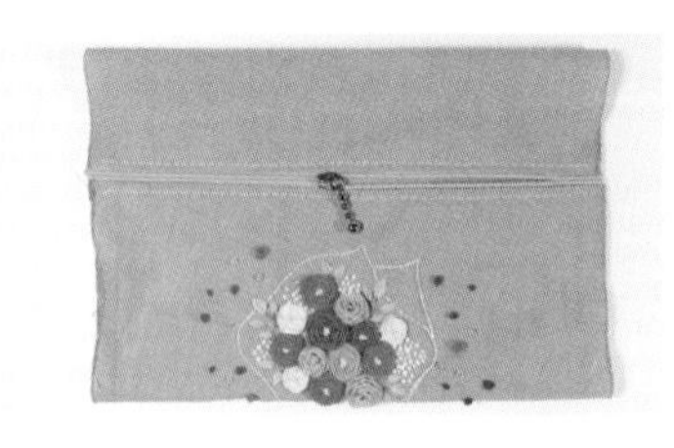

15 지퍼머리 슬라이드를 끼워줍니다(P. 69, 지퍼머리 끼우기 참조).

16 뒤집어서 시침핀으로 고정한 후

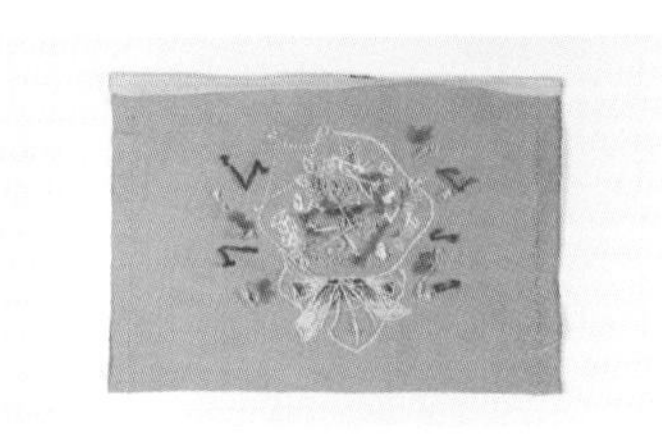

17 양옆 테두리를 박음질하여

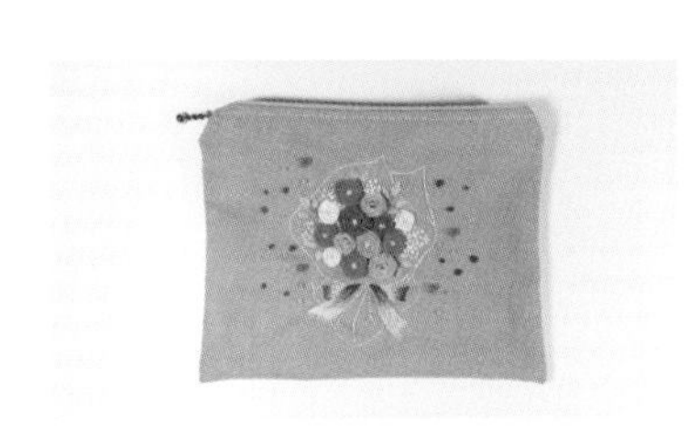

18 뒤집어서 겉감을 완성합니다(P. 70, 파우치 겉감 만들기 참조).

19 안감을 뒤집어서 반으로 접은 후 시침핀으로 고정하고

20 양옆 테두리를 박음질하고 윗 시접을 밖으로 접어둡니다(P. 72, 파우치 안감 연결하기 참조).

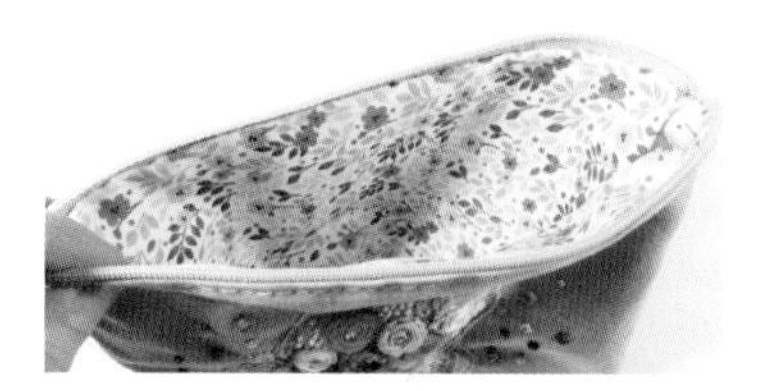

21 겉감에 안감을 넣고 공그르기로 연결합니다.

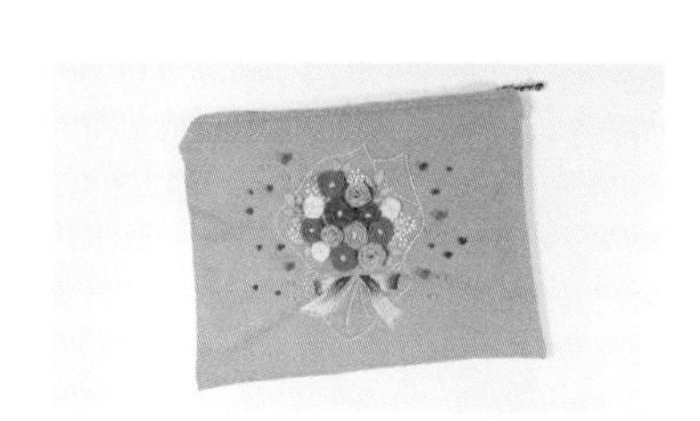

22 면봉에 물을 묻히거나 분무기로 물을 뿌려 도안선을 지우고 고백하는 날 파우치를 완성합니다.

• Pouch •

꽃 스트링 파우치

준비

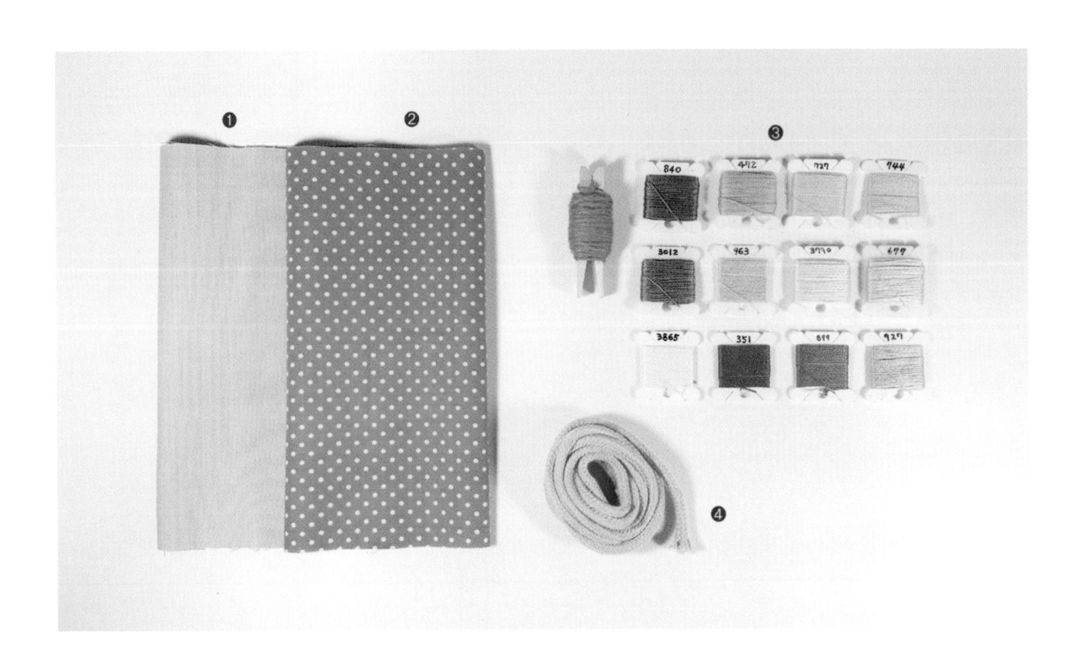

사용한 원단 ❶ 겉감 : 라이트퍼플 면 20수 선염해지무지(22×52cm, 시접 1cm씩 포함된 사이즈) 1장
❷ 안감 : 2mm 파스텔도트 살구핑크 면혼방 원단(22×47cm, 시접 1cm씩 포함된 사이즈) 1장

사용한 실 ❸ DMC 25번사 : 351, 472, 677, 727, 744, 840, 899, 927, 963, 3012, 3770, 3865
DMC 울사 : 7175

사용한 재료 ❹ 핑크 둥근 스트링 끈(너비 약 5mm, 길이 55cm) 2개

사용한 도구 수틀, 자수 바늘, 입체자수 바늘, 불리온 자수 바늘, 손바늘, 시침핀, 트레이싱지, 셀로판 종이, 수용성 먹지, 도안펜, 자수용 수성펜, 쪽가위 또는 자수 가위, 재단 가위, 퀼팅실(내추럴), 클립 또는 옷핀, 다리미, 분무기

도안

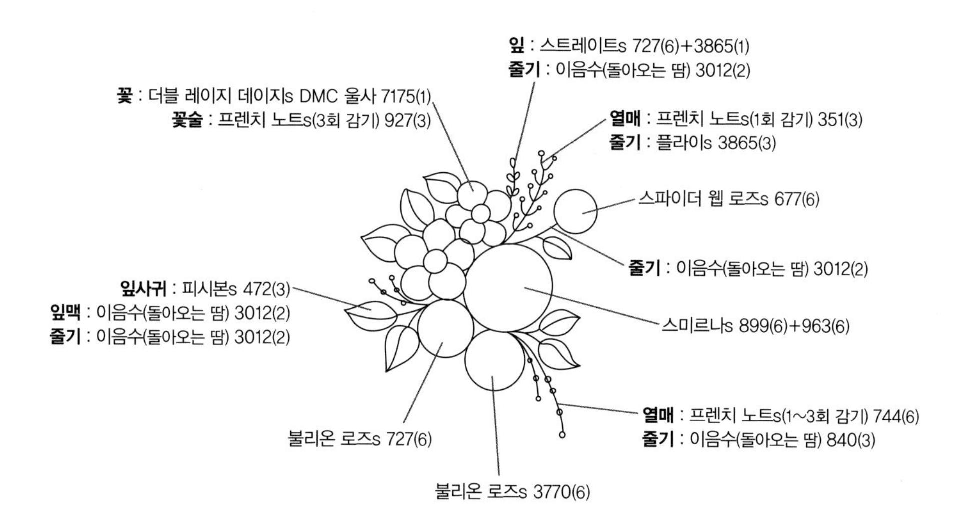

도안 설명은 스티치→실 번호→(실의 가닥 수)로 표기했습니다.
예) 불리온 로즈s 349(3) : 349번 실 3가닥으로 불리온 로즈 스티치를 합니다.

How to make

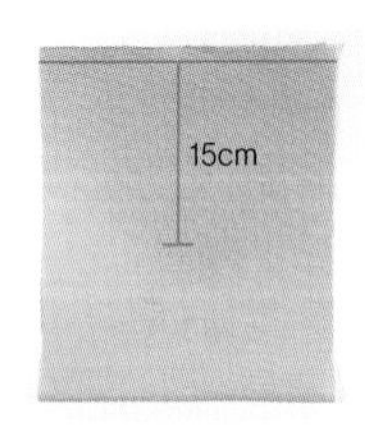

01 각각의 원단에 겉감(20×50cm)과 안감(20×45cm)의 사각 테두리를 그려주고 겉감을 반으로 접은 후 완성선에서 15cm 내려온 곳에 도안을 그려줍니다.

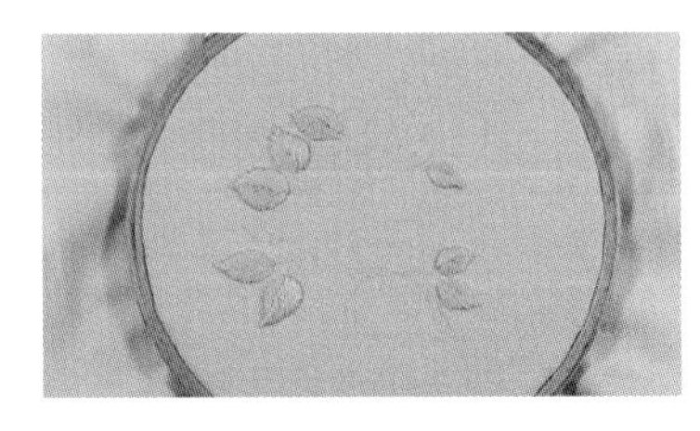

02 472번 실 3가닥으로 피시본 스티치로 잎사귀를 먼저 수놓습니다.

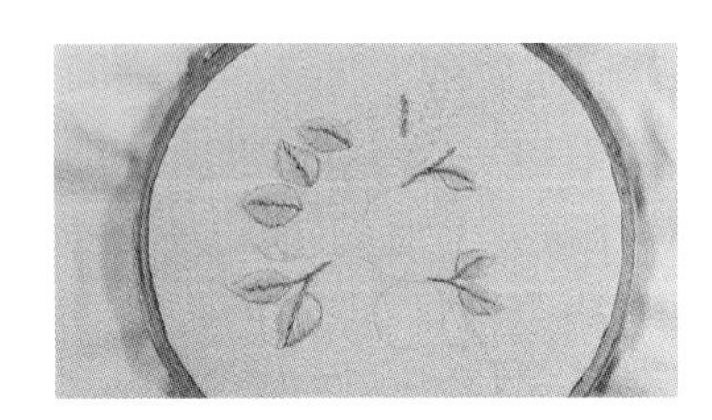

03 3012번 실 2가닥으로 이음수(돌아오는 땀)로 줄기와 잎맥을 수놓아줍니다.

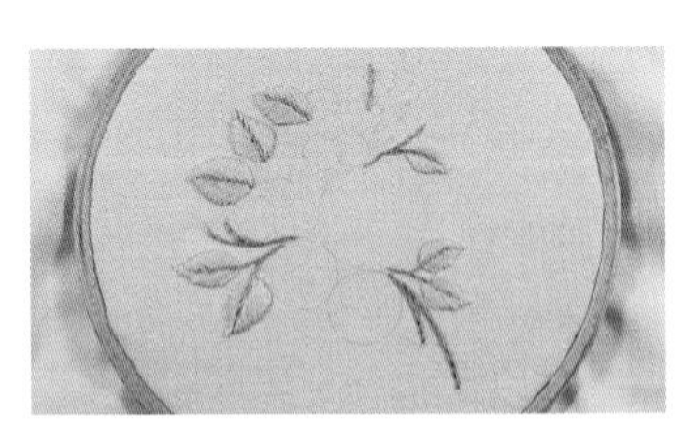

04 840번 실 3가닥으로 열매가 있는 줄기를 이음수(돌아오는 땀)로 수놓아줍니다.

05 3865번 실 3가닥으로 줄기를 플라이 스티치로 수놓아줍니다.

06 727번 실 6가닥으로 잎사귀를 스트레이트 스티치로 한 땀씩 수놓아 표현해주고 3865번 실 1가닥으로 그 위에 짧게 한 땀씩 수놓아줍니다.

07 351번 실 3가닥으로 흰색 가지 끝에 프렌치 노트 스티치(1회 감기)로 열매를 한 땀씩 수놓아주세요.

08 744번 실 6가닥으로 열매를 프렌치 노트 스티치로 1~3회 감아 수놓아줍니다.

09 DMC 울사 7175번 실 1가닥으로 꽃잎을 더블 레이지 데이지 스티치로 수놓고 927번실 3가닥으로 꽃잎 중심에 프렌치 노트 스티치(3회 감기)로 수놓아줍니다.

10 727번 실 6가닥, 3770번 실 6가닥으로 장미를 불리온 로즈 스티치로 각각 수놓아줍니다.

11 677번 실 6가닥으로 장미꽃을 스파이더 웹 로즈 스티치로 수놓아주고

12 899번 실 6가닥, 963번 실 6가닥으로 꽃을 스미르나 스티치로 수놓아서 자수를 완성한 후, 수놓은 곳을 피해 다림질 합니다.

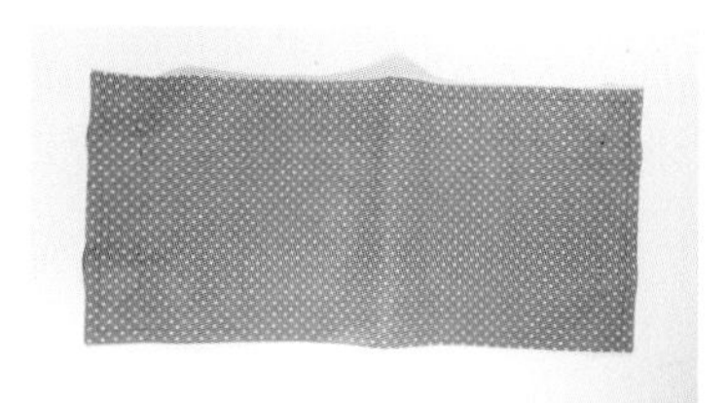

13 겉감의 앞면과 안감의 앞면을 맞대어 위, 아래 단을 맞춘 후 시침핀으로 고정합니다.

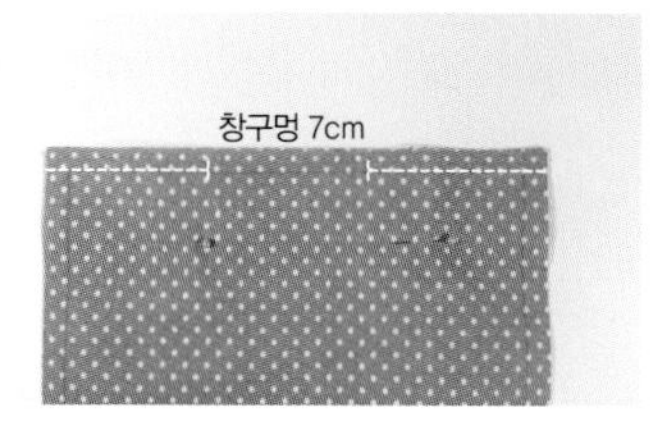

14 위, 아래 가로 길이를 박음질하는데 윗면에 창구멍을 7cm 남기고 박음질합니다.

15 위, 아래 가로 길이를 박음질한 후 펼쳐서 반으로 접은 모양을 만들어줍니다.

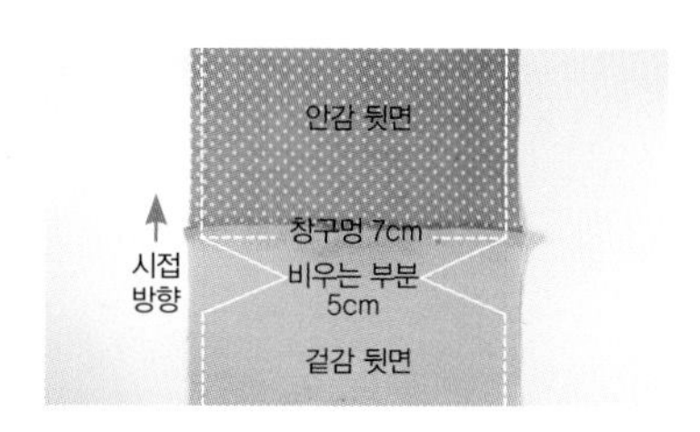

16 이때 가운데 시접 방향은 안감 쪽으로 향하게 해주세요. 양옆 세로 길이를 박음질하는데, 창구멍 옆 완성선 아래 5cm는 끈이 지나가는 길이 되므로 비워두고 박음질합니다.

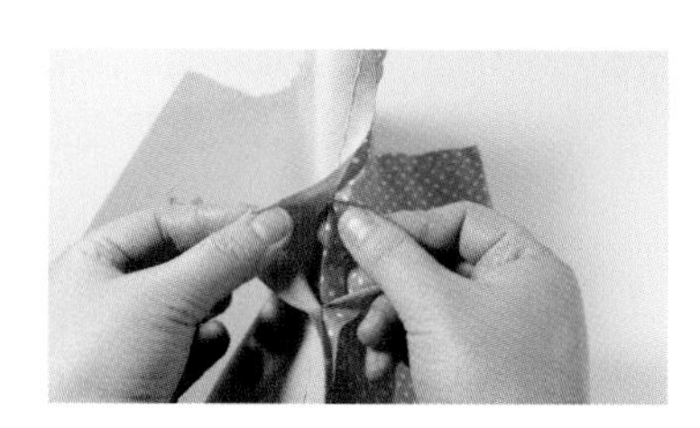

17 창구멍으로 원단을 뒤집으면

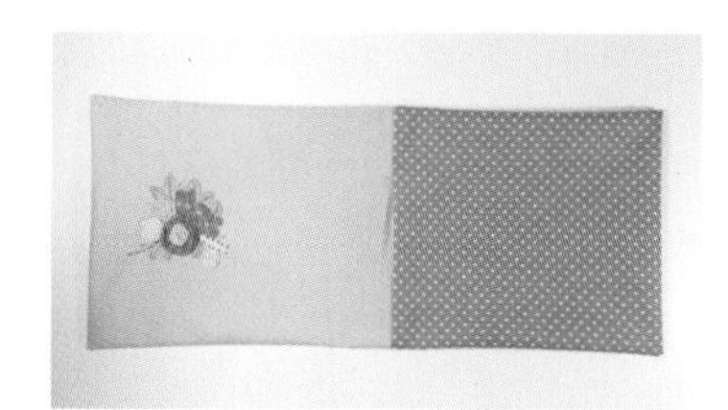

18 겉감과 안감이 연결된 모습이 나옵니다.

How to make

19 안감을 겉감 속으로 집어넣습니다.

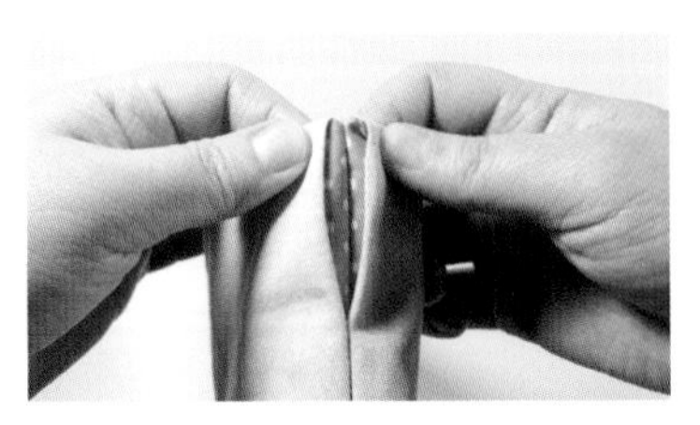

20 양옆 5cm 비워둔 부분 시접을 정리하고

21 겉감을 안쪽으로 2.5cm 접어 넣어 시침핀으로 고정한 후

22 겉 안감의 연결선 위 3mm에 수성펜으로 선을 그어 표시하고 선을 따라 홈질합니다.

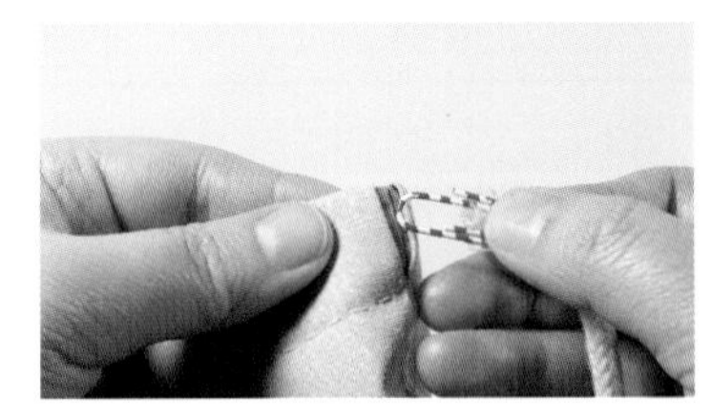

23 스트링끈 끝에 클립이나 옷핀을 꽂아 파우치 옆으로 끼워 넣어

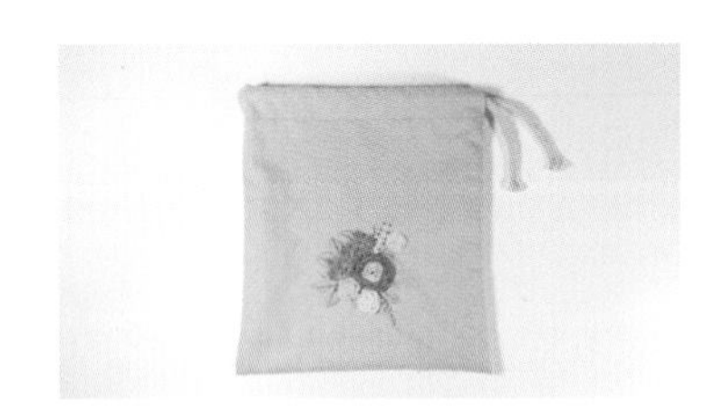

24 사진과 같이 통과시키고

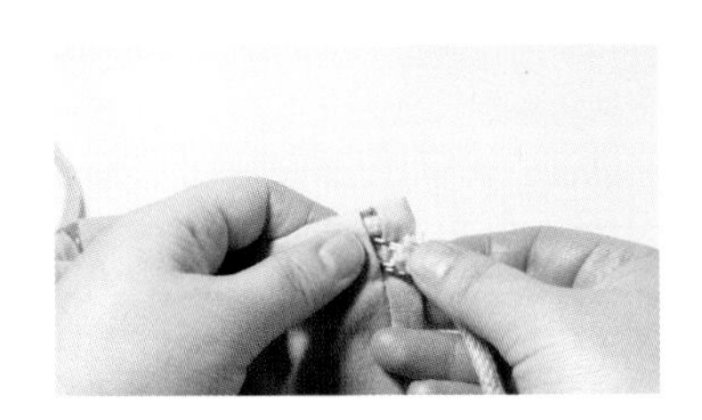

25 반대편도 동일하게 끈을 통과시킨 후

26 끝부분을 하나로 매듭지어 줍니다.

27 양쪽 끈을 당기면 꽃 스트링 파우치 완성입니다(완성 후 분무기로 물을 뿌려 도안 선을 지워주세요).

슈슈엘르의
나를 위한 꽃 자수 액세서리

초판 1쇄 발행 2019년 7월 15일

지은이 최종희
펴낸이 이지은 **펴낸곳** 팜파스
기획 · 진행 이진아 **편집** 정은아
디자인 조성미
마케팅 김서희
인쇄 케이피알커뮤니케이션

출판등록 2002년 12월 30일 제10-2536호
주소 서울시 마포구 어울마당로5길 18 팜파스빌딩 2층
대표전화 02-335-3681 **팩스** 02-335-3743
홈페이지 www.pampasbook.com | blog.naver.com/pampasbook
페이스북 www.facebook.com/pampasbook2018
인스타그램 www.instagram.com/pampasbook
이메일 pampas@pampasbook.com

값 16,800원
ISBN 979-11-7026-250-3 (13590)

이 도서의 국립중앙도서관 출판시도서목록(CIP)은 서지정보유통지원시스템 홈페이지(http://seoji.nl.go.kr)와 국가자료공동목록시스템(http://www.nl.go.kr/kolisnet)에서 이용하실 수 있습니다.(CIP제어번호: CIP2019021646)